辽宁省海洋经济
发展战略研究

张芳 ◎ 编著

中国社会出版社

国家一级出版社·全国百佳图书出版单位

图书在版编目（CIP）数据

辽宁省海洋经济发展战略研究／张芳编著．—北京：
中国社会出版社，2021.11
　ISBN 978 - 7 - 5087 - 6644 - 7

　Ⅰ.①辽…　Ⅱ.①张…　Ⅲ.①海洋经济—经济发展战略—
研究—辽宁　Ⅳ.①P74

中国版本图书馆 CIP 数据核字（2021）第 225430 号

书　　　名：辽宁省海洋经济发展战略研究
　　　　　　LIAONINGSHENG HAIYANG JINGJI FAZHAN ZHANLÜE YANJIU
编　　　著：张　芳

出　版　人：浦善新
终　审　人：李　浩
策 划 编 辑：金　伟
责 任 编 辑：陈　琛

出 版 发 行：中国社会出版社　邮政编码：100032
通 联 方 式：北京市西城区二龙路甲 33 号
电　　　话：编辑室：（010）58124836
　　　　　　销售部：（010）58124836
网　　　址：shcbs. mca. gov. cn
经　　　销：各地新华书店

中国社会出版社天猫旗舰店

印 刷 装 订：北京虎彩文化传播有限公司
开　　　本：170mm×240mm　1/16
印　　　张：19.75
字　　　数：294 千字
版　　　次：2021 年 11 月第 1 版
印　　　次：2021 年 11 月第 1 次印刷
定　　　价：58.00 元

中国社会出版社微信公众号

《辽宁省海洋经济发展战略研究》
编写人员名单

编　　著：张　芳

参编人员：（以姓氏笔画为序）

王　硕　户豪齐　张　莹

张宇晴　张敬涵　张筱雪

陆　春　郑艳婷　谢婧垚

前　言

　　海洋拥有地球上最丰富的资源，海洋资源具有很大的发展前景，近年来，随着地球陆地资源的枯竭，大自然环境的恶化，人类将发展目标投向海洋资源的利用。人类对于海洋资源的迫切需求以及海洋开发利用技术的日渐成熟，使得海洋经济开始蓬勃发展。海洋经济包含了一、二、三产业的各个领域，是参与国际竞争和实施对外开放的重要组成部分，其中第一产业，也称为海洋渔业，包括海水捕捞、海水养殖等；第二产业，包括海洋石油天然气的开采、水产品的深加工等；第三产业，也称为海洋服务业，主要包括海洋运输、海洋旅游、海洋教育等内容。改革开放以来，我国的综合实力显著增强，海洋意识空前提升，习近平总书记在党的十九大报告中指出："坚持陆海统筹，加快建设海洋强国。"① 2020 年，全国海洋生产总值 80010 亿元，其中第一产业增加 3896 亿元，第二产业增加 26741 亿元，第三产业增加 49373 亿元，2020 年我国海洋产业均实现正增长，展现了海洋经济发展的韧性与活力。

　　辽宁省海域广阔，辽东半岛西临渤海、东临黄海，海域面积 15 万平方千米，其中近海水域面积 6.4 万平方千米。沿海滩涂面积 2070 平方千米。陆地海岸线东起鸭绿江口，西至绥中县老龙头，全长 2292.4 千米，占中国海岸线长的 12%，居中国第五位。当前，辽宁省海洋经济不仅在东北区域经济发展中发挥了重要的作用，积累了丰富的海洋经济发展经验，还具备广阔的自然保护区面积，这将为加快我国海洋经济转型、助力中国海洋经济发展提供强大支持。

---

　　① 习近平. 决胜全面建成小康社会 夺取新时代中国特色社会主义伟大胜利——在中国共产党第十九次全国代表大会上的报告［EB/OL］.（2017 - 10 - 27）［2021 - 10 - 11］. http：//www. xinhuanet. com//politics/19cpcnc/2017 - 10/27/c_ 1121867529. htm.

本书共分为 16 章，首先，对海洋经济基本概念以及辽宁省海洋经济发展概况进行描述；其次，从海洋产业入手，对辽宁省海洋经济发展进行了深入的研究，包括海洋产业结构优化升级、现代海洋产业体系构建等；再次，从可持续发展角度出发，对辽宁省海洋资源环境及生态环境进行研究；最后，针对不同的海洋经济问题提出了相应的技术、金融政策，以及支撑保障措施；同时列举了国内外优秀的海洋经济发展经验，为进一步提高辽宁省海洋经济建设能力提供借鉴。

　　本书通过研究探讨、收集资料，分析整理了大量海洋产业与经济资源数据，从整体上把握了辽宁省海洋经济发展的现状、问题与对策。期望本书的研究能为辽宁省海洋经济研究工作者提供思路，为全面提高辽宁省海洋经济竞争力作出贡献。由于时间仓促，书中尚有许多需要完善之处，恳请读者批评指正。

张芳

2021 年 10 月

| 目 录 |

第一章

海洋经济基本概念及相关理论

党的十九大报告在"建设现代化经济体系"部分作出了"加快建设海洋强国"的战略部署。海洋经济已成为国民经济的重要支撑，特别是新兴海洋产业发展，对辽宁省经济提升具有重要作用。本章分析和阐述了海洋经济的基本概念，包括海洋经济、海洋资源、海洋空间、海洋产业和海洋国土，及其相关基础理论，包括海洋资源可持续利用理论、海洋功能区划理论、海洋经济理论和海洋综合管理理论。

第一节 基本概念

一、海洋经济

针对海洋经济的基本概念，行业中有很多的阐述。有专家认为，海洋经济是人类对海洋资源进行开发和利用，在海洋空间中进行生产和活动等，并且从这些生产活动中获取经济收益的总和。另有相关专家指出，海洋经济是人类通过生产劳动从海洋中汲取资源，从而来满足人们的社会生存需求的总称。早在 2001 年国家海洋局就提出了较权威的解释，认为海洋经济就是指对海洋资源开发和利用相关产业活动的总和。海洋经济具有最为基本的三个要素：第一是海洋资源；第二是海洋产业；第三是海洋空间。利用海洋空间的经济产业活动，其中包含这些产业活动的相关服务业，都将其视为海洋经济。

海洋经济的概念表述在现代较突出，从 20 世纪 90 年代开始，辽宁省海洋经济的年增长率呈现迅速发展的趋势。在发展范围广、总量增加、海洋产业的发展对比整体产业发展较快等方面表现尤为明显。这种发展趋势具有一定的普遍性，并且在世界一些沿海国家和地区的海洋经济已慢慢发展成为区域经济。现认为一般的现代海洋经济可以分为对海洋资源进行开发、利用海洋空间进行生产、大力发展海洋资源和空间的相关生产活动，以及上述产业形成的经济集合一般统称为现代海洋经济。其内容主要包括有海水增养殖业、交通运输业、深海采矿业、滨海旅游娱乐业等其他相关行业，与现代人们的生活息息相关。

现代海洋经济满足了现代社会的经济发展需求，是人们针对海洋资源，投入相关要素，从而收获物质的一种经济活动。随着地球上陆地资源的逐渐枯竭，大自然环境的恶化，人类将发展目标投向海洋资源的利用，因为人类对于海洋资源的生产兴趣和收获需要，并且相关海洋开发利用的新技术日渐发展，海洋经济开始慢慢兴盛发展。现代的海洋经济和陆地经济二者具有相同性，又有其特异性。针对经济活动来分析，都是需要投入大量的资源，都是通过人类的生产活动，从而得到相应的物质财富，这几个方面是相同的。然而海洋和陆地的经济还存在很多的差异，在资源投入的风险方面，海洋经济活动易受到海洋天气、海洋潮汐等各方面自然条件的影响，造成人类在海洋上进行生产经济活动时，非常容易发生意外，从而造成这种经济方式投入的费用较高、风险较大。海洋经济同时也受到环境的影响，现阶段可以看出，海洋的海平面比较低，陆地上的污水和一些人类的生活垃圾非常容易进入到大海里，并且人类生产活动需要的化肥等，这些人类社会产物都会对海洋的生态环境造成巨大损害。如果现在的我们不对陆地的环境进行保护，虽然海洋的自净能力较强、海洋水量丰富，但最后还是会对海洋的生态环境造成巨大的损害。

二、海洋资源

现代海洋资源主要是指在海洋的地理区域范围内，可以供人类进行开发和利用的所有自然资源，其范围包括海底的矿产资源、港口资源、海洋能源和海洋生物资源等相关的海洋资源，可以在海水中生存的生物、海水中的淡水和海水中的能量等。随着现代海洋开发利用技术的发展和进步，人类对于海洋资源的认识也正在不断加深，主要包括自然和物质的相关资源，针对港湾和水产品进行深加工、增加其增值服务的海洋资源。其具有广义和狭义两种内涵，从广义上来看，其主要是指将海洋的水产资源进行加工、海洋上的风、海底的矿物资源，甚至是海洋的自净能力和储存垃圾的能力都可以称为海洋资源；从狭义上来看，主要是指可以在海水中生存的生物、海水里的淡水和海水中的矿产资源等。随着社会的发展，陆地上的资源慢慢枯竭，人类的生存和发展越来越多地依靠海洋资源的利用，因此，我们需要合理利用陆地资源，并且需要重视海洋资源的开发利用。

在地球上海洋资源最丰富，海洋资源具有很大的开发前景，是人类社会进行可持续发展的基本保障。根据海洋资源本身的性质，对海洋资源进行大体分类，以便于海洋资源的开发利用和保护。从能否使用完毕的角度可分为耗竭性的资源和非耗竭性的资源。从地理位置的角度可以分为陆海相连的海岸带资源、有海水隔开的海岛资源、深海区域的深海资源。根据海洋资源的用途又可以分为化学资源、生物资源、矿产资源和油气资源等。

三、海洋空间

海洋空间是海洋经济的重要载体，主要是指海洋中可以进行开发利用的海岸、水体的空间，包括海岸、海上、海中和海底这几个主要方面。人类现在对于海洋空间的开发利用区域主要集中在海岸带。随着现代海洋开发利用技术的飞速发展，人们对于海洋空间的特点认识和利用也越来越多元化。

海洋空间的特点十分明显，其优点包括：空间较广，方便开发利用；规模化开发条件较好；海底环境较为稳定。海洋空间的开发利用也具有一些不确定性，海水的腐蚀性较强，海平面上的开发利用受到天气条件和海洋潮汐的影响，海底高压、低温的环境给开发利用造成了很大的困难。海洋空间的开发利用具有新技术、高投入的特征，人们对于海洋空间的认识和资源的开发利用，对于推动沿海地区经济发展，开拓生存空间，有着十分重要的意义。

海洋空间的开发利用主要包括海面上的交通运输，其具有成本低、适合体积较大的货物进行远距离运输的优点；缺点表现为运输速度较慢，航行的效率受海面自然因素的影响较大。人类开发和利用海洋空间可具体分为以下几个方面：生产空间，具体包括海水表面的货船远洋运输活动和海水表面的生产活动，例如钻井平台，优点是可以大幅度节约土地的利用，运输费用较低，减少了道路相关基础设施的建设，从而减少了费用；缺点是刚开始的投资大，技术要求高、风险较大。海底电缆空间，主要包括人们可以在海底设置电力电缆等有助于人类社会生活的相关设施等。储藏空间和文化空间，具体包括资源的储存活动和相关旅游产业的发展、海底景观等，例如，日本的近海封闭公园、美国的一体化保护区公园。

四、海洋产业

海洋产业主要是指开发和利用海洋资源形成的各种生产和服务活动的总称，它是由海洋经济中的一种实体部门构成。主要包括：渔业、化工业、科技教育服务、交通运输业等。海洋产业的一部分是直接性的，例如渔业或者是滨海的化工业等，但还是包含了大量的服务业，其中包含生产性的服务业，还有直接的向港口进行的服务；还有一种是间接性的，海洋经济发展所提供的科技、教育等服务，都属于海洋产业，形成了一种间接性的资源利用产业。

合理地开发和利用海洋资源是海洋产业可持续发展的重要因素，按照与海洋资源开发利用的相关程度可以分为直接开发利用海洋资源的产业，例如捕捞、养殖等；海洋资源直接关联的加工业，如制盐、水产品加工等；一大部分与海洋资源相关的产业，例如船舶制造、海洋科技教育等。按照产业结构可以划分为第一产业、第二产业、第三产业。其中第一产业，也称为海洋渔业，包括海水捕捞、海水养殖等；第二产业，包括海洋石油天然气的开采、水产品的深加工、海洋药物的制造、船舶制造等；第三产业也称为海洋的服务业，主要包括海洋运输、海洋旅游、海洋教育等内容。

五、海洋国土

海洋国土又称为蓝色国土，指一个国家沿海的内海、领海和管辖水域的统称。其中管辖的水域包括领海以外的毗连区、专属经济区、传统海疆等。可以将海洋国土分为内海、领海、专属经济区等。其中内海是指，临海向内侧的全部水域，包括海湾、海峡、海岸之间的海域和陆地包围的海域等。领海是指沿海的主权和陆地领土及其内水以外邻接的一带海域。专属经济区主要是指领海以外并邻接领海的一个区域，从领海宽度的基线起，要求不得超过 200 海里。

中国拥有 960 万平方千米的国土，300 万平方千米的蓝色国土，海洋国土的理念早已根深蒂固。海洋国土具体有狭义和广义两种表述，狭义的认为海洋国土是指在一个国家主权管辖下特定的海域和上空、海床和底土。广义的认为海洋国土除了一个国家内部的领海以外，还应该包括该国管辖的专属经济区和大陆架，是一国内海、临海、专属经济区等所有管辖水域的总称。海洋国土有很突出的特性，其活动具有区域性，活动的区域性主要指的是，地球表面 70% 都被海水覆盖，面积较阔，各区域的海洋经济的发展水平、生产力、基础设施都不尽相同。

第二节　基础理论

一、海洋资源可持续利用理论

（一）海洋资源可持续利用的内涵

可持续利用是经济发展和环境保护二者之间平衡发展的一种思维模式。其主要是指在现代海洋经济飞速发展的同时，要做到科学合理开发和利用海洋资源，又需要提高海洋资源的开发利用能力，力求形成一个海洋资源科学合理开发的体系，可以通过加大海洋环境的保护力度、改善海洋的生态环境，维护海洋生态系统的良性循环，从而实现海洋资源与海洋经济、海洋环境的协调发展，确保海洋资源生态环境的永久性开发利用。海洋经济可持续发展是可持续发展理念在海洋经济领域的具体表现，是一种利用技术创新开发海洋，节约利用海洋资源，同时可以实现海洋资源深度开发和循环再生，实现经济增长和社会进步的海洋可持续开发模式。海洋经济可持续发展理论主要是研究人类如何理性地发展，如何在保护生态系统的同时保证人类社会的长久性进步，它不仅包括保护海洋环境、建立海洋生态平衡等内容，而且还包含人的全面发展和素质提高等内容。

海洋资源可持续利用理论要求：一是最有效率地进行海洋资源的开发利用，根据海洋的资源状况，合理地分配海洋资源，从而促进海洋产业的和谐发展；二是要切实保护海洋的生态环境，设立相关的保护性政策和法规，建设良性循环的海洋生态环境体系；三是实现资源和社会二者的协调发展，保证一、二、三产业的协调发展。海洋经济的可持续发展是一种长久性的发展战略，要加强海洋资源的综合治理，建设完善的海洋资源经济系统，通过海洋开发技术创新等方式对海洋产业进行升级，构建具有核心竞争力的现代海洋产业体系。

（二）海洋资源可持续利用的特点

第一，海洋资源可持续利用具有持续性。海洋资源的开发和利用应该做到长久性利用，具体表现为海洋生态过程中的可持续发展和海洋资源利用的可持续发展两大方面。海洋生态过程中的可持续发展需要保证海洋生态系统的完整性，只有构建完整的生态系统，才能够保证海洋生态系统的正常运行，使海洋生态获得长久性的平衡发展，并且海洋生态过程中的可持续发展也是海洋资源可持续发展的基础保障。人类社会发展的需求和海洋资源节约、生态保护的矛盾直接影响着海洋资源的可持续发展和利用。

第二，海洋资源可持续利用具有协调性。主要表现为社会的经济发展和生态环境保护二者之间的协调，长期的利益收获和短期的利益获取之间的协调，陆地和海洋之间的协调，从而维护海洋生态系统的稳定，促进海洋资源的可持续发展和利用。其中陆海之间的协调，就是陆地上的经济发展和海洋的经济发展二者之间需要做到统筹规划、综合发展，不能是陆地向海洋过度索取资源。此外，海洋产业自身的第一产业、第二产业、第三产业之间的融合发展也体现了可持续发展的协调性，并且海洋内部的生物多样性、资源的合理利用也要做到合理的协调。

第三，海洋资源可持续利用具有公平性，也就是指现代的人与未来的人对于海洋资源的选择、利用、发展的公平性。海洋资源可持续利用的公平性要求当代人公平合理地利用现有的海洋资源，不应造成过度的海洋资源破坏，即在生产、加工、销售等生产活动时不能对海洋资源造成影响和破坏；不能以牺牲后代人的资源为前提来发展经济，从而满足现有社会的需求。

（三）海洋资源可持续利用理论的意义

海洋在国民经济和社会发展中趋于越来越重要的地位，并且随着陆地资源的紧缺、人口大幅度增长、生态环境破坏等问题的日渐严重，世界各地区都加大了对海洋资源开发和利用的力度。我国陆地资源需求和供给的相关问题，凸显了海洋经济开发的优势，大大地促进了海洋资源的大规模开发。海洋资源可持续利用理论是以提高资源的开发水平、资源的适度开发、海陆综合发展、加强环境治理、完善海洋管理体系为发展目标。

海洋可持续发展要求产业结构合理化，形成了能够发挥资源优势的产业结构。虽然沿海地区的经济大幅度增长，但是一些深层次的问题也慢慢突显，这其中产业结构的不合理尤为突出，这不利于沿海地区社会经济的可持续发展。所以，产业结构的优化和合理布局在沿海地区经济可持续发展过程中是非常重要的，合理的产业结构是实现可持续发展的基本条件。我国的海洋经济一直是保持飞速的增长趋势，但是在飞速增长的同时也出现资源浪费、破坏生态等问题，尤其是近岸海域的生态环境遭到破坏，严重影响了海洋产业的发展和资源的合理开发。所以，遵循海洋资源可持续利用理论，实施海洋经济可持续发展战略，对于社会的经济进步和海洋生态环境的有效改善等具有非常重要的意义。

二、海洋功能区划理论

（一）海洋功能区划的内涵

海洋功能区划，主要是根据海洋不同区域的自然资源、环境状况和地理位置的具体情况，结合海洋资源开发利用的现状和现代社会经济发展的需求，划定这块区域的特定主导功能，根据特定的主导功能进行有组织有针对性的开发利用产业活动。区划简单来说就是进行划区，其具有几层具体的含义，海洋特定区域的自然生态条件是划定海洋功能区的基本条件；海洋特定区域的社会发展条件是划定海洋功能区的必要条件；海洋功能区确定了海洋特定区域的主要能效，划定海洋功能区是为了可以实现海洋资源的合理开发利用。根据其本身的自然原有的情况，现有的资源开发利用的情况，未来阶段资源开发利用的情况，包括海洋资源开发利用的潜力，结合这三个方面的因素确定特定的主导功能，这样划区的过程所得到的最终成果就是区划。

（二）海洋功能区划的原则

第一，坚持尊重海洋生态的原则。海洋资源的开发必须保护好自然生态，要按照自然资源和自然环境等自然属性，科学合理地确定海域的开发利用功能。划定海洋功能区必须要以海洋环境的容量为基础，确保海洋生态环境的安全，不断完善和提高海洋环境的整体质量。对一些重要的海洋自然保护区、特别保护区等要实施特殊有效的保护。

第二，坚持统筹兼顾的原则，合理优化各相关行业利用海洋资源的要求。要按照国家和省（自治区、直辖市）关于沿海地区区域发展总体战略及沿海地区社会经济发展的需求，合理划分海洋功能区，进而满足各行业对于海洋资源利用的需求。对重点区域发展规划和产业振兴规划中重点规划建设项目，要保障优先使用海洋资源的需求。

第三，坚持集约型、节约型利用海洋资源的原则，引导和保障海洋产业的集聚发展。要按照建设资源节约型的社会要求，相对集中地建设临海重工业区，从而促使海洋产业利用海洋资源向集约高效转变，防止海洋资源的浪费。严格控制涉及填海功能区的选划，减少对稀缺海岸线和海岛的破坏活动。

第四，坚持鼓励公众参与的原则，切实保障公共的利益和渔业产业的需求。海洋功能区应当建立和完善公共参与体制，只要是涉及公共利益功能区和海水养殖区的调整活动都要采取公示、听证等公平性的方式，广泛吸纳社会公众的合理意见，并对所采取的意见结果进行公布。海洋功能区划经批准后，应在批准之日起在规定工作日内向社会公众宣布，涉及国家秘密的内容除外。

第五，坚持保证国防安全和海上交通安全原则。一定要加强军事设施方面的协调配合，做好军事设施保护和地方的经济建设协调发展。根据有关的规定，严格划定港口、航道的范围，确保海上交通安全，促进海洋运输业的发展。

（三）海洋功能区划理论的意义

海洋功能区划工作是海洋管理工作的重要组成部分。

海洋功能区划是按照法定的程序，根据海域的自然资源、自然环境、社会需求等具体情况，将海域划分为不同的海洋功能类型区，以规范和指导海洋资源开发利用的产业活动。这是国家法规确定的一项重要的管理制度，也是科学地保护和合理地开发利用海洋资源的重要理论和协调方式。海洋功能区划立足于特定海域的空间内，通过对其进行不同的功能划分和区别，从中指出经济社会活动在区划空间上的限制和机会，确定合理的环境内涵和空间功能，目的就是为了海洋区域的科学管理和综合协调，为经济社会发展提供用海保障。

海洋功能区的合理区划对海洋资源的利用和人类社会的发展等具有重要的意义。首先，海洋功能区划有效地调控了海洋资源开发利用和治理保护的活动，建立了海洋开发的良好制度，形成了合理的海洋产业结构，为制定海洋开发规划、海域资源的开发利用战略奠定了坚实的基础。其次，海洋功能区划有效协调了沿海各地区、各产业、各行业之间的各种关系，是有效实施海洋综合管理的重要依据。最后，海洋功能区划达到了保护海洋环境、维持生态平衡的目的，为建立和实施相关海域制度，有组织地开展产业活动创造了必要的基础条件。海洋特定区域的自然生态条件在长期是相对较稳定的，比较容易把控；然而社会的属性条件是短期内的尺度变化，把握起来就相当有难度，也正因为海洋功能区划的工作强调了各种社会关系的处理，大大加深了海洋功能区划工作的深刻性、制度性和实际应用的价值,对海洋资源的合理开发利用、保护具有重大意义。

三、海洋经济理论

(一) 海洋经济的内涵

在 20 世纪 60 年代,地球陆地上的资源和生态环境恶化、人类对于海洋资源价值的认识、海洋利用技术的提升、海洋经济地位的提高产生了海洋经济一词。根据国内外已有的研究数据,海洋经济离不开基本的三个要素:海洋资源、海洋产业和海洋空间。首先,海洋资源是海洋经济发展的基础,海洋经济的生产活动对于资源的依赖性较强。其次,海洋产业是海洋经济产业活动的核心部分,包括了海洋产业相关的经济活动。最后,海洋经济主要集中在近海岸带,所以海洋空间是海洋经济的直接载体。结合海洋地域系统的特殊性,将海洋经济定义为:在海洋和其空间内部进行的经济开发活动,并且直接利用海洋资源进行加工,为海洋开发、利用和保护形成的经济产业活动,为满足现代经济社会的发展需求,以海洋资源为主要的目标,通过一定的要素投入获得物质收获的经济活动的总称。

(二) 海洋经济的特性

第一,海洋经济具有区域性,海洋经济是区域经济的一种具体表现形式。依据海水所处的地理位置和水文特征,从区域范围上可以将海洋分为:洋、海、海湾等;依据海洋经济区域的功能不同,可以将海洋分为:邻近海域、海岛、大陆架和国际海底区域;依据自然资源条件和行政区分,可以将海洋分为:区域海洋经济、省海洋经济、海洋经济区等。所以可以看出,海洋经济的发展离不开区域,区域是海洋经济发展的重要载体。

第二,海洋经济具有综合性,海洋经济发展是一种海洋区域经济多范围发展的综合性经济,它涉及经济学、地理学、管理学等多学科的基础知识。同时,海洋资源的开发难度较大,复杂性较高。近年来,现代的海洋科学技术应用于海洋经济开发的多个领域,例如海底机器人、海水淡化、海洋生物基因工程等,海洋经济的发展得到了科学技术的有效支撑,也大大促进了相关基础技术产业的发展。

第三，海洋经济具有联动性，一个国家或地区的兴衰与海洋经济发展的强弱息息相关。现如今海洋开发逐渐深入，海陆之间资源发展利用的关联性也逐渐加强。在加快社会经济工业化的过程中，海陆经济的联动性发展可以有效缓解土地等生产要素的供需矛盾，促使沿海地区资源合理分工、优势互补，进而利用沿海地区的优势带动周边地区的发展，从而不断壮大综合经济实力。

第四，海洋经济具有资源性。一个国家或地区没有一定规模的可供开发研究和利用的海洋资源，就不能有效发展海洋经济。管辖的海洋面积越大其质量就越高，所以海洋资源是海洋经济发展的前提。另外，海洋系统的各个组成部分之间的相互联系和影响更直接，所以必须要注重海洋环境保护、注意采用可持续的管理。并且，应该加强海洋资源环境的保护，加大科学研究力度，完善法制建设，做好海洋综合管理。

第五，海洋经济具有高风险性。海洋经济的风险主要表现在两个方面，首先是海洋发展过程中新技术创新的失败和前期高额的投入风险，这一方面是正常的风险。其次就是地震、海啸等海洋自然环境造成的灾害影响，会对沿海地区的相关经济产业造成巨大损失风险。因为地球气候的环境变化，海洋自然灾害的发生次数也变得越来越多，因此，我们必须要提高海洋自然灾害的预警能力和灾害产生之后的治理能力，从而降低灾害所带来的损失，大力加强海洋经济发展的风险预警和防范是非常重要的。

（三）海洋经济理论的意义

现如今，全世界的海洋经济发展趋势较迅速，影响着区域范围内的经济、政治等方面的发展。海洋经济包含了一、二、三次产业的各个领域，是参与国际竞争和实施对外开放的重要组成部分。在海洋区域内丰富的油气和矿产等资源吸引着全世界的目光，海洋资源的开发利用，是人类社会经济活动的重要组成部分。陆地上的资源已经被人类过度开发利用，海洋已经成为人类发展的最后空间，所以，海洋经济是决定一个国家发展程度的重要因素。海洋经济是人类文明进程的重要推动力，海洋是人类文明的重要载体，民族的强盛和国家的繁荣与海洋资源的开发利用密切相关。海洋经济是现代国家和地区发展的重要依托，海洋是国家生存和经济发展的重要保障。海洋经济是陆地经济发展的重要补充，海洋经济对于陆地的经济发展具有很强的互补性，大大促进了人类的社会经济发展。

四、海洋综合管理理论

（一）海洋综合管理理论的内涵

海洋综合管理理论是在海洋资源开发利用和自然环境保护之间无序状态下提出来的。这种无序状态的存在很难全面并且完善地维护国家的海洋权益。事实证明，如果国家没有统一的综合管理，海上工作的分散性等问题就无法得到合理的解决。海洋管理理论分为狭义和广义，狭义上的海洋管理是指国家海洋的行政机构对海洋的局部区域或者是相关行业资源开发实施的管理形式。广义上的海洋管理是指海洋的综合管理，国家通过各级政府，利用先进的现代技术，对所属海洋的空间、资源和权益等进行全面统筹的管理形式。具体的内容如下：一是海洋综合管理不是对海洋的某方面内容的管理，而是立足于海域的全局的发展和长远的利益考虑，对海洋资源的开发进行统筹规划，合理利用，从而从中获取长远利益的一种管理形式。二是海洋综合管理应该从全局和宏观的角度对海洋产业活动进行管理，主要采用政策、规划等宏观的管理方式，国家在海洋全局利益上的发展是海洋综合管理的最终目的。三是海洋综合管理的内容也包括本国家管辖海域之外的海洋利益的维护，公海区域的空间和资源，世界各国都有合理利用的权利，同时各个国家也有维护公海生态环境的义务。

（二）海洋综合管理的基本方式

第一，海洋综合管理可以采取法律方式，使其和国际接轨，依法治海、管海，达到促进海洋发展的目的，是海洋综合管理的重要方式。制定符合国情的海洋资源开发和发展的相关法律，为科学合理利用海洋资源提供重要的法律依据，一方面可以全面体现国家的政策要求，另一方面为海洋管理的其他方式提供了有效的法律依据。法律方式具有稳固性、公平性和强制性的特征，可以有效地解决海洋资源开发较盲目和随意的问题。在加强海洋立法的同时，沿海的各国、各区域应互相积极地采取协调、行政干预等多种管理方式，来加强海洋综合管理，推进海洋经济的长久性发展。为了保证海洋资源的合理开发和利用，沿海各国、各地区通过制定相关的方针和政策来指导海洋资源开发的产业活动，在必要的时候还可以通过行政部门采取相关的行政手段，直接指导海洋经济发展和开发、利用海洋资源的产业活动。

第二，海洋综合管理可以采取行政方式，具体是各级的行政部门，依据法律的授权和行政部门的分工，在海洋综合管理中所采取的相关行政方式，包括行政的命令、指示等。基本职能是协调各部门、产业之间的关系，这种方式可以确保海洋资源的合理开发、利用和保护。

第三，海洋综合管理可以采取经济方式，主要是指通过运用经济的手段来管理海洋资源的利用，经济管理可以分为奖励、限制等手段。比如，通过采取一些经济优惠政策来扶持海洋新兴产业的发展；对于可能对海洋生态环境造成破坏或者是对海洋资源造成浪费的产业活动，限制开发时间和区域，加大调控力度；对于违反有关规定的海洋资源利用活动，应依法处理，必要时采取强硬措施予以制裁。

（三）海洋综合管理理论的基本内容

第一，海洋资源管理。通过海洋的功能区划，有序推动海岛、近海等资源的合理开发和利用，形成较协调的海洋产业布局，使海洋资源可持续利用。第二，海洋环境管理。有效地保护和改善海洋环境，防止海洋工程建设项目、海上船舶等污染源对海洋环境的污染破坏，防止生态环境受到破坏。第三，海洋执法监察管理。通过建立完善海洋管理工作执法体系，实时把控沿海区域，控制管辖海域的各类活动和海上违法活动。第四，海洋科技与调查管理。通过组织海洋科技项目，加强海洋科学技术的研究。完善海洋知识体系，推进海洋科技产业化的进程。第五，海洋保护区管理。针对需要保护的对象，科学规划自然保护区，并依法对其管理。第六，海洋公海服务管理。为了保障海上的安全，需要建设相关海洋公共基础设施、完善海上的公共服务系统。第七，海洋权益管理。运用法律等方式对所管辖海域进行有效管理，防止外部势力的侵犯和破坏，有效维护国家的海洋权益。

| 参考文献 |

[1] 祝桂峰. 搭建世界级沿海经济带"高速路"[N]. 中国自然资源报，2021 - 07 - 06（005）.

[2] 海洋产业推动海洋强国建设[J]. 全国新书目，2021，4（5）：50 - 51.

[3] 屈莉莉，汪心怡，程杨阳. 海洋科技创新驱动区域经济增长影响效应分析[J]. 科技和产业，2021，21（6）：15 - 22.

[4] 蒋和生. 以更大力度发展向海经济 持续拓展"蓝色"发展新空间[N]. 广西政协报，2021 - 06 - 12（001）.

[5] 郇恒飞. 我国海洋经济高质量发展水平测度及空间差异[J]. 江苏海洋大学学报（人文社会科学版），2021，19（3）：19 - 26.

[6] 孙永红. 要扎实推动海洋经济高质量发展[N]. 中华工商时报，2021 - 06 - 29（003）.

[7] 李飞，张莹. 我国战略性海洋新兴产业发展现状及对策研究[J]. 商业经济，2021，4（6）：1 - 2 + 37.

[8] 廖克辉. 优化向海发展空间布局 创新海洋经济发展篇章[N]. 北海日报，2021 - 06 - 29（007）.

[9] 林静柔，陈蕾，李锋，张晓浩. 国土空间规划海洋分区分类体系研究[J]. 规划师，2021，37（8）：38 - 43.

[10] 聂睿超，王天驰，吕一凡. 中国未来海洋经济发展战略[J]. 商业经济，2021，4（5）：42 - 47.

第二章

辽宁省海洋经济发展概况

辽宁是海洋大省，海洋产业已经成为推动辽宁振兴发展的重要"蓝色引擎"。辽宁海洋油气资源开发速度较快，港口货物吞吐量大幅度增加，船舶工业总产值、船舶工业增加值逐年增长。同时，辽宁有重点渔业乡镇111个、重点渔业村367个，拥有约2000平方千米的低产或废弃盐田、盐碱地、荒滩等可利用资源。近些年，海洋经济生产总值占全省生产总值比重逐渐增大（见图2-1），一个特色突出、优势互补、充满活力的海洋产业发展格局正在逐步形成，三次产业结构趋于合理。

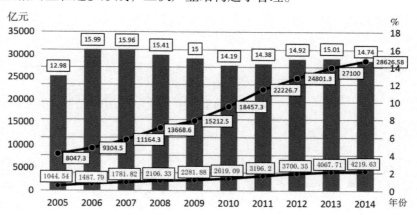

图2-1　2005—2014年辽宁省海洋经济对全省经济的贡献度
数据来源：《辽宁省统计年鉴》2005—2014。

辽宁省是东北地区唯一的一个沿海省份，自然而然地就成了东北老工业基地的海上门户和开放前沿。在地理位置上，辽宁省不仅位于东北亚经济区自然地理中心地带，而且处于东北经济圈、环渤海经济圈和环黄海经济圈这三大经济区域的交叉点上，这就有利于该地区积极参与区域分工合作，并且对于各种要素可以充分进行利用，进而达到促进海洋经济发展的目的。总而言之，不可否认的是，在发展海洋经济方面辽宁省具有得天独厚的地缘优势。辽宁横跨黄海和渤海，海域面积6.8万平方千米，拥有丰富的海洋资源，包括海洋生物资源、海洋矿能化学资源、港口岸线资源和海洋旅游资源等，为海洋资源开发和海洋产业发展提供了支撑和基础。

作为"共和国长子"，辽宁拥有雄厚的产业基础和科研人才实力，经济发展迅速，市场容量庞大，对外经济贸易联系不断加大，可以为海洋经济的发展提供巨大的经济需求和一定的智力支持。辽宁海洋经济发展的区域布局十分明晰，考虑到自然条件、资源开发利用现状等因素，2012年辽宁邻近海域被划分为辽河三角洲海洋经济区、辽东半岛海洋经济区和辽西海洋经济区三个海洋经济区，同时也进一步明确三个海洋经济区各自的主要发展路径。随着2009年辽宁沿海经济带上升为国家发展战略，辽宁正式确立以辽宁沿海经济带为龙头，海陆区域联动和产业协调发展的战略布局，这就更为辽宁海洋经济的发展创造了良好的政策环境。经过一系列规划，辽宁海洋经济取得了长足进步。

第一节　辽宁省海洋经济发展现状

辽宁是海洋大省。发展海洋经济不仅可以使辽宁省更好更快地实现经济振兴，而且可以推动东北老工业基地振兴发展。秉持着"科学发展，规划先行"的原则，2019年4月，《辽宁省海洋经济发展规划》编制研讨会由辽宁省自然资源厅组织召开，在会上，各个涉海专家、相关研究的学者以及涉海企业代表就辽宁海洋经济发展现状、当前面临的形势和规划的原则、目标等进行深入的研究与研讨。该会的组织召开，意味着辽宁省海洋经济发展规划编制正式启动，是辽宁省发展的一个崭新的起点。同年的5月，《辽宁"16＋1"经贸合作示范区总体方案》对外发布，标志着辽宁将打造多式联运枢纽区，其打造重点落在海铁联运上，"一带一路"经东北地区的完整环线就此形成。同年的6月，由中船重工大船集团为招商轮船建造的30.8万载重吨原油船"凯征"轮，在辽宁省大连市成功完成了交付，这是全球首艘超大型智能原油船。11月举行了辽宁沿海经济带政协研讨会，该会提出：辽宁省要加强海洋战略意识，站在整体的角度上进行谋划，进而推动海洋经济高质量发展；自主创新能力也是不容忽视的，通过加大科技投入来进一步构建科技创新的完整体系，为海洋经济发展提供新动能；加强陆海统筹，实现海洋事业的绿色发展，不能忽略海岸带的治理和生态环境的保护。

"十三五"时期，辽宁省海洋经济取得快速发展。2016 年辽宁省海洋经济生产总值为 3338.3 亿元，占全国海洋生产总值比重为 4.8%，2019 年辽宁省海洋经济生产总值 2465 亿元，占全国海洋生产总值比重为 3.9%，2019 年与 2016 年相比海洋生产总值增长为 3.8%。随着国家和社会对海洋认知的提高和重视程度的增加，从单一的传统海洋产业发展到海洋新兴产业和海洋未来产业的多元化，辽宁海洋产业都体现出空前的进步。2019 年海洋产业生产总值 2430 亿元相比 2016 年海洋产业生产总值 2157.4 亿元增长了 12.6%。其中海洋科研教育管理服务业呈较快速度发展，2016 年至 2019 年由 533.7 亿元增加到 775 亿元，增长了 45.2%。主要海洋产业从 1623.8 亿元增加到了 1657 亿元，增长了 2%。在主要海洋产业中，由于环境污染以及过度捕捞等原因导致海洋渔业资源日益枯竭，海洋渔业生产增加值由 504.2 亿元降到 415 亿元，下降了 17.7%。海洋交通运输业比重也呈下降趋势，2019 年同比 2016 年下降了 24.7%。滨海旅游业快速发展，增长了 28.7%。在其他主要海洋产业中，如海洋油气业、海洋化工业及海水利用业等都保持稳步增长，海洋生物医药业快速发展，从 1.2 亿元增长到 6 亿元，年均增长率为 70.9%。

一、海洋经济产业发展迅速，发展战略初显成效

（一）辽宁省海洋经济各个产业发展迅速

辽宁省发展海洋经济最初，涉及产业主要包括海洋盐业、捕捞业、交通运输业这三个传统海洋产业。发展到今天，海洋捕捞业已经可以实现海洋年捕捞量保持在 150 万吨左右；海洋交通运输业，东北地区的海运货物 70% 以上都是由沿海的各个港口承担的；作为我国四大海盐产区之一的辽宁省，凭借丰富的盐业资源稳步发展着海盐产业，目前年海盐产量基本保

持在 200 万吨左右。近年来，辽宁省不断重视海洋经济的发展，新兴海洋产业由此得到了快速的发展壮大，涉及海水综合利用业、海洋生物制药业、海洋新能源业、船舶制造业、交通运输业、滨海旅游业等，每年都在辽宁省的海洋经济产业总值增长中发挥重要作用。

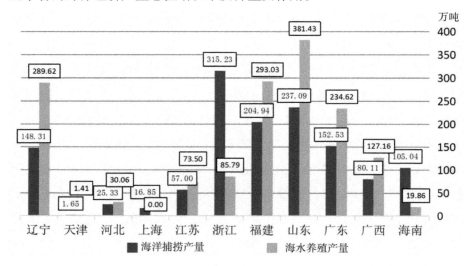

图 2-2　2012 年沿海各省区市海洋捕捞养殖产量比较
数据来源：《中国海洋统计年鉴》2013。

（二）科技兴海、依法兴海初步显现效果

随着科技的不断发展，辽宁省在推进"海上辽宁"战略过程中也关注到同时推进"科技兴海"的战略。同时，《科技兴海规划》的编制修订也是旨在促进海洋经济的发展和加强科研攻关的力度。因为海洋经济管理复杂，为了加强对全省海洋经济实施法制的、有效、公平的管理，对省海洋法制、海洋产业管理机构、海洋开发和保护等方面先后颁布实施一系列规定和措施，力求使辽宁省的海洋经济管理工作实现有法可依，规范经营。

二、海洋经济综合发展水平逐步提升

1. 海洋经济综合实力增强

2019 年辽宁省海洋经济生产总值 2465 亿元，占全国海洋生产总值比重为 3.9%，与 2016 年相比海洋生产总值增长为 3.8%。

2. 海洋渔业持续发展

2015 年末，辽宁省渔业经济总产值达到 1366 亿元，位居全国第七，年均增长 10.7%；渔业经济增加值达到 672 亿元，位居全国第七，年均增长 9%；水产品总产量达到 523 万吨，位居全国第六，年均增长 4%；渔民人均纯收入达到 16639 元，位居全国第六，年均增长 6.2%；出口创汇达到 29 亿美元，占全省大农业出口额一半以上，位居全国第四，年均增长 10%。渔业经济综合实力显著增强，在全省农业经济中占有举足轻重的地位。

3. 海洋各业稳步提升

2019 年辽宁省接待旅游人数 294.1 万人，旅游外汇收入 17.4 亿美元；沿海主要港口货物吞吐量达到 86124 万吨，其中集装箱吞吐量 1689 万 TEU。此外，2019 年辽宁省渔业工业和建筑业产值为 330.1 亿元，较 2018 年增加 3.4 亿元；2019 年辽宁省渔业流通和服务业产值为 347.6 亿元，同比增长 1.88%。

4. "科技兴海"初见成效

编制《科技兴海规划》，大力推进了"科技兴海"战略，同时也加强了海洋科研的攻关力度。仅"十五"期间，就获得科研成果 100 余项，其中包含获省部级以上奖励就达 38 项，科技贡献率达到了 42%。

5. 综合管理进一步加强

加强对辽宁省全省的海洋管理机构、海洋法制、海洋开发和保护等方面的建设和管理，先后出台了《辽宁省海域使用管理办法》等各类相关文件，使全省海洋管理工作逐步实现法制化、规范化。

三、海洋经济发展现状整体较为可观，海洋经济结构发生变化

（一）辽宁省海洋经济实现快速发展

从 20 世纪末到近几年来，辽宁省海洋产业的发展十分迅速，主要海洋产业总产值在绝对量上保持了快速增长的趋势。在 2000 年，辽宁省海洋经济总产值仅有 326.6 亿元。到了 2005 年，辽宁省海洋经济总产值 1200 亿元，与"九五"期末相比，年递增 19.1%，占全省生产总值的 9.4%；

2010 年，辽宁省海洋经济总产值达到 3008.6 亿元，同比增长 77.3%，但是在全省的生产总值占比略有下降；2015 年，辽宁省海洋经济总产值达到 5208.3 亿元，同比增长 25.01%，在全省的生产总值占比为 14.1%；2017 年，辽宁省海洋经济总产值达到 5700 亿元，同比增长 14.6%，在全省的生产总值占比为 15.1%。相关数据显示，2019 年辽宁省海洋经济生产总值达到了 2465 亿元，占全国海洋生产总值比重为 3.9%。

并且，辽宁省海洋经济发展步伐迅速，就辽宁海洋产业生产总值这一指标来看，从 2003 年的 506.5 亿元增加到 2013 年的 4065 亿元，年均增长率达到 26%，已经超越了全国平均水平 6%。更重要的是，截止到 2014 年，辽宁省的海洋经济总产值已经成功突破了 5800 亿元。如图 2-3 所示，虽然绝对规模是逐年增加的态势，但不能否认的是，经济总值的环比增速却呈现下降的状态，2004 年的 90% 为最高值，之后甚至逐渐下降到了 2013 年的 6%。综上所述，辽宁海洋经济的绝对规模逐年增加，可增速却在下降。

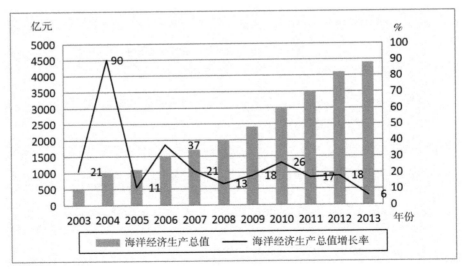

图 2-3　辽宁海洋经济生产总值及年增长率

（二）辽宁省海洋经济相对规模略有起伏

绝对规模在逐年增长，但相对规模的变化却不大，即辽宁海洋经济生产总值占区域 GDP 的比重基本是保持稳定的状态。

2016 年辽宁省海洋经济生产总值为 3338.3 亿元,占全国海洋生产总值比重为 4.8%。2019 年辽宁省海洋经济生产总值 2465 亿元,占全国海洋生产总值比重为 3.9%,2019 年与 2016 年相比海洋生产总值增长为 3.8%。显而易见,辽宁省在全国海洋经济发展中的重要性是有所提升的。总的来讲,辽宁海洋经济的相对规模只是略有起伏,增速还是十分缓慢的。

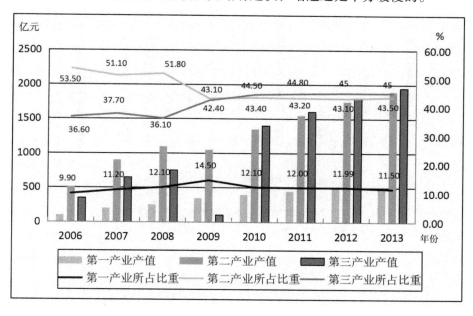

图 2 - 4   辽宁省海洋产业产值分布情况

(三) 辽宁省海洋产业结构呈现"三、二、一"格局

在辽宁省海洋经济实现快速发展的时候,海洋经济结构也逐渐发生了变化,海洋产业体系变得更加丰富,产业门类渐渐增多,尤其是海洋工业和服务业也得到了很大程度上的发展空间。2006 年海洋产业三次结构为 9.9∶53.5∶36.6,到 2013 年已经调整到 11.5∶43.5∶45,"三、二、一"结构逐渐得到显现,即在海洋产业中,第三产业占比最高,第一产业占比最低的现象。种种迹象说明,第三产业的增长对海洋产业生产总值和海洋产业就业具有十分明显的拉动效应,"三、二、一"的结构表明海洋经济已经进入了"服务化"的阶段，这一阶段是海洋经济发展较好的阶段，此时，新兴技术的运用会加快海洋产业结构的优化升级，许多新兴海洋服务业也得到了快速发展的良好机遇。

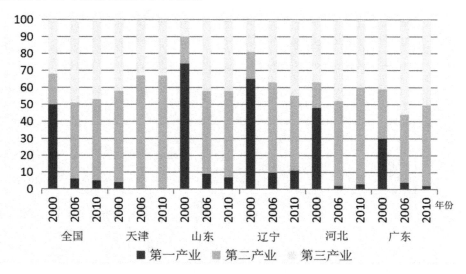

图2-5　辽宁省与其他主要沿海省市海洋产业结构对比
数据来源：《中国海洋统计年鉴》及各沿海省市海洋统计年鉴。

第二节　辽宁省海洋经济区域竞争力评价

在海洋科技方面，辽宁处于竞争劣势。与山东和广东相比，还有较大的差距，而且海洋科技发展也不均衡。科技投入总量方面，辽宁具有一定的优势，如普通高等教育各海洋专业本科在校生人数指标在11个沿海省区市中居首位，海洋科研机构数和海洋科研机构拥有发明专利总数两个指标也居全国前列。但海洋科技人员人均科研经费和海洋科技课题数则在11个沿海省市中位于后列。

在海洋产业结构方面，辽宁处于竞争劣势。第三产业增加值比重为41.6%，在11个沿海省区市中居倒数第二位。海洋产业结构还有待于进一步优化和升级。

在海洋产业效益方面，除海洋生产总值年增长率较高外，在其他方面，辽宁均不具有竞争优势。如海洋产业增加值和海洋生产总值占地区国内生产总值比重指标即使在第二梯队的4省市中也排名第四位。

在海洋资源方面，辽宁省处于竞争劣势。整体上，相对于山东等资源大省而言，辽宁海洋资源结构并不均衡。如海洋捕捞产量、盐田总面积和地区规模以上港口生产用码头泊位数指标在全国排名居中，而风能年发电能力在11个沿海省区市中居倒数第二位。

在海洋环境方面，辽宁相对来说具有一定的优势。辽宁海洋自然保护区面积较大，污染治理项目当年竣工数量占当年安排施工项目比重和海域使用金指标在11个沿海省区市中的排名靠前。总体而言，无论是生态环境还是政府管理，辽宁海洋环境竞争力相对较强。

第三节 辽宁省海洋经济在东北 区域经济发展中的作用

一、辽宁海洋经济在东北地区老工业基地振兴中的作用

（一）推动经济发展，壮大经济规模

这一结论可以从海洋经济和整个经济体系的逻辑关系导出。海洋经济是国民经济下属的一个分支，或说一个相对完整的结构单元，海洋的一、二、三产业是陆域一、二、三产业的补充，子系统的整体或局部的发展壮大必然带来整体的充实与膨胀。东北地区在陆域资源逐渐紧张的情况下，应大力开发海洋这片以前未引起人们高度重视的蓝色的国土，这对于完善与拓展国民经济原有产业链或创建新的特色产业链具有重要意义，而所有这些无疑可以推动经济发展，壮大原有经济规模。其结果就是，海洋资源得到了开发利用，海洋产业又吸纳了部分剩余的劳动力。

（二）提高开放程度，发展外向型经济

东北地区要实现振兴，必须提高开放度，充分利用两个市场、两种资源，最大限度地将东北地区经济融入东北亚地区经济的大循环之中。沿海地区是东北地区联结两个市场、配置两种资源的结合点，现阶段关于把大连建设成东北亚重要的国际航运中心的提法，将十分有利于大连及东北地区深层次参与国际分工合作，增强对国际资本、技术和人才的吸引力，进而提高东北地区经济的国际竞争力。而扩大开放在一定程度上会促进市场的发育，加速经济体制的改革。

（三）促进产业结构优化

从 2016 年海洋三次产业结构比例的 5.1∶39.7∶55.2 到 2020 年的 4.9∶33.4∶61.7，第一产业、第二产业比重有所下降，第三产业比重有所提升，海洋经济的发展对于优化地区产业结构起到了一定作用。以上是从宏观的经济数据来考究的，而从产业的相关性来讲，由于沿海海洋产业和内陆腹地经济的关联性，具体的沿海海洋产业的发展，又可以带动内陆相关产业的发展，带动整个区域产业结构调整。

（四）打造沿海经济增长带，统筹区域发展

这一点是由海洋区域区位优势和海水资源优势决定的。辽宁省的海洋区域东面大海与日韩隔海相望，形成了天然的海上通道，有利于发展外向型经济；背靠中国内陆，广大的内陆地区都是其腹地范围，即可以大力发展沿海经济带，这样就很好地联结了内陆经济和对外经济，不仅可以加大东北地区的开放程度，又可以推动内陆腹地的跟进。这要求我们把沿海经济带的开发同东北中部城市群的发展及向外开拓结合起来，促进老工业基地的全方位发展。

二、辽宁海洋经济对东北老工业基地振兴的拉动效应

（一）辽宁海洋经济对东北经济的拉动

"十五"期间，辽宁省海洋经济产值年递增率为 19.3%，增加值年递增率为 23.2%，成为国民经济各部门增长速度最快的产业。2005 年，两项

指标分别达到 1206 亿元、700 亿元；增长率分别为 20.6% 和 20.3%。海洋经济增加值在全省生产总值的比重已经达到 8.7%，成为辽宁国民经济中的支柱产业。2019 年辽宁省海洋经济生产总值 2465 亿元，占全国海洋生产总值比重为 3.9%，辽宁省海洋经济仍在持续快速发展。同时，不断带动相关产业，对产品进行深加工，从而延长产业链，推动海洋产业以及相关产业升级。

（二）补充和替代陆地资源

海洋资源与陆地资源相比较具有分布更广、储量更大的优势，并且海洋资源是非常丰富的，是作为陆地资源的补充和替代。东北地区由于多年的过度开采，部分资源趋于枯竭，尤其是在振兴东北老工业基地的背景下，急需开发新的资源对不可再生资源进行缓解和替代。海洋有丰富的生物、矿产等资源，是支持人类持续发展的宝贵财富。在给人类提供食物方面，海洋具备的能力是将近全球农产品产量的一千倍，可持续开发淡水资源也可以通过海水淡化来实现，据了解，海洋能总可用量达到 30 亿千瓦以上。海洋石油和天然气预测储量有 1.4 万亿吨。国际海底区域拥有大量的多金属结核、热液硫化物等陆地战略性替代矿产，并且国际海底区域可以占到地球表面积的 49%，另外，在水深大于 300 米的大陆边缘海底与永久冻土带沉积物中，有天然气水合物成藏，估计资源量是全球已知煤、石油和天然气总储量的两倍多。目前，全球粮食、资源、能源的供应已经十分紧张，同时人口也在迅速地增长，在这种情形之下，开发利用海洋中的资源是非常必要的手段。

（三）解决东北地区就业问题

2019 年辽宁省年末总人口 4190.2 万人，其中，年末就业人员为 2238.4 万人。沿海经济带、经济区的开发和建设，可以更好地满足资源枯竭型城市就业创业的要求，减轻人口压力。

（四）扩大东北地区开放深度

海洋经济对于外资和国内资金有着很强的吸纳性，有着广阔的资金、技术合作前景。为加快东北老工业基地的振兴，辽宁省在"十一五"期间全方位扩大对外开放，提出大力发展沿海经济带、打造"五点一线"的战略构想。"五点一线"对于辽宁省甚至是整个东北地区的对外开放都具有重大意义，对鼓励承接外来投资和吸引国际产业转移以及发展外向经济具有引导作用。

（五）改善东北地区环境

海洋环境保护不仅针对海水以及其中的生物，还包括与陆地相接的海岸带部分。包括加强对特色海岸自然、人文景观的管理以及保护，爱护护岸植被，禁止非法采砂，加强方方面面的治理和保护；对围垦滩涂和围填海等活动要严格控制、依法审批。针对围垦沿海沼泽草地、芦苇田和湿地的行为进行明令禁止。开展一系列整治工程，旨在对海岸带生态环境进行改善；在加强对已有自然保护区管理的同时新建海洋生态系统、自然历史遗迹和鸭绿江口湿地等自然保护区。东北地区海岸线曲折绵长，滩涂面积较大，对海岸带的保护不仅有利于海洋经济的可持续发展，也将提高内陆的环境保护意识，改善东北地区的环境。

（六）带动科技进步

近年来，我国深入实施"科技兴海"战略，建立了一批"科技兴海"示范基地和海洋高技术产业化基地。实施自主创新和产业化发展使得一批重大的关键技术难题得以解决，一批具有自主知识产权的创新成果快速完成，一批海洋科技园区和特色产业基地逐渐建立，一批海洋科技人才和骨干企业纷纷涌现，目前已经获得科研成果100余项。同时加快辽宁省海洋经济的发展。辽宁省时刻遵循科学技术是第一生产力的思想，通过科技进步来推动海洋经济发展；提高对海洋科技创新的重视程度，使科技资源的配置达到合理化，使海洋科技的力量发挥到最大化；有效利用海洋资源，掌握关键技术，不断进行研究和开发，培养更多的相关技术人才，提高海洋科技贡献率。

（七）推动区域经济带、区建设

辽宁提出建设沿海经济地带。以大连、丹东、营口、锦州、盘锦、葫芦岛6个沿海城市为依托，建设以发展海洋经济和临港经济为主的带状经济区域，使之成为东北地区对外开放的前沿。支持发展各项海洋产业，对辽东半岛海洋经济区、辽河三角洲海洋经济区和渤海西部海洋经济区的建设进行全面规划和升级，提高辽宁省海洋经济的综合实力，实现辽宁省乃至东北老工业基地的经济振兴。

第四节　辽宁省海洋经济在我国海洋经济发展中的地位和作用

一、辽宁省海洋经济助力中国海洋经济发展

海洋不仅仅是支撑未来发展的战略空间，同时也是潜力巨大的资源宝库。只有加大对海洋的重视程度，合理开发、利用海洋，海洋经济才能实现繁荣发展。据了解，目前世界海洋生产总值以平均每年 11% 的速度在快速增长。中国是一个海洋大国，拥有丰富的海洋资源，海岸线长达 1.8 万千米，占据世界第四的地位。但是，中国目前仍旧处在海洋开发和利用的初级阶段，对海洋的开发和利用远远不够。20 世纪 90 年代，中国政府才认识到海洋开发和利用的必要性，先后出台了一系列相关政策措施，使得中国的海洋经济拥有了大力发展的机会。2006 年到 2011 年，中国海洋产业占 GDP 的比重从 4% 增加到 9.7%，中国经济的增长在很大程度上已经需要开始依靠海洋经济的增长。但是，中国海洋经济的发展不可避免地还是存在问题的，因此，辽宁省海洋经济的发展对中国海洋经济的发展有十分重大的推动作用。

二、辽宁省海洋经济实现科技创新，进一步加快我国海洋经济转型升级

（一）实现科技创新的意义

从本质上来讲，海洋竞争就意味着高科技的竞争，海洋开发的深度在很大程度上取决于科研技术水平的高度。"加快海洋开发进程，振兴海洋经济，

关键在科技。"这一重要论述,深刻揭示了科技创新推动海洋经济转型升级的重要性,要想加速海洋资源优势转变为海洋产业发展优势必须要依靠科技创新。海洋经济是高科技、高附加值的产业,拥有发达的海洋经济,充足的专业人才、强有力的科技支撑是必要因素。发展海洋经济尤其是发展海洋新兴产业,必须要提高对科技创新的重视程度。

站在国际的角度上看,一系列新技术、新业态、新兴商业模式正不断涌现,产业结构调整的力度史无前例。新技术的多点突破和融合互动一定会促进海洋新兴产业的兴起以及繁荣发展,为海洋产业转型升级提供新的重大机遇。在此基础上,世界主要海洋国家都在加强各国的战略部署,进一步加快海洋新兴产业的布局和传统产业的改造,从而优化产业结构。海洋开发进入绿色、科学发展的新时代,蓝色经济绿色发展已然成了未来经济发展的新形态,海洋在各沿海国家中的战略地位以及重要程度日益凸显。

站在国内发展需求的角度上看,我国自改革开放以来,海洋经济始终保持着稳定、快速的发展状态,海洋产业总产值和增加值连创新高,海洋区域经济布局不断调整优化,海洋经济俨然已经成了国民经济新的关键增长点。而且我国海洋经济发展的过程也可以称作海洋产业结构不断调整优化、不断实现合理化的过程。近年来,我国已有的海洋产业已经形成了一定的产业结构,海洋第一、二、三产业比例也逐步协调。但是,我国目前还是存在海洋经济增长方式仍以外延式为主、产业技术水平较低、科技含量不高的问题,换句话说,我国海洋产业结构基本实现了合理化,但高度化水平仍旧未能达到理想程度,海洋产业结构急需升级优化,显而易见,海洋科技创新为我国海洋经济转型升级提供了新思路。

站在整个辽宁省的角度上看,2018 年辽宁省全省的海洋生产总值达到3140.4 亿元,占全国海洋生产总值的 3.8%,占全省地区生产总值的 12.4%,由此可见,海洋经济规模增长空间是十分巨大的。另外,辽宁省海洋科技已经具备多年的发展经验,形成了相对完整的海洋科学学科体系,并且取得了一些重要的成果,科技兴海进入了实现全面发展的战略机遇期。可辽宁省在与国内外的一些科技发达的海洋经济体进行比较时,整体的发展水平还是滞后的。辽宁省海洋经济的增长主要还是受资源、资本和劳动力等要素的驱动，海洋资源丰富但是利用率不高，科技含量还是比较低的，海洋开发仍以粗放型为主，海洋产品附加值不高，主要的一些海洋产业还是传统的海洋渔业、海洋盐业等，生产手段也是比较传统的，机械化程度不高，自然而然经济效益就低。此外，不完善的海洋科技创新机制、相对滞后的创新体制，以及较弱的科技创新能力和不足的科技知识使得海洋科技成果无法实现有效的转化。海洋科技投资来源主要依靠财政拨款，渠道十分单一，而且企业的自筹资金和社会资金投入是十分有限的，资金投入总量具有局限性，远远无法满足海洋科技不断发展过程中产生的需求，这就导致海洋基础研究和应用研究无法顺利开展。基于以上这些问题，辽宁省海洋经济的竞争力得不到提升，进一步制约了整个辽宁省海洋经济的可持续发展。

（二）发展科技创新为我国海洋经济发展奠定坚实基础

首先，要充分认识到科技创新对于促进海洋经济转型升级具有十分重大的意义，及时发现海洋科技创新过程中存在的各类突出问题并提出相应的解决策略；坚持科技创新的道路，深入实施创新驱动发展战略，发展高质量的海洋经济，加快转变为海洋强省的步伐。

其次，对于重大的海洋科技创新应给予强有力的支持。辽宁省拥有多所全国领先的涉海院校和科研院所，在海洋科技创新方面具有一定的优势。以满足国家重大战略需求为前提，研究以深水、绿色、安全的海洋高技术突破为主线，将实现海洋经济转型急需的核心技术的相关研发作为关键，使得科技和经济能够进行有效的对接。目前，辽宁省应将发展的重点放在海洋工程装备制造业高端化、海洋生物医药与制品系列化、海水淡化与综合利用产业规模化、海洋可再生能源利用技术工程化等方面上。

之后，需要积极加快海洋科技成果的转化过程。在东北地区积极推进对外开放的良好机遇下，依托辽宁省的各大高端开放平台，如辽宁自由贸易试验区、金普新区等，从全省整体出发，构建一个更加开放高效的海洋产业技术创新体系。尽可能地发挥企业创新的主导作用，加大海洋重大科技创新平台的建设力度，努力构建以市场为导向、金融为纽带、产学研相结合的海洋产业创新联盟，大力建设海洋科技成果交易和转化的公共服务平台，将更多的社会资本投资在国家深海生物基因库、深海矿产样品库等地方，营造各方面良好的发展环境，将海洋科技优势顺利转化为产业发展优势。

然后，需要进一步将区域经济发展的特点进行深化。在中央财经委员会第五次会议上，习近平总书记强调，"要根据各地区的条件，走合理分工、优化发展的路子，落实主体功能区战略，完善空间治理，形成优势互补、高质量发展的区域经济布局。"① 辽宁沿海经济带具有海洋经济发展基础雄厚、海洋科研教育优势突出的特点，因此毋庸置疑地成了我国东北地区对外开放的重要平台，对我国参与经济全球化产生了重大意义，同时也是具有全球影响力的先进制造业基地和现代服务业基地、全国科技创新与技术研发基地。要根据全国海洋主体功能区进行规划，按照自然资源、产业基础和发展潜力等因素，在区域发展总体战略和"一带一路"倡议的引领下，优化海洋经济发展布局，提高海洋经济整体的竞争力，不断探索新路径和新模式，加快实现海洋经济的快速增长。

最后，对海洋人才机制进行创新。显而易见，高素质创新人才、一流科技创新人才队伍在科技创新中起到举足轻重的作用。高水平人才队伍是海洋科技创新的必要条件，是中国海洋事业发展的基础。要积极推进海洋人才培养模式的创新，紧密联系重大项目和关键技术攻关，促进海洋人才培养链与产业链、创新链实现有机衔接。加强对海洋专业人才的培养，对于专业的海洋科技创新团队给予有力的支持。在涉海科研人员方面，要切实落实其离岗创业政策，同时也要建立健全科研人员双向流动机制。鼓励并且适当引导涉海企业培养创新人才和积极引进股权激励制度，充分支持科研单位或者科研人员分享科技成果转化收益。总体来讲就是要通过对海洋人才机制进行创新，从而为海洋科技创新提供充足的智力支持。

---

① 习近平. 推动形成优势互补高质量发展的区域经济布局 [J]. 求是，2019 - 12 - 06（24）.

第五节　辽宁省海洋经济成为未来发展的新亮点

目前，伴随着我国对外开放战略不断的推进和辽宁沿海经济带的顺利开发，海洋渔业、海工装备制造业、滨海旅游业等相关海洋产业不断发展壮大，在2200多千米长的辽宁海岸线上，海洋经济正在快速崛起。由相关数据可知，2019年辽宁省海洋经济生产总值达到了2465亿元，进一步带动了东北老工业基地的发展，同时也为当地的改革振兴发展注入了一股新鲜的血液。

（一）海洋牧场实现了快速发展

建设海洋牧场具有恢复并且大幅度增加渔业资源的优点，可以保证高品质海产品的持续生产，进一步对海洋产业结构进行升级优化。在辽宁省丹东市所在的黄海海域，该地的海洋渔业部门大力建设海洋牧场，向固定海域撒播鱼苗、在近海修建人工鱼礁是辽宁省海洋牧场建设规划的重要组成部分，建设规划海洋牧场是辽宁省大力发展现代渔业的核心内容。据了解，辽宁省建设海洋牧场在特定的海域内划定大型人工渔场，从而进行有计划、有目的的养殖与管理，具体表现为：利用规模化渔业设施，采取系统化的管理手段，结合海洋生物技术以及自然海洋生态环境把人工放流和自然生存的海洋经济种类进行集聚。大连市长海县拥有数百万亩的海洋牧场，近年来实施"参、鲍、鱼、藻"四大工程，更新优化养殖品种，不断推广优质高效的养殖技术。数据显示，目前大连市长海县底播养殖海参达108万亩，养殖鲍鱼31万笼，藻类养殖3万亩；2014年海洋牧场为长海县带来54.6亿元的产值收益，理所应当成了辽宁省的海洋牧场示范县。而且，海洋牧场不仅能为海洋渔业产业的发展提供巨大支持，还可以促进海洋渔业产业的进一步转型升级。另外，海洋牧场还可以保护甚至是恢复海洋生态环境，进而推动海洋资源的可持续利用，更可以推动旅游业、休闲渔业等海洋第三产业的蓬勃发展。2011年至2014年这3年间，辽宁省海洋牧场的直接投入与产出比为 1：11.6，渔民人均增收 2133 元，由此可见，通过建设规划海洋牧场辽宁省获取了显著的经济效益与生态效益。与此同时，之前在附近海域几乎绝迹的种群数量又得到了明显的增加。目前，辽宁省积极推进海洋牧场建设的路径主要为底播增殖、增殖放流和人工鱼礁建设等。2019 年 12 月，中华人民共和国农业农村部批准了"大连小长山岛海域中旺国家级海洋牧场示范区"，大连中旺水产有限公司在辽宁省大连市长海县国家级海洋牧场示范区内进行人工鱼礁建设，投放 19800 个单孔海珍品增殖礁，形成人工鱼礁规模 2.8512 万空立方米。由于这些措施，辽宁省近海海洋生态环境得到了有效的改善以及修复，实现了渔民增收、渔业增效的大好景象。在海洋牧场的快速发展下，近年来辽宁海洋渔业的增长态势一直非常平稳。根据《中国渔业统计年鉴》数据显示，2019 年辽宁省渔民人均纯收入达 19583 元，同比增长 3.3%。从渔业经济总产值来看，2018 年辽宁省渔业经济总产值为 1305.4 亿元，2019 年辽宁省渔业经济总产值增加为 1330 亿元。

（二）海工装备制造业占据国内领先地位

有效的措施再加上东北老工业基地装备制造业自身具备的传统优势，成功使得辽宁省的海工装备制造业在国内抢占了制高点。依照辽宁沿海经济带开发开放国家战略部署，辽宁省也在全面考虑自身传统装备制造业的产业优势的同时，不断出台相关的政策以及措施，旨在促进海工装备制造业更好更快地发展，在国内甚至是国际海工装备制造业中能够占据领先地位。辽宁省将大连、葫芦岛、丹东、盘营这四大海工装备制造基地作为打造重心，在错位竞争的环境中以及均衡发展的格局下，按照高标准、高规格的原则来对一批船舶修造、海洋工程装备制造及配套项目进行布局。辽宁省在依托自身老工业基地装备制造业传统优势的基础上，首先对临港临海装备制造业聚集区进行大力建设，然后通过发展海工装备制造业来进一步推动工业结构调整及其转型升级，最后出台相关政策、积极鼓励和支持国内外海工装备制造优势企业不断转型升级，这一系列的有效措施使辽宁海工装备制造业迅速在国内占据了领先地位。不仅如此，现在辽宁省制造的海工装备已经在国际上产生了一定的影响。而且，大连重工连续成功签订了两个海工项目合同——"海水淡化系统设备及支撑结构"和"海上平台用液压插销升降装置"。大连市作为我国发展海工产业最早也是最发达的地区之一具有不可推卸的带头作用。大连市在近些年将一部分重点放在建设临港临海装备制造业聚集区上，从而推动工业结构调整及其进一步转型升级，还积极鼓励国内外的海工装备制造优势企业在大连市形成产业集聚，支持各个企业创新驱动和进行自主研发。基于大连船舶重工、中远船务等龙头企业的带动作用，像大连华锐重工、大连迪施船机这样一系列的海洋工程配套企业逐渐涌现，继而推出一批世界级海工装备产品。大连海工装备制造产业如今不管在企业规模、经济总量，还是在研发能力和新产品开发上，都具备了一定的领先水平。在大连，不少海工装备制造产品已经能够与世界顶级产品相提并论。据了解，目前大连船舶重工已经在国内企业中取得了首屈一指的地位，不仅具备了设计建造大型自升式钻井平台、半潜式钻井平台和海上浮式生产储油船的能力，还能提供全部详细设计和部分基本设计服务。近年来，在国内外船舶和海工产品市场普遍低迷的大环境下，大连海工装备产值在 2014 年达到了 143 亿元，取得了较上年增长近一倍的可喜成绩，由此可见，大连海洋装备制造产业仍旧保持着强烈的增长势头。

（三）滨海旅游业迅速崛起，成为一大特色

优越的地理条件让 2200 多千米长的辽宁海岸线成为美丽并且具有独特色彩的旅游带。近年来，在辽宁滨海旅游发展战略的推动下，本来只是个小渔村的鲅鱼圈新建起一处处温泉旅游项目，大力发展滨海旅游业，许多东北地区游客慕名而来。海岛旅游无疑是辽宁省沿海地区的一大重要特色，在"十二五"期间，辽宁省规划建设长山群岛省级旅游避暑度假区，使得该地的海岛旅游收入以每年 20% 至 30% 的速度递增。以 2019 年的数据为例，大连市的旅游外汇收入已达到 59374 万美元。辽宁省拥有便利的交通设施，也有很多可供大力开发的涉海旅游产品，其沿海经济带就是一条名副其实的"黄金旅游带"。以大连市作为龙头，带动丹东、锦州、营

辽宁省海洋经济发展战略研究

口、盘锦、葫芦岛市的旅游业，从而形成一条完整的沿海旅游带，并辐射东北腹地，由此形成海陆联动旅游发展的新格局。辽宁省通过打造辽东生态旅游休闲度假区，进一步开发特色旅游休闲度假产品，并出台相应的政策和措施来给予滨海旅游建设支持。

｜参考文献｜

[1] 鄂俊，岳奇．养殖用海管理问题与对策研究［J］．海洋开发与管理，2020，37（1）：15-20.

[2] 官玮玮．辽宁海洋渔业可持续发展对策研究［J］．现代农业研究，2019（10）：37-40.

[3] 王学哲，闫吉顺，王鹏，刘豫宁，刘晓璐，张盼．辽宁省围海养殖的用海效益和退出机制［J］．海洋开发与管理，2019，36（4）：17-19.

[4] 姜丽．辽宁海洋经济竞争力评价［J］．开放导报，2016（2）：38-41.

[5] 王志．辽宁海洋经济发展研究［J］．合作经济与科技，2015（18）：5-7.

[6] 吕婷玉．养殖用海权属管理问题研究［D］．广东海洋大学，2015.

[7] 谭前进，勾维民，赵万里．推动辽宁海洋经济新一轮振兴发展的对策研究［J］．特区经济，2015（4）：136-138.

[8] 慕小萍．辽宁省海洋经济发展路径及对策研究［D］．辽宁大学，2014.

[9] 常丽，薛巍，魏亚男．辽宁海洋经济发展对策研究［J］．商业时代，2013（25）：140-143.

[10] 孙继辉，卜令军，方芳．辽宁沿海经济带海洋环境与经济协调发展问题及对策研究［J］．辽宁经济，2013（6）：69-73.

[11] 陈蕾．辽宁省发展蓝色海洋经济的思路与对策研究［D］．辽宁师范大学，2012.

[12] 董晓菲，韩增林．辽宁省海洋经济对东北老工业基地振兴的拉动效应分析［J］．海洋开发与管理，2007（2）：103-106.

第三章

辽宁省海洋经济发展面临的机遇与挑战

21 世纪，人们的关注点逐渐转向海洋，尤其是海洋资源的深度开发以及相关产业发展。海洋经济健康发展关系到国家经济发展，更与国家主权和领土完整息息相关。当前，我国经济进入新常态，海洋经济拥有着广阔的发展空间。本章利用 SWOT 分析法，重点分析辽宁省在发展海洋经济过程中面临的机遇和问题，旨在更好地推进海洋经济的发展。

第一节　辽宁省海洋经济发展自身优势分析

辽宁省海域气候宜人，地理位置优越，海洋资源丰富，海洋经济发展基础较好，海洋产业结构不断优化，而且具有一定的政策优势。

一、辽宁省自身具有优越的区位条件

辽宁省濒临渤海与黄海，在地理位置上处于中国大陆海岸线的最北端，是东北亚经济圈的关键地区。2003 年，中央政府提出了东北老工业基地振兴的重大战略决策，明确了东北地区经济能够实现快速增长的方向和路径。而辽宁省是东北地区唯一的出海口，同时也承担着东北地区对外开放门户的重要角色。东北地区的振兴可以为辽宁省的海洋经济带来良好的发展空间，进一步形成海陆联动、全面发展海洋经济的崭新格局。2009 年沿海经济带开发建设上升为国家战略，有效推动了辽宁省海洋经济发展。沿海经济带不仅可以将海洋经济发展的相关优势产业和先进技术进行集聚，实现对海洋经济资源的整合规划，还可以对沿海地区交通、能源和信息等基础设施建设进行合理统筹，为辽宁省发展海洋经济提供了有利条件。2013 年，"一带一路"倡议提出，辽宁省由于其特殊的区位条件成为连接亚欧通道的重要出海口，积极融入"一带一路"倡议中。加强对外经济合作有助于辽宁省充分发挥区位优势，进一步将海洋产业做大做强。

二、辽宁省拥有强大的产业基础

辽宁省具有坚实的产业基础，一方面，该地的石化和钢铁产业可以作为强大后盾进一步促进辽宁省海洋经济的发展。另一方面，辽宁省大连市发展为东北亚的航运中心也在一定程度上奠定了良好的基础，同时也对该省内其他沿海城市的发展起到了带动作用。在此背景下，辽宁省海洋经济在发展的同时不断优化产业结构，摸索着更加适合自身海洋经济发展的路径。

三、辽宁省沿海经济带的大力建设

辽宁省沿海经济带的大力建设为该地的海洋经济发展带来了前所未有的生机和活力。沿海经济带无疑是辽宁省新的经济增长极，它不仅可以极大程度地开发东北地区腹地，还具有十分显著的集聚效应，可以有效地将海洋经济的先进技术和优势产业集聚到一起。值得一提的是，辽宁省沿海区域那些长期荒芜的滩涂也可以得到充分的开发和利用，促进了海洋产业的迅速发展。辽宁省海洋经济的发展问题是战略问题，辽宁省沿海经济带的大力建设，再加上布局好的临港和临海产业，以及沈阳经济区的合理规划，这一系列战略举措都成为辽宁省海洋经济实现爆发式增长的强大支撑。

四、辽宁省政府政策的大力支持

辽宁省政府先后出台了一系列相关的政策法规，如《辽宁省海洋渔业安全管理条例》《辽宁省海域使用管理办法》《辽宁省突发海洋自然灾害应急预案》等等，为辽宁省海洋经济的可持续发展提供了有力的社会环境保障。辽宁省海洋管理工作逐步进入法制化的道路，有利于提升海域使用管理水平，加强维护海洋生态环境的意识，使得辽宁省海洋经济的发展更加规范化。2012 年《辽宁省海洋功能区划（2011—2020 年）》的批准实施对进一步提升海洋经济的整体发展水平具有显著作用。2013 年，我国有关海岸带保护和利用的首个规划——《辽宁省海岸带保护和利用规划》通过，这就意味着辽宁省沿海经济带由以开发为主转变为开发和保护并重，开启了新的发展模式。《辽宁省人民政府国家海洋局共同推进"五点一线"沿海经济带发展战略的实施意见》，为辽宁省发展海洋经济提供各种优惠政策。

第二节　辽宁省海洋经济发展存在的劣势

辽宁省在发展海洋经济的过程中也存在一些劣势和弊端，如海洋经济总量较低、产业结构不平衡等，这些因素将会严重制约着辽宁省海洋经济的发展。

一、海洋经济总量偏低、规模偏小

从辽宁省的微观角度来看，海洋经济在全省 GDP 中的比重增长速度很快，但是从宏观的角度考虑，与我国其他沿海的省市相比，辽宁省的海洋经济总量是偏低的水平。例如，2013 年辽宁省海洋生产总值为 5263 亿元，仅占全国海洋生产总值的 9.69%。另外，辽宁省沿海地区的海洋经济发展不成规模，除大连市外，其他的 5 个沿海城市海洋经济规模都是比较小的，而且省内涉海企业虽然数量不少，但大部分都是独立经营，相互之间缺少足够的互补与协作，无法形成一定的规模，整体优势得不到发挥。

二、港口分布集中，资源配置缺乏合理性

辽宁省 40 余个港口和近 400 个生产性泊位都集中分布在 2000 千米的海岸线上，并且港口的开发和利用都缺乏规划，由此衍生了一系列难以解决的问题。首先，港口在建设前并没有详细的规划，就不可避免地出现了重复建设和产能过剩等困境；其次，港口功能逐渐分散，没有明确的贸易分工；最重要的是各港口腹地重复，资源的配置十分不合理，由于争抢货源而产生恶性竞争，导致港口与腹地缺乏互动性。

三、海洋产业结构不平衡，仍保持粗放式管理

在辽宁省的 6 个沿海城市中，大连市依靠其较为突出的区位优势大力发展沿海旅游业，资料显示，大连市的客货接待量可以占整个辽宁省的七成以上。可是，辽宁省没有意识到统一规划管理的重要性，重复建设这样的问题屡见不鲜，海洋产业结构是不平衡的，最终导致恶性竞争、海洋资源浪费等严重后果。

目前，在辽宁省的海洋产业结构中，像海洋捕捞业、海上交通运输业这样的传统产业所占比重较大，约占全省海洋经济总量的60%，而海洋生物工程、海洋能源开发等新兴海洋高科技产业所占的比重却很低，总体来讲产业链条没有进行有效延伸，产业集群丰厚度不够，辽宁省海洋产业的发展还未完全实现现代化。从海洋资源环境看，一些地方海岸线使用管理比较粗放，近海资源利用率不高，所能带来的经济效益偏低，并且一些不科学的开发行为使得近海水域受到严重污染，导致海域功能受损，海洋资源也会逐渐减少，经济社会发展与资源环境承载能力的矛盾日益突出。

四、对外开放程度低

对外开放对一个地区经济发展的促进作用是不言而喻的，但数据显示，辽宁省的对外开放程度一直是比较低的。一方面，辽宁省的经济对外贸易依存度始终处于下降的态势，除 2016 年有上升趋势，可总体来看仍然是低于全国水平的，尤其是 2017 年，全国的经济对外贸易依存度是 33.60%，辽宁省的仅为 28.14%，低于全国水平 5.46 个百分点。另一方面，辽宁省对外贸易一直呈现赤字的状态，2017 年辽宁省进口总额相比去年增长 28.6%，出口总额相比去年增长 7.1%，由此可见，辽宁省进口总额的增长速度远远超过出口总额的增长速度。

五、不具备完善的信息管理体系

辽宁省要想更好地融入"一带一路"的建设当中，就需要加强对外的

交流与合作。友好的合作关系是在相互了解的基础上建立的，只有在对合作方的文化、市场环境和经济制度有了深刻了解之后才能制订合适的合作方案，但是辽宁省现有的信息管理体系是不健全的，缺少一个对境外市场信息进行收集分析和将省内企业发展状态、企业营商环境以及企业合作意向对外宣传的平台，导致双方能够获取的信息有限，辽宁省对外开放的合作机会并不多。

六、港口物流与城市发展不协同

辽宁省港口物流与城市发展的不协同主要表现为港口进出口额和港口物流呈反向增长状态。目前辽宁省的大连港、营口港、锦州港为对外开放的重点港口，但是辽宁省过于重视港口的发展，而忽略了港口与港口城市之间的互动。而且，辽宁省沿海经济带的 6 个沿海城市发展也是不平衡的，这就使得辽宁省整体经济的发展面临巨大阻碍。

第三节　辽宁省海洋经济发展的外在机遇分析

21 世纪是海洋的世纪，对于辽宁省这个海洋大省来说，靠海用海是经济发展的必由之路，如果能够制定科学合理的海洋发展战略，并认真实施战略规划，同时加强对海洋的综合管理能力，那么辽宁省就能把握住经济转型的良好契机。

一、"一带一路"倡议为辽宁省海洋经济发展提供重要契机

"一带一路"倡议决策的提出对于辽宁省来说是具有重大意义的，为辽宁省参与中蒙俄经济走廊建设提供了便利条件，可以加深与俄、蒙、日、朝、韩之间的经贸合作，进一步构建连接亚欧大通道出海口，使得辽宁省海洋经济的深远发展获得了诸多重要契机。多个沿海港口为辽宁省的对外开放奠定了坚实的基础，辽宁沿海经济带则为其发展对外经贸合作搭建了便利的平台。通过海上丝绸之路带来的发展机遇，辽宁省加快实现产

业结构的优化和升级，鼓励企业"走出去"，凭借其资源、区位和产业等方面的巨大优势加深与各国的合作交流，并且利用对外合作的机会加大该地区优势产业的发展势头，抓住"一带一路"倡议的战略机会，创造对外经贸的条件，加快辽宁省实现海洋经济可持续发展的步伐。

二、东北亚经济协同发展为辽宁省发展海洋经济带来重大机遇

东北亚地区，即日本、韩国和朝鲜的经济协同发展对辽宁省发展海洋经济的作用是不容忽视的。迄今为止，中、日、韩在第二产业和第三产业上已经达成了深厚的合作关系。2015 年，中、韩两国政府正式签订自由贸易协定，扩大了中国与俄罗斯、中亚乃至整个欧洲的自由贸易通道。而在中韩贸易往来中，辽宁省依托其港口优势扮演着重要角色，随着中韩两国的出口贸易规模日渐扩大，中、日、韩三国的经济和文化交流日益频繁，辽宁省海洋产业的发展得到了有效带动，同时也为辽宁省日后开展自由贸易活动、促进海洋经济发展提供了保障。

三、海洋经济在世界经济中的地位逐步提升，成为辽宁省大力发展海洋经济的历史机遇

近 20 年来，在世界人口不断增长、陆地资源不断开发和减少的背景下，海洋资源的开发和管理逐渐被世界各国重视。迄今为止，世界上已经有 100 多个沿海国家将发展海洋经济作为基本国策，海洋产业的发展保持着高速稳定的增长态势，海洋经济逐渐成为世界经济增长中最具活力、最有前途的领域之一。相关数据显示，世界国民经济总量为 23 万亿美元，其中海洋经济约占 4%，达到 1 万亿美元。

在陆地资源日渐衰竭，而人口还在一直大幅度增长的大背景下，发展海洋经济是势在必行的。各沿海国家抓住机遇，开始积极制订海洋开发的各项战略和计划，发展海洋经济渐渐成为世界经济的发展热潮。在此形势之下，中国也意识到了发展海洋经济的重要程度，加大了对海洋经济的政策、资金等方面的支持力度。自 2013 年开始，我国陆续出台了一系列与海洋经济相关的政策。毋庸置疑的是，辽宁省作为中国的沿海大省，也积极

地予以响应。同时，从更加长远的角度来看，国际经济的缓慢复苏也将会为辽宁省发展海洋经济带来新的战略契机。

四、环渤海经济区的建立为辽宁省海洋经济实现可持续发展带来了良好的发展机遇

环渤海经济区处在东北亚经济圈的关键中心位置，该经济区由辽宁、北京、山东、山西、天津、河北和内蒙古中部地区构成，在中国的经济发展中占据不可忽视的重要角色。辽宁省作为环渤海经济区的重要组成部分，位于该经济区的辽宁半岛圈，具备一切与京津冀圈和山东半岛圈开展经济合作活动的条件，一方面可达到互补共赢的目的；另一方面还可以将自身的产业优势充分发挥出来，引进更多的资金、技术和人才支持，使得辽宁省的海洋经济拥有更加广阔的发展空间。

第四节　辽宁省海洋经济发展面临的挑战分析

近年来，从辽宁省的发展过程来看，海洋经济是机遇与挑战并存的经济。虽然辽宁省利用海洋经济提升了整体的发展水平，但不可否认的是，沿海区域经济发展对海洋生态环境造成了严重的破坏，海洋生态环境的逐步恶化是辽宁省发展海洋经济所面临的巨大威胁。

一、海域开发过度，海洋资源利用不合理

目前，辽宁省的许多海洋开发部门只考虑自己的发展需要，而不考虑整体大局，随意制定和实施规划，部门之间缺乏有效协调，海域开发秩序混乱，最终使得近岸海域开发利用过度。同时，一味地追求海洋经济发展，对海洋资源的利用缺乏合理规划。比如近海捕捞业大量的捕捞不仅使一些海洋珍稀物种濒临灭绝，而且造成了渔业资源的严重衰退。另外，一些不合理的围海填海活动使得滨海湿地减少，甚至导致海岸线退减，这类问题层出不穷，海洋资源利用缺乏合理性必然会降低海域的使用效率，阻

碍辽宁省海洋经济的可持续发展。

二、沿海生态环境恶化

辽宁省沿海生态环境的恶化主要是由于沿海城市"三废"的大量排放。所谓"三废"是指辽宁省沿海城市众多石化、印染以及冶金企业排放出的废气、废液和废物，这些企业分布密集，大量的污染排放在所难免，同时也极大地破坏了沿海海域的生态环境平衡。1980年以来，辽宁省各个沿海城市和企业部门逐渐意识到了良好的生态环境的重要性，提高了对"三废"治理的重视程度，不断寻求更加先进高效的处理技术，虽然沿海生态环境的污染程度得到了暂时性的缓解和改善，但是在高速发展经济的今天，沿海生态环境恶化所带来的威胁依然不容忽视。

三、海洋生态保护任务急需解决

近年来，辽宁省海洋经济迅速发展的同时也对海洋生态环境造成了严重破坏，工业"三废"的超标、超量排放，以及沿海河口、港湾的污染都使得沿岸区域丧失了生态环境平衡。而这种生态环境的破坏是不可逆的，最终会导致无法挽回的后果。因此，辽宁省发展海洋经济要解决的海洋生态保护任务刻不容缓，努力提高对海洋生态环境的保护，实现海洋开发与保护的并重，任重而道远。

四、港口资源利用效率低下，缺乏优化整合

港口资源是辽宁省发展蓝色海洋经济其中的一个重要资源，辽宁省港口群在拥有优势的同时也存在着一些问题。辽宁省2000多千米的海岸线上密集地分布着40多个大大小小的港口和近400个生产性泊位，港口分布密度大，造成辽宁省各港口城市对海岸线的开发和利用比较粗放，由此衍生了一系列港口利用效率低下、缺乏优化整合的问题。首先，港口的建设没有整体性的规划设计。辽宁省港口近年来历经了前所未有的建设高潮，为全省码头经济结构注入了新活力，但是这些港口的建设没有经过整合和规划就会造成重点项目雷同的后果。例如，大连、营口以及锦州等港口分

别都在集中建设油品、集装箱等大型的泊位，就难以避免地出现了码头建设雷同的结果。其次，港口没有明确的分工，港口功能逐渐分散。各个港口在进行货物运输的时候没有明确的分工，不具规模性；而且各个地区为了带动临海产业和相关经济发展仅从自身利益角度出发，不考虑整体情况，盲目投资，造成深水泊位少、专业化泊位少、中小型以及散杂泊位多的局面，长此以往港口的功能逐渐分散。最后，腹地重复，难以协调发展。大连与营口两港口海面距离仅为 156 海里，陆地距离仅有 184 千米，经济腹地重复，因此两个港口需要竞争货源，这种不合理的无序竞争只会造成大量内耗，难以协调发展。同样，锦州港与葫芦岛港之间也存在腹地相同的问题，激烈的货源竞争在所难免。

五、沿海省份之间的竞争压力巨大

随着海洋经济发展热潮的到来，各沿海省份已经逐渐意识到发展海洋经济的重要性，都充分发挥其优势加大对海洋经济发展的投入力度，不断增强各自的竞争力。因此，从长远的角度来看，未来我国海洋经济发展的竞争将会十分激烈。目前，辽宁省的海洋生产总值在国内的沿海省份中排名比较靠后，与广东省和福建省这样的沿海先进省份之间还存在较大差距，辽宁省在发展海洋经济的过程中面临的竞争压力是十分巨大的。

六、国家政策扶持方面处于劣势

国务院先后批准了山东省、浙江省、广东省以及福建省的国家级海洋经济发展规划，这些地区已经顺利成为国家海洋经济发展试点。例如2010 年广东省被确定为全国海洋经济调查的省级试点地区、2011 年山东半岛蓝色经济区的建设、2013 年珠海横琴新区成为首批国家级海洋生态文明示范区等，国家这一系列的政策扶持对于这些地区优化产业结构、转变发展方式以及强化海洋生态保护与建设等具有重大意义和作用。但是辽宁省在国家政策和资金扶持方面还处于竞争劣势，海洋经济的发展道路十分受限。

辽宁省海洋经济发展战略研究

| **参考文献** |

[1] 牟方元，李嘉禹．"一带一路"战略下辽宁省海洋经济发展路径研究［J］．中国集体经济，2019（20）：28-31.

[2] 姜丽．辽宁省海洋经济发展的 SWOT 分析与对策［J］．特区经济，2015（10）：124-127.

[3] 慕小萍．辽宁省海洋经济发展路径及对策研究［D］．辽宁大学，2014.

[4] 李吕，李宏畅．"一带一路"背景下辽宁省海洋经济发展路径研究［J］．改革与开放，2018（14）：18-20.

[5] 吕靖，梁晶，朱乐群．辽宁省海洋经济发展环境与形势分析［J］．中国水运（下半月），2013，13（2）：54-55+57.

[6] 陈蕾．辽宁省发展蓝色海洋经济的思路与对策研究［D］．辽宁师范大学，2012.

[7] 张潇．基于 SWOT 分析的辽宁海洋经济可持续发展研究［J］．海洋开发与管理，2009，26（1）：76-80.

[8] 赵伟．辽宁省海洋经济发展研究［D］．辽宁师范大学，2008.

[9] 代晓松．辽宁省海洋经济可持续发展研究［J］．海洋信息，2006（4）：11-14.

[10] 张颖辉，可娜．辽宁省海洋经济存在问题及对策研究［J］．海洋开发与管理，2005（1）：95-101.

第四章

辽宁省海洋产业发展研究

第一节　海洋产业概述

海洋产业在我国海洋经济中占据着重要地位，其主要包括开发、利用和保护海洋资源和海洋空间为对象的产业部门，例如海洋渔业、海洋交通运输业、海洋盐业、滨海采矿、海水综合利用、海洋生物制药、滨海旅游业等相关产业。海洋产业具有综合性、多样性等特点，主要包括以下几个方向：直接从海洋获取的产品和服务及进一步加工的产品和服务；应用于海洋开发的产品或者服务；对海水或者海洋空间进行利用的生产活动；海洋科学管理或者研究工作；等等。海洋产业可以划分为三大产业，第一产业是指人们对海洋资源可以直接利用的产业；第二产业是指进一步加工海洋资源的产业；第三产业是指提供非物质价值为特点的海洋产业。各大产业的具体划分如表4-1所示。

表4-1　海洋三大产业

类型	具体海洋产业
第一产业	海洋渔业
第二产业	海洋生物医药业、海洋电力业、海洋空间利用、海洋水产品加工业、海洋船舶制造业、海洋化工业等
第三产业	海洋滨海旅游业、海洋交通运输业、海洋科研教育服务业等

第二节　海洋渔业

我国海洋渔业作为当前农村社会稳定与经济发展的支柱型产业，不仅有助于自然生产力的推动，完善生物资源的多样性，还是渔民渔业增收、农村增绿及农村精准扶贫的重要保障。现阶段，辽宁省海洋渔业总体生产形势向好，产业发展潜力巨大，在未来发展中应加快结构调整步伐，坚持绿色养殖、生态养殖，确保养殖环境与水产品质量安全，大力提高农村经济效益和竞争力。

一、发展现状

辽宁省紧邻黄海和渤海地区，拥有875.3亩边境水域，300多条河流以及长达近三千米的海岸线，具有丰富的渔业地理资源，水产品产量常年居于我国渔业产品产量前列，推动了周边沿海城市快速发展。

近年来，在我国经济结构的进一步转型影响下，为在新的经济环境中进一步发展辽宁省水产养殖业，促进渔业快速发展，辽宁省不断调整水产产业结构，加强以水产养殖和渔业为主的发展政策，持续加大政府对水产养殖业支持力度，实施可持续发展战略，深化以水产养殖为主的水资源开发，加强水资源利用，不断提高渔业养殖标准，以实现建设海运强省的目标。

改革开放后，随着我国海洋渔业的快速发展，辽宁省在海洋渔业发展历史上发生一个重大变化，回顾这一历史时期，辽宁省的海洋渔业行业大致可分为三个阶段：

1978—1985年是辽宁省海洋渔业发展的初始阶段，也是辽宁省海洋渔业现代化建设的第一个阶段，这段时期辽宁省海洋渔业发展的主要目标是解决鱼类捕捞的难题；1986—1993年是辽宁省海洋渔业发展的第二个阶段，鱼类捕捞的难题已基本解决，且这一时期的经济建设以"菜篮子工程"为主，结合这一时期的经济建设重点，在政府的支持下，辽宁省海洋渔业不断提高对养殖技术和资金的投入，扩大养殖规模，形成有效的养殖治理、良好的养殖秩序，为改善人民生活品质奠定了基础；1994年至今是辽宁省海洋渔业的第三个发展阶段，在这个重要阶段中，我国始终保持快速发展的态势，经济水平大大提高，在人民生活水平和环境显著提高的同时，人们越来越注重对水产品的质量要求。在这种情况下，辽宁省大幅度调整海洋渔业生产结构，结合农业和农村经济现代化建设，弘扬科学发展观，强化海洋渔业现代化建设体系的战略支撑，加强海洋渔业创新体系建设，树立可持续发展的意识，坚持走海洋渔业可持续发展之路。以改善人民生活品质为动力，提高养殖业建设水平，促进海洋渔业的全面发展和我国经济的全面进步。

辽宁省渔业总体生产形势向好。2016 年，水产品出塘量、收入同比增加；水产品综合平均出塘价格同比下降；投苗数量同比增加；养殖生产成本同比下降；鲤、草鱼饲料价格同比下降；饵料系数同比降低；池塘单产同比增加。总体渔民收入情况同比略增。

2015—2017 年 3 年间，辽宁省大连市渔业产值持续上升，从 391 亿元上涨到 413.4 亿元，而在 2018 年渔业产值有所下降，仅为 385.9 亿元，明显低于前 3 年的平均水平，这表明大连市海洋渔业产业正式进入调整期和转型期。2019 年，大连市全市渔业经济总产值达 733.8 亿元，水产品总量 221 万吨，其中，海水养殖产量 176 万吨，产值达 247 亿元，海水养殖面积超过 700 万亩。

辽宁省海洋渔业研究所提出的省级水产养殖滩涂规划已于 2021 年前全面完成，并加强了海洋渔业规划的合理化和规范化，有效分配了渔业养殖及滩涂资源，进一步改善了辽宁省海洋渔业的标准化管理，渔业养殖滩涂规划得以实施。

2017 年，辽宁省海科院启动养殖水域滩涂规划工作，利用近 3 年时间，抽调各层骨干力量，形成资深队伍，实地调研各区域养殖产量、种类、面积和水域分布状况，收集具备养殖证的地点和滩涂类型资料，为及时获取详细属实的第一手数据并作出报告，实地勘探多个典型养殖池塘及部分大型水库，全面了解省内渔业养殖的各方面情况。此项规划工作不仅有助于协调水产养殖行业与沿海地区的友好关系，进一步推动城镇化进程，缩小城乡差距，逐步打破城乡壁垒，还有助于结合沿海地区特点优化水产养殖模式，为其在海洋资源利用与开发方面提供有力支持。

为实施环境保护政策，辽宁省将对各区域进行明确分工，将养殖水域滩涂功能区划分为：禁养区、限养区和养殖区。将饮用水水源地、自然保护区等重要生态保护区域作为禁养区；限制在饮用水水源地二级保护区、自然保护区实验区和风景名胜区等生态功能区开展水产养殖；养殖区是指符合海洋功能区划的海水养殖区域，如海上池塘养殖区、淡水池塘、水库和湖泊养殖区等。2020年辽宁省水产品产量（不含远洋捕捞）437.0万吨，比上年增长2.0%。其中，淡水捕捞3.9万吨，增长0.5%；淡水养殖82.7万吨，增长1.9%；海洋捕捞46.3万吨，下降5.0%；海水养殖304.1万吨，增长3.2%，全省海水可养殖面积居全国第二位。

二、发展建议

（一）发展精细化海洋渔业，推动行业发展

随着我国经济的高质量发展，渔业市场需求不断扩大，人们对海洋产品品质要求大幅度提高。基于这种市场变化，辽宁省需进一步调整海洋渔业水产养殖目标定位，在养殖模式上，以优质型养殖为重点，由数量化向精细化转变。充分利用天然的地理环境，加快高端海洋产品养殖设施建设，重点支持建设海参、鲍鱼和海胆等高端海产品项目。将海水与淡水两类水产养殖充分融合，进一步扩大养殖规模占比，充分发挥省内海洋产品养殖竞争优势，为满足市场需求提供坚实基础。

此外，辽宁省还要深度融合现代化技术与管理模式，创新养殖新模式，优化养殖结构，增强养殖能力，提高省内科技海洋渔业水平和高质量养殖效率，充分运用创新和实干精神，整合水域养殖资源，利用海水与淡水的水产养殖特殊优势，逐渐发展精细化水产养殖领域。

（二）加大龙头企业扶持力度，提高海洋产品加工业水平

在现代工业领域，加工业逐渐成为海洋渔业行业的重要组成部分。在此背景下，辽宁省应对海洋产品进行深度加工和开发，在海洋产品类型方面实现多样化，使其能够更加符合人们的生活需求，同时，应进一步完善海洋产品加工业制度，大力发展海洋产品加工业，并发挥行业内龙头企业的带动作用，利用其市场影响力形成品牌效应，拓宽销售渠道，增加水产品销售量，统筹推进辽宁省海洋产品养殖的科技化、高速化、精细化发展。

（三）培养科技能力，加大病害防控力度

病害问题对海洋产品养殖质量的影响尤为重要。政府要推动海洋产品养殖发展，运用科技能力提升海洋产品产量，避免因病害问题而导致海洋产品产量降低，实现产业效益。为解决病害问题，一方面，要增强科学技术投入，整合省内科研和技术推广人员等技术力量，加强海洋渔业技术指导工作，充分利用科学知识技能，从根源上解决病害的相关问题，通过各种方式将病害程度的可能性控制在合理范围内；另一方面，要进一步完善科学养殖和环境保护制度，结合辽宁省水域特点进行投入养殖和水体监测等全方位考核，落实水产品登记制度，统一水产品质量标准，做好病虫害的监测和预警工作，确保水产环境检测工作取得实效，打造现代化、绿色化渔业中心。

（四）引入新品种，实现产品多样化

引进新品种将成为未来海洋渔业发展的重点，要促进海洋渔业的现代化发展，就需要提高产品内生动力和科学技术水平以培育新品种，实现产品多样化。水产品品种多样化的实现，一方面，可调节水产品养殖结构；另一方面，还可推动水产品行业的多样化、优质化发展。在发展过程中，辽宁省可通过引进新品种，加强对河豚、海参、鲍鱼等珍贵海产品的养殖建设，增强其市场竞争力。为促进海洋渔业健康发展，辽宁省应重点支持特优苗生产，扩大新品种养殖规模，加强对高质量及珍贵海产品养殖力度，同时建立完善的新品种养殖体系，进一步搞好新品种养殖的规划布局，实现辽宁省的经济快速发展。

（五）健全监管机制，实现海洋水产养殖行业规范化管理

为进一步推动海洋渔业的快速发展，在当前市场大环境下，在满足市场需求的同时，辽宁省不仅要积极调整海洋渔业发展模式，利用龙头企业带动海洋渔业行业纵向发展，还要健全监管机制，制定有强制性的政策措施，遏制非法打捞行为，不断加强监督监管力度，强化渔情监测力度，及时掌握海洋渔业生产与市场情况。而实现海洋渔业行业规范化管理，不仅是推动辽宁省海洋渔业发展的重要手段，也是促进辽宁省海洋渔业可持续

发展的必然选择。

随着我国科技水平的不断提高，辽宁省海洋渔业逐渐规范化。目前，由于科技水平的不断提高，其在辽宁省经济发展环境中态势良好。虽然辽宁省的海洋渔业已初具规模，但仍存在一些问题，对此，辽宁省需结合自身特点，在经济结构转型的基础上确定好正确的改革方向及路径，进一步为辽宁省经济发展提供动力支撑和保障。

第三节　海洋工程装备制造业

海洋工程装备制造业是开发利用海洋资源的物质和技术基础，是战略性新兴产业高端设备制造的发展重点，也是船舶工业调整和振兴的重要方向。改革开放以来，辽宁省海洋工程装备制造业的发展取得了长足进步，产业辐射能力强，对国民经济带动作用大，在北部沿海地区初步形成了具有一定集聚度的产业区，涌现出一批具有竞争力的企业。

一、发展现状

国务院将海洋工程装备制造业列为重点发展领域。21 世纪以来，在海洋资源开发进程中，海洋工程装备制造业正面临飞速发展。辽宁省拥有强大的海上工程设备开发基地，辽宁海洋工程装备的发展不仅可以重组造船业的整体布局，同时也可以进一步引导装备业的升级。作为当前排名全国第一的海洋集团，辽宁省应致力于将本省的海洋工程装备制造做大做强，抢得先机，加强提高海洋装备制造业的市场份额。

辽宁省位于我国东北沿海地区，作为唯一一个沿海省份，海洋资源丰富，地理位置独特且具有明显优势。面对国家新一轮推进海洋经济发展的战略机遇，应充分发挥既有优势条件，做大做强海洋工程装备，发展海洋工程装备制造业是加快辽宁省新兴产业发展的战略选择。

辽宁省现有专业化船舶配套工厂、海上装备制造加工园区以及包括长兴岛、旅顺岛、葫芦岛等在内的五大船舶制造群。其中，沿海装备制造业加工与配套组成了沿海装备制造业集群：大连中远船务有限公司、中国一重大连加氢反应器制造有限公司、新船重工舾装分厂等国内外现代化重大装备制造基地坐落此地。位于旅顺口的大连大正港海洋工程基地已与大连港集团、中远船务工程集团、葫芦岛造船公司达成初步合作，计划在我国东北地区实施海上工程补给计划，打造最大的工程装备基地。2019年前三个季度，辽宁装备制造业累计工业增加值同比增长7.4%，高于全国平均水平，占全省工业的29.7%。2020年底，全省装备制造业增加值同比增长0.4%，增速提高1.1个百分点。

当前辽宁省的首要计划是要建设海洋工程，如海洋绿色养殖、海洋科技创新、海洋生态保护、现代化海洋牧场建设等，并进一步发展海洋机场建设、海底隧道工程建设，不断扩大海洋工程建设规模。

二、优势

（一）具有国内外知名建造企业

辽宁省海工装备制造起步较早。大连船舶重工集团是国内最早生产自升式钻井平台的企业，也是我国第一个交付半潜式钻井平台的企业。目前，大连船舶重工集团具备了建造自升式钻井平台、半潜式钻井平台、钻井船、FPSO（浮式生产储油船）等各类海工装备的能力，每年可承建交付8～10个海工装备项目，已成功跻身世界高水平海工装备制造企业行列。

大连中远船务公司也全面进入了海工装备制造领域，已成功地将老旧油轮改装成浮式生产储油船（FPSO），被业内称为"中国第一大FPSO改装厂"。最引人注目的是，该公司承接了世界首艘浮式钻井生产储油船（FDPSO）建造项目，该项目价值5.6亿美元，是迄今为止"世界上在建的最大钻井储油船"，标志着大连中远船务已经成功介入海工装备的高端领域。

STX（大连）海洋重工有限公司主要生产自升式钻井平台、半潜式钻井平台、海上钻井船和浮式生产储油船等海工装备。继2010年5月，造船公司STX大连集团成功交付首艘深海钻井船之后，同年11月，第二艘同型钻井船也举行了下水仪式。作为三艘同型备选船中生效的第一艘，该船可在水深3000米海域进行钻井作业，钻井深度达12000米，在世界范围内拥有同种特殊船舶建造技术的造船厂屈指可数。它的成功下水，进一步彰显了STX大连集团在建造高技术水平、海工项目方面的实力。辽河石油装备制造总公司隶属于中国石油天然气集团公司辽河石油公司，是中石油集团的三大海工基地之一，去年造船业产值40亿元，产品以陆地、海洋石油装备为主。目前正在建造浅海自升式钻井平台、海上风电机组安装船等海工装备。

当前，葫芦岛市海洋重工呈现出由渤船重工向海上重工装备领域不断推进的趋势。其中，为挪威EIDE公司建造的两千多米深海改造船项目，是第一个具有高科技含量和附加值的海外工程项目。

（二）基础研究支撑在国内领先

辽宁省在船舶制造和海工装备制造领域科研基础雄厚。大连船舶重工集团（以下简称"大船重工"）拥有自己的核心设计团队，其海洋工程设计研究所被认定为国家级企业技术中心，该研究所有1000多名工程技术人员，由中国工程院沈闻孙院士领军，通过自主开发及与国际知名公司合作，海工装备设计与研发技术达到了国内先进水平。此外，大船重工的母公司中船重工集团的科研力量更为雄厚，拥有28个科研院所和7个国家级企业技术中心，其科研成果可以根据需要在大船重工实现产业化。

辽宁省高校在船舶和海洋工程方面的科研实力同样居于全国前列。大连理工大学在船舶与海洋结构物设计制造等关键技术、船舶与海洋工程结构安全和海洋工程水动力学等方面研究居于国内领先水平，组建了深海工程技术与装备研究团队，目前承担的课题研究任务主要有海洋技术领域"深水立管工程设计关键技术研究"及重大专项"深水半潜式钻井船设计与建造关键技术"等。雄厚的科研实力为辽宁省发展海工装备提供了坚实的基础，并在同时担负着为辽宁省培育海工装备人才的任务。

（三）与中海油、中石油的合作有一定基础

辽宁省与中石油、中海油、中船重工和中远船务等央企的合作已经具备一定的基础。中船重工下属的大船重工是国内知名的海洋工程装备制造企业；大连中远船务也开始介入海工装备领域，发展势头迅猛；中石油在盘锦建立了海工装备制造基地，是中石油"十一五"期间重点建设的三大海工基地之一。目前，辽宁省在与中海油的合作方面略显不足。海洋石油工程公司是目前国内唯一以海洋油气田开发为主要建设工程且作为中海油旗下的承包公司，依托中海油垄断给海油工程建设的业务，海油工程公司在国内海洋工程装备领域具有支配地位，对国内海工装备发展态势具有重要影响。因此，辽宁省应加强与中海油和海油工程公司的合作，把工作做到实处，尽力争取海工装备方面的市场订单份额。

三、存在问题

（一）缺乏高端海洋工程装备制造技术，依赖国外核心技术

辽宁省目前拥有的海洋工程装备制造技术自主知识产权较少，且大多是浅海海洋工程装备，主要进行后期的生产设计工作，而高端的深海海洋工程技术涉猎较少，缺乏核心研究成果。同时辽宁海洋工程装备制造业自主创新能力不强，企业研究大多为分散研究，没有形成专业化、集成化、连续化的研究模式，高新技术设备的开发大多仅模仿国外现有产品，自主开发能力较弱。

（二）欠缺高端专业技术人才

在行业发展因素和经济因素的双重影响下，辽宁地区对船舶与海洋工程技术人才缺乏吸引力，并且，辽宁省尚未制定引进船舶与海洋工程高端技术人才的相应配套政策，没有吸引人才的硬件措施，因此辽宁地区非常缺乏该领域的中高端人才。海洋技术人才结构失衡，以及海洋工程技术应用型人才缺失制约着辽宁省海洋工程制造业的快速发展。

（三）缺乏工程总承包能力

在项目管理制度中，工程总承包是海洋工程装备建造业的重要组成部分，由于总承包商承担着设计海洋油气田开发方案、装备方案，海洋油气田建造的责任，总承包商的执行能力直接影响着项目的附加值，因此要求总承包商具备比较高的项目管理能力。目前，辽宁省的现有企业并不具备

总承包海洋工程项目的强大实力,大多分包承担主体结构建造分项目。大多数企业不具备工程总承包能力,但这并不是辽宁省独有的问题。如果辽宁省海工企业能够抓准时机,优先培植总承包能力,势必将成为全国海洋工程装备制造业的先行者。

四、发展建议

(一) 向产业价值链高端迈进

近年来,全球海洋工程装备产业逐渐由沿海工程向深海工程靠拢,这导致全球海上运营成本由 2004 年的 400 亿欧元上升到 2015 年的 520 亿欧元,这部分成本中占比最大的是昂贵的深海投资。为跟上国际形势,辽宁省海洋工程制造业需优先向高新科技方向发展。辽宁省应关注和跟随国际海洋工程的最新科技研发成果,改进现有技术,关注技术研发的最新进展,坚持"引进、消化、吸收、改造、创新"的发展模式,加强相关技术领域的研发与改进,增加先进技术、先进装备等的进口数额,逐渐发展更具价值的深海海洋工程领域。

(二) 整合海洋工程装备业技术人才,提高科技力量

《国家中长期人才发展规划纲要 (2010—2020 年)》指出,要在装备制造等经济社会发展重点领域建成一批人才高地。海洋工程装备属于世界战略性新兴产业,但辽宁省在海洋工程装备业方面的人才极为匮乏,为加快辽宁地区海洋工程的发展,辽宁地区有必要增强海洋工程装备人才的专业素质,培养海洋工程制造高技术人才。可以通过"创新人才培养计划",加大力度培养更多海洋工程关键技术方面的基础性人才;可以通过"青年人才深化培养计划",挑选辽宁省海洋工程装备方面表现突出的青年人才到海洋工程发达的国家进行学习深造。同时,辽宁省要进一步制定发展海洋工程装备制造业的产业、人才优惠政策,吸引国内外优秀人才投身于辽宁省海洋工程建设。

(三) 加大对海洋工程装备领域国际前沿问题的研究力度

辽宁省海洋工程装备研究机构应积极开展世界海洋工程装备市场的跟

踪与研究工作，根据自身情况建立相应的研究统计资源库，加大对产业和技术发展趋势的研究力度，参考欧美成熟企业以及韩国、新加坡等高速发展企业在海洋工程装备产业发展战略、经营策略、产品和技术的最新研究动向，学习海洋工程装备发展迅速的国家为加快自身产业发展所采取的措施和手段，并以此为依据，支撑和帮助辽宁政府制定相关政策，为辽宁省海洋工程装备产业的发展提供理论支撑。

在海工装备制造领域，船舶装备制造业作为我国重点培育的战略性新兴产业，辽宁应着重于高附加值的高科技海外设备，如新型集装箱船和大型钻井平台。

第四节　滨海旅游业

受旅游区域经济发展水平、开发政策、资金和消费需求等多方面因素的制约，辽宁省旅游业整体起步较晚。近年来，在国家拉动内需、加大投入的政策驱动下，辽宁省滨海旅游业总体保持平稳发展，省内旅游增长较快，旅游开发价值极高，滨海旅游业拥有很大的发展空间和潜力。大力发展滨海旅游业，是优化辽宁省旅游产业结构，提升旅游经济总体实力，进而实现由旅游大省向旅游强省跨越的现实选择。

一、发展现状

（一）旅游资源丰富

辽宁省沿海六市旅游资源种类丰富，且分布不一，各具特色、相辅相成。沿海资源丰富，遍布大量天然海滩，据有关数据统计，截止到 2021 年，辽宁省共拥有 6 个国家 5A 级旅游景区，110 个 4A 级旅游景区，31 个国家级森林公园，拥有森林和林地 6.7 余万平方千米，自然保护区 266 个近 1.8 万平方千米，大于 10 平方千米的河流 3414 条。如今辽宁省沿海旅游资源在全省旅游市场中仍占据重要地位。

（二）区位优势明显

辽宁省处于我国东北地区，环居渤海，是东北部经济体与环渤海地区的交通枢纽，与国内各省份交流密切，地理位置特殊。此外，辽宁与邻国朝鲜、韩国以及日本一江之隔，作为东北亚开发经济区的重要一环，也是我国与邻近国的重要交流地带，是欧亚大陆与太平洋的交通枢纽。因此辽宁省的地理位置和经济开发对于开发滨海旅游城市具有重要作用。

（三）经济发达、旅游市场稳定

经济的发展有利于推动旅游业建设。由于在环渤海领域，辽宁沿海经济带地理位置独特，是东北亚经济和文化交流的中心。作为东北亚地理几何中心、国家向北开放重要窗口，辽宁省担负着全省城市经济的龙头作用。辽宁省占地面积 14.57 万平方千米，占大陆的 1.517%，人口 4.26 千万人，2020 年 GDP 总和为 2.5 万亿元。同时发达的交通基础设施、海陆空立体交通运输网络，也为发展滨海旅游业打下了坚实的基础。

2020 年，辽宁省接待国内外旅游者 30170.0 万人次。其中，接待国内旅游者 30150.2 万人次，接待入境过夜旅游者 19.8 万人次。全年旅游总收入 2720.5 亿元，其中国内旅游收入 2712.2 亿元，旅游外汇收入 1.2 亿美元。现阶段，辽宁省充分发挥本地资源优势，挖掘打造旅游亮点，扩大旅游产品供给，旅游市场整体繁荣稳定，呈现了良好的发展态势。

二、存在问题

（一）旅游发展水平不均衡

整个辽宁沿海旅游呈现出东强西弱的不平衡发展状态。整体看来，大连在辽宁滨海旅游业中占有极其突出的地位，无论是接待国内、国外旅游人次，还是旅游业收入，都居于辽宁省首位。除大连外的 5 市，滨海旅游业发展相对滞后，没有成熟的品牌性的旅游产品。这种不平衡制约了区域旅游业总体水平的提高，在一定程度上也影响了各市旅游业的合作发展。

（二）旅游资源开发程度低

当前，辽宁沿海旅游产业的旅游产品主要是基础性旅游，此外，海洋观光、海底岛屿、海洋生物、海洋文化等资源大多闲置，海洋旅游资源的开发进度较为迟缓，且一些需求性高的娱乐、度假产品等较为稀缺，远远满足不了辽宁海洋旅游产业发展的需求。高品位旅游资源优势尚未转化为竞争优势。众多自然条件优秀的景点也是停留于表层开发和低水平的跟风重建，降低了品位和形象，难以提升游客的旅游满意度。

（三）旅游设施不健全

辽宁省滨海旅游业在夏季旺季会迎来游客高峰，而诸多基础设施和配套设施的建设不足也因此暴露出来：餐厅和酒店的档次难以满足不同消费层次的人群，各个景点卫生间不足或卫生间卫生状况不佳，旅游旺季城市交通拥堵等问题依然存在。此外，辽宁沿海旅游带缺乏能够为大型旅游项目配套的基础设施，主题公园、博物馆、游乐场等为娱乐性、教育性旅游主题服务的基础设施严重不足。

（四）旅游产品缺乏创新

辽宁省作为中国东北唯一的沿海省份，是我国最北方的沿海省份，其滨海旅游产品应有自身北方海滨的特色，但是在滨海旅游的开发上缺乏特色、新意。许多景点出现盲目开发、跟风建设、模仿抄袭的现象，完全没有体现出北方海滨应有的特色，没有代表性的品牌产品，故而竞争力较弱，品牌形象未能形成。

（五）旅游行业不规范

当前旅游业要解决的主要问题，就是管理和经营问题，而管理和经营的关键就在于要提高科学化管理水平、增强有序性。由于缺乏滨海旅游的规范化建设，辽宁省滨海旅游业行业内部有诸多不规范现象：超范围经营、购物欺诈、恶性削价竞争等非法违规行为依然存在，安保、咨询、投诉受理和处理机制也缺乏效率，这极大影响了辽宁滨海旅游的形象，同时也影响了滨海旅游业自身的发展、壮大和规范化。

（六）旅游宣传不到位

沿海六市都拥有优质的滨海旅游资源，但这些旅游资源没有形成一个成熟的整体旅游产品，也没有在国内外游客心中树立一个独特的旅游品牌。目前，辽宁滨海旅游产业还没有形成整体品牌形象，不能为国内外游客所知晓，特别是缺乏在国家主要媒体上的宣传推介，而网络媒体的宣传仍停留在简单的旅游景点介绍时期，缺乏功能性和互动性。

三、发展建议

（一）充分开发旅游资源，提升旅游产品质量

辽宁省沿海各市都具有本土特色的旅游形象，因而需要在保持沿海各市的特色基础上，结合当地文化，加强区域合作，充分开发各市具备良好开发潜力的旅游资源，充分利用已开发项目的资源，打造具有特色的高质量旅游产品，以特色带动整个辽宁滨海旅游带的整体发展。政府应对辽宁省现有的海洋旅游资源进行开发、整合与规划，在政策和管理技术方面给予科学的指导，鼓励景区（景点）自创品牌，鼓励宾馆、饭店等星级化、品牌化经营，从而促使辽宁省的滨海旅游资源得到充分的开发，促使旅游行业从业者提升旅游产品质量和档次，提高服务水平，提升游客满意度和旅游影响力。

（二）加强宣传力度，提升知名度

辽宁省滨海旅游应进行统一的宣传活动，并科学选择宣传方法和途径。在宣传方法上，突出辽宁滨海旅游带的整体形象，着重突出各个沿海旅游城市的不同特色，在宣传途径方面应该多样化。此外，还可通过在各地开展旅游交易会和旅游节庆活动等促销方式，不断拓展市场，加强社会公众对辽宁滨海旅游的了解和认同。

（三）加强旅游业约束，建设健康旅游投资环境

针对目前辽宁滨海旅游业中不规范、存在超范围经营、购物欺诈、恶性削价竞争等违法行为的问题，应加强政策约束，加强执法监管，这对于建设健康投资环境，保障旅游从业者和游客的切身利益，提升旅游业竞争

力有着至关重要的作用。应加大对违法行为的检查和惩治力度，坚决杜绝旅游公司为牟利而危害游客合法权益的行为；应加强对行业内部的监管，避免恶性竞争的现象产生。

（四）多渠道、多形式筹措旅游开发资金，加快旅游专业人才培养

政府应加大对沿海 6 市，尤其是丹东、营口、盘锦、锦州、葫芦岛 5 市旅游业的财政投入力度，促进对景区的品质开发；应本着公平、公正、公开的原则，鼓励旅游开发单位和新兴的滨海旅游企业，减免各项税费，在有效管理的基础上适当降低进入行业的门槛，帮助和鼓励中小企业融资，对于大型企业给予政策上和资源上的支持；应加大对高校旅游专业的学科建设和人才的培养，并引导毕业生在本地就业。

（五）加强基础设施和配套设施建设，实现海陆均衡发展

旅游服务的硬件体系庞大，主要包括服务体系和公共设施体系。应加强基础设施和配套设施的建设，建设配套的交通、安保、环卫等基础设施；应合理配置景区内的休闲娱乐设施、购物、餐饮等相关设施，充分满足旺季游客高峰期的需求，避免出现游客"上厕所难""吃饭难""冲澡难"等现象；应设立咨询投诉服务中心，规范旅游行业的竞争秩序。

（六）合理规划滨海旅游资源，满足多元化需求

滨海旅游可持续发展，是在系统共生、循环再生和自我调节原理的指导下，以维护基本生态过程、维持滨海旅游承载力和尊重海洋生态价值为宗旨，最终实现滨海旅游生态系统的平衡，达到经济、社会和生态效益的整体最优。为保护滨海旅游资源，实现可持续发展，辽宁省应树立可持续发展理念，制定规范有效的管理制度，严格执行并进一步完善辽宁渤海海洋生态红线制度，对生态脆弱区域限制或禁止开发；应坚持以人为本，建设人文旅游资源，缓解旅游旺季海滩和海滨浴场的环境压力；应开发和包装绿色生态产品，如大连的海产品，丹东的东港大米、柱参、杏梅等。

近年来，随着滨海旅游的不断发展，海洋医药产业、休闲养生、海上度假等疗养产业已成为辽宁省医学领域中的重要组成部分。辽宁逐渐加大对海洋养生领域的开发力度，继续在海洋运动养生等产品上进行创新，海

洋特色养生产品的推出有利于丰富辽宁省的海洋产品类型，满足多元化需求。

第五节　海洋交通运输业

在改革开放背景下，我国经济迅猛发展。随着辽宁省海洋经济的不断发展，港口规模逐渐扩大，全省港址达 60 余处，是连接辽宁省乃至整个东北地区与世界各国的窗口，目前，大连港和营口港的集装箱吞吐量已跻身中国前 10 位。据统计，辽宁省港口与世界上的国家和地区通航数量达 140余个，是促进辽宁海洋经济与东北亚海洋经济协同发展的重要保障。

一、发展现状

辽宁省的海运与陆运都十分发达。现阶段，辽宁省已形成合理的海洋交通运输布局，发达的造船技术处于国际领先水平，港口众多，海运发达，海上交通运输业在辽宁的海洋产业中属于中流砥柱。发达的物流运输网络为辽宁省海洋经济与沿线"一带一路"国家的经济合作与发展奠定了基础。

辽宁省具有广阔的航运市场。辽宁沿海港口众多，发展航运具有较大优势，省内各市高度重视，如营口港依托广大东北腹地，积极创新拓展与黑龙江、吉林、内蒙古等地的协作，近年来货运量得到快速增长，"以港立市"战略取得了很大成绩。大连市作为东北对外开放的"窗口"，航运中心建设关系到城市发展的命脉。早在 2009 年 7 月国务院常务会议通过的《辽宁沿海经济带发展规划》中，就明确指出大连要建设"东北亚国际航运中心、国际物流中心、区域性的金融中心"。

（一）海洋运输业发展现状

1985 年，辽宁省内海上运输货船达 53 艘，平均可承载 6.25 万吨，海上运输货物量达 271 万吨，运输周转量每千米近 13 万吨。改革开放以来，辽宁省海上运输业得到长足发展，万吨以上的船舶量增长迅猛，中小吨位船舶量稳步增长，船舶性能逐渐向其他专业化转变。目前辽宁省致力于改变运输单一，形成以杂货船、集装箱船、液化气船、油轮等多种船型构成的多元化局面。近年来，我国为实现东北振兴，出台许多发展东北地区经济的相关政策，不仅要对内提高工农业生产总值，还要对外保障货物供给量。自辽宁省实施"九五"规划后，在2008—2020年12年间，其货物吞吐量从48800万吨增长到8.2亿吨，年均增长率为5.6%；集装箱吞吐量从743.9万标准箱增长到1310.8万标准箱，年均增长率为6.3%；游客运输量从598万人增加到34440.4万人。辽宁省的港口货物和集装箱吞吐量的不断发展，使港口运输体系日益完善，成为辽宁省港口运输体系中的重要一环。

（二）港口业发展现状

辽宁省沿海经济带占全国的八分之一，占环渤海地区的二分之一，海岸线近3000米，港口海岸线长达400多千米，其中深海海岸线占绝大部分。拥有38处优质商业港口、77处渔业港口，形成以大连市、营口市为主轴，丹东市、锦州市、葫芦岛市等为副轴的海洋运输发展格局。

全球化引起了各个国家之间的港口竞争，并随着中国经济的发展，为扩大货源渠道，许多行业纷纷表明需尽快提高核心竞争力以促进海港业发展。2015—2019年，辽宁省海洋港口业实现大幅度跨越，2015年海港货物吞吐量较上年下降到4.15亿吨，2016年较上年增长到4.4亿吨，增长5.3%；2017—2018年从4.6亿吨增长到4.7亿吨，实现稳步增长；2020年，水路货运量与客运量分别为4797.2万吨、227.8万人，港口货物吞吐量8.2亿吨，港口集装箱吞吐量1310.8万标准箱。

表4-2　2015—2019年辽宁省海洋交通运输业基本情况

指标	2015年	2016年	2017年	2018年	2019年
沿海主要港口货物吞吐量(万吨)	104859	109081	112558	100530	86124
港口码头长度（米）	82113	80664	81551	81551	81883
港口码头泊位（个）	443	411	415	415	416
旅客进出港量（万人）	571.4	542.1	587.2	604.5	619.5

表4-3 2019年辽宁省水陆客货运输量

货运量（万吨）	货运周转量（万吨/千米）	客运量（万人）	旅客周转量（万人/千米）
12498	50272669	530	60059

二、发展建议

（一）加强港口建设，发展海上运输

当前，辽宁省为促进海运业健康发展、保持海洋运输领域的优势，需加强研制自主的运输装备，提升并改良船舶安全性、动力性及舒适性水平，减少类型较单一及吨位级别较小的小型货船产出，加快淘汰老旧运输船舶，积极推进港口转型升级。通过完善滚装船、液化气船、集装箱船、油轮等设备设施，提高专业化技术水平和使用量，实现技术领先，达到以高低档为主、大中型为辅的海上运输发展体系。同时，辽宁省要改进全省各港口设施能力，大力发展储备、运输、装载及港口的相关配套设施，提高先进化水平，加强集装箱在港口的运输能力和装卸实效性。各大重要港口要秉持高效率、畅通、简便的服务宗旨，力争达到世界领先水平，形成全面的海洋运输发展格局，共同推进现代海上物流业发展。

（二）加强区域交流，提高海上运输能力

辽宁省为避免海上运输业与渤海沿海地区的竞争关系，需充分发挥各港海上运输优势，增强与各省间运输的交流程度，协调好各个区域之间的合作关系，推进远洋航线的开发利用。但因在同行业的恶意竞争影响下，港口海岸线的整体竞争力下降，因此在发展海上运输业的同时，不仅应加强辽宁省各个区域内与渤海沿海地区的合作，实现经济共赢，还应优化好在沿海区域的港口规划体系布局，强化大型公共码头建设的万能性与实用性，进一步提高本省的港口运输竞争力及吞吐量。为实现港口又好又快发展，首先要打破行政区域划分限制，健全港口管理体系，协调好港口体系的经济发展规律和自然属性间的关系，在激烈的市场竞争中，要对港口资源进行优化整合，以发展海运交通服务业、港口码头业、航运物流业为重

点，培育海上运输龙头企业。鼓励各省企业联盟发展，进一步优化港口规划布局，推动辽宁省作为港口纽带的主导作用，在整个港口体系中相互配合，共同作用，达到规模效益的最大化。

（三）提倡绿色航运，发展低碳经济

2008 年，金融危机席卷全球，对众多国家影响较大，整个经济体系中的国家开始提倡实施低碳环保战略，大力发展绿色航运业成为我国未来发展的重点。辽宁省为响应国家号召，以促进绿色海洋运输为目标，力争在海洋运输领域将船舶的排放量减少到目前国际航运运输业的标准。同样EEDI（新船能效设计指数）也提高了对体系中的船舶生产工艺、设计水平、配套设备的要求。于 2009 年 12 月召开的全球气候变暖大会中，许多国家将全球变暖的矛头指向中国及欧美国家。

今后，为应对全球日益严格的节能减排标准，并基于我国可持续发展的战略考虑，辽宁省的航运运输业要加快发展核心技术的步伐，不断加强海运节能减排和生态环境保护工作，完善节能环保管理等各项政策，健全低碳环保考核体系和监测体系。不仅要符合低碳环保规范的国际条例要求，按照节能减排指标实施节能减排项目，加快推进新能源在海洋运输业中的应用；还要支持大型港口开展液化天然气加注码头建设，开展港口新能源综合利用试点示范工作，实现在低碳环保体系中的最大利益平衡，在国际条例权益竞争中获得更多的话语权。

（四）改善港口环境，提高服务质量

海洋运输业系统具有便捷性、综合性等特点，其发展建设程度与相关行业相辅相成。辽宁省需继续加快海洋运输业建设，一方面，需要改善港口环境，如港口经济、自然、商业等环境，只有改善港口的整体环境，优化港口运输结构，提升运输业与工业水平，才能带动相关港口产业，从而得到有利发展。另一方面，要加强港口区域卫生监测力度，完善船舶维修、货运流程及商品、船员和运输工作人员后勤保障工作，健全交通运输、市场信息服务等综合性网络制度，形成集运输、库存、装卸、中转、水陆综合运输、进出口代理于一体的港岸服务体系。提高港口经营生产的标准水平，引导鼓励符合条件的民营企业港口运输业务，多方面服务于海上运输发展与物流运输建设，从而进一步加快东北航运中心建设，建设海运强省。

第六节 战略性新兴产业

当前，全国各地推动新兴产业发展的步伐很快，形成了新一轮的产业竞争。战略性新兴产业在区域经济中具有战略地位，具有能够成为经济发展新支柱的可能，对经济社会发展具有重大影响。发展战略性新兴产业是加快培育形成新的经济增长点的重要举措，是促进可持续发展的重要方向。

加快培育战略性新兴产业，已成为辽宁省推动产业结构调整升级、转变发展方式的重大战略选择。因此应尽快解决其发展过程中存在的问题，促进辽宁省经济社会在更高水平上更迅速、更健康发展。

一、产业布局

辽宁省积极实施国家政策，推动经济产业优化升级，促进经济发展，建立了高端装备制造、新一代信息技术、节能环保、新能源汽车等产业，提出要重点发展高端装备制造、新能源、新材料、新医药、电子信息、节能环保、海洋、生物育种和高新技术服务业九大类新兴产业，包含83个重点领域，并通过资金、信贷、土地等手段进行大力扶持。

辽宁省根据自身产业形势，将高端装备制造作为战略性新兴产业，其主要涵盖航空装备、海洋工程装备以及先进轨道交通装备等六大类，依托沈阳机床集团、大连机床集团、中科院沈阳计算技术研究所、新松机器人自动化股份有限公司等企业实现技术突破、产业转型。

新一代信息技术产业包括集成电路、数字视听、现代通信、高端软件和新兴信息服务产业四部分，依托英特尔半导体（大连）有限公司、中国电子科技集团公司第四十七研究所、沈阳东软集团有限公司等企业进行产业发展。生物产业包括生物技术药物、化学药品、现代中药、生物医学工程产业四部分，重点依托三生制药、成大生物、锦州九泰、辽宁生物医学材料等企业。资源综合利用与节能环保技术是节能环保产业的重要组成部分，主要依托企业有营口绿源锅炉有限公司、鞍山钢铁集团公司、沈阳机床股份有限公司等。新能源产业主要包括太阳能光伏，重点依托企业有锦州阳光能源集团、锦州华昌光伏科技有限公司、中国科学院沈阳科学仪器研制中心有限公司等。新材料产业包括高品质特殊钢、新型轻合金材料、稀土功能材料、稀有金属材料、先进高分子材料、先进陶瓷和特种玻璃等方面，重点依托企业有鞍山钢铁集团公司、东北特殊钢集团、中铝沈阳有色金属加工有限公司等。新能源汽车依托重点企业有华晨汽车集团、辽宁曙光汽车集团、沈阳华龙客车制造有限公司等。

二、发展现状

2020 年，辽宁省战略性新兴产业整体趋势稳定，重点行业和企业生产形势稳中有进。全省共有 32 家典型航空制造业企业、180 家航空产业合作单位。目前，在高端装备行业方面，沈阳已经集聚四百多家机械装备制造业企业，数控机床的生产销量以及市场占比均居全国第一。包括电子信息、软件和信息技术服务在内的产业集群已逐渐形成新型工业化产业规范，构成九成智慧产业园、七贤岭产业基地、天地软件园、大连软件园等为一体的行业体系，形成以本溪市高新区为主、桓仁县和本溪县为辅的海洋生物医药产业集群。先后与上海绿谷、华润三九等多家我国一百强医药企业，以及包括日本卫材、韩国大熊制药等国际企业通力合作。沈阳的航空航天大学、"三厂三所"更为辽宁省航天航空产业发展培育了多批产业基地储备人才。

在高端装备制造业领域，辽宁省已经开辟了沈阳市铁西区和大连开发区这两个聚集区进行高端装备制造业研究，并已经取得了一定的成果。其中沈阳浑南新区在化工材料及纳米材料等新材料产业方面竞争力较强，并已初具规模。营口拥有国家六大新材料基地之一的国家镁质材料产业化基地。新能源产业方面，朝阳市的国内首个省级规划新能源基地正在稳健发展。光伏产业基地也已经建立，并围绕锦州等地形成了硅产品、太阳能等产业链条。生物医药方面也有一定的发展成就，例如本溪生物医药科技产业基地取得了技术、平台以及产业方面的优势。

到目前为止，辽宁省大连市海上生物科技产业基地已发展25家核心企业。辽宁将以海洋新能源发展为主要切入点，重点发展海洋服务业，如涉海法律服务、涉海金融保险等服务项目。加大力度培育海洋美妆、海洋生物医药等新兴产业的发展。建设海洋性生态养殖牧场，加快发展离岸深水养殖等高科技项目。创立大连海上产业发展基金会，助力推进辽宁省海洋产业进程，展望新的未来。

辽宁省在2019年进行了重要的战略调整——战略性新兴产业的升级转型。从国际角度分析，世界产业变革及技术革命更为传统产业升级带来了机遇与挑战。科技创新使世界新兴产业格局再一次重新洗牌，世界发达国家着眼于新兴产业的智能化、数字化、绿色化科技创新，科技的进步将会推动新兴产业的进步。从国内角度分析，我国积极转变传统产业模式，优化新兴产业结构升级，全力实施科技创新发展战略，加快推动科技创新与实体经济的共同发展。为优化产业创新环境、扩大新兴产业规模、激发新兴产业市场活力，辽宁省先后推出并实施《"十三五"国家战略性新兴产业发展规划》《战略性新兴产业分类（2018）》及其政策，推动战略性新兴产业的快速发展。

2019年，辽宁省在战略性新兴产业领域继续保持优势，在海洋生物医药、新材料等关键性领域继续深入研究。不断突破科技创新技术难题，推动机器人、新能源汽车等产品产业化，有望将5G通讯、区域链等普及化，为经济发展进一步提供动力和支撑。

辽宁省积极响应国家号召，大力发展新兴产业并已取得一系列的成效，但在发展过程中也遇到了一些问题，如传统产业与新兴产业的关系，如何促进辽宁省新兴产业的发展等。

三、存在问题

虽然辽宁省战略性新兴产业发展势头已经取得了一定的成果，但仍存在许多问题，使得辽宁省经济发展比其他省份增速缓慢，自身发展也遇到了瓶颈。本书总结了以下四个主要原因。

（一）发展理念以及体制的落后

辽宁省拥有较多的国企，国企的体制问题影响了辽宁省对战略性新兴产业管理和发展的重视程度。辽宁省产业发展长期受计划经济影响，发展主要依赖于政策调控，忽略了市场在资源配置以及产业发展中的主要引导作用。每一个产业都有自己的发展特点，也有自己的管理方式和发展方向，辽宁省在发展战略性新兴产业的过程中对产业调控过度。另外，原有体制与新兴产业不能实现良好的融合，导致很多新的问题。

（二）辽宁省企业转型方向不够明确

辽宁省积极响应国家号召，根据自身产业发展情况积极推动战略性新兴产业发展，出现了各大新兴产业共同发展的局面，缺少侧重点，企业不仅没有明确的发展方向，也存在国家政策资金无法扶持优质新兴产业的情况。辽宁省战略性新兴产业发展具备良好的外部环境，企业应该根据自身情况进行变革，不能只强调转型、空喊口号，无计划、无战略的转型是不恰当的。而且，辽宁省缺少品牌企业，转型和新兴行业的公司数量虽多，但是缺乏品牌效应，很难吸引投资，进而难以持续发展。

（三）人才资源不够充足

为引进人才，辽宁省多个城市已经出台了相关的政策，包括购房限价、租房补助以及其他的经济补助。但对于人才保留和人才引进来说，这些政策只能起辅助作用，缺少适合人才发展的企业和岗位以及发展空间。从应届毕业生的流动情况来看，人才往东北流动的数量远远小于江浙地区。主要原因在于东北地区新兴产业较少，发展与人才的需求不匹配，即使是辽宁省本省的毕业生，能够留在本省的也较少，导致人才资源不够充足。

（四）缺乏自主创新力，产业发展竞争力不足

新兴产业的发展以自主创新为基础，通过自主创新促进产业发展，包括产品、技术和材料等的创新，但在这些方面，辽宁省没有明显的优势。

辽宁省虽响应国家号召，战略性新兴产业发展已经初具规模，建立了较多的产业园区和研发基地，但对于研发的重视程度还不够，没有具备竞争力的研发成果，产业缺少核心竞争力。再加上设备和人才的不足，更加阻碍了技术和产品的创新。

四、发展建议

（一）改变发展理念，构建良好的新兴产业发展服务体制

从根本上改变计划经济思想，充分发挥"市场力量"，使产业按照市场需求方向发展。政府在产业发展的过程中应扮演产业结构大方向调整者和支持服务产业发展者的角色，这样有利于产业按照正确的方向发展。政府要逐步改善新兴产业服务体制，使优质企业能够快速获得资源，避免因资源获取流程烦琐而错失发展机会。

（二）政府加大资金投入，促进产业发展

资金对于企业发展尤为重要，企业自身的运转对资金有较大的依赖作用。而如果要强调企业转型，就需要研发新的技术、产品或者商业模式，在这个过程中，研发资金是非常重要的因素。为鼓励企业转型，政府应进行资金扶持。政府引导资金指的是政府带头，鼓励大家进行投资，这样既缓解了企业的压力，也给投资者找到新的投资方向。通过政府引导，可以合理整合资源，优化资源配置，实现资源最大化，对政策实现正确导向。这要求政府在选择扶持企业的时候应严格把关，这既是对投资者负责，也是对社会负责。

（三）增强创新能力，提高产业竞争力

辽宁省战略性新兴产业的发展还处于起步阶段，需要培养产业自主创新能力，在新兴产业中强化先进技术的应用，这样才能提升产业核心竞争力，使产业在市场中获得更大的竞争优势。增强产业自主创新能力，首先需要新兴产业树立创新意识。在整个生产过程中，运用先进核心技术提高生产效率，在应用先进技术的同时进行创新。通过创新提高资源的利用率，节省传统能源，开发新的能源。还可以引进创新成果，通过研发使其

得以利用和完善。其次，创新需要从市场需求出发，根据市场导向，利用技术创新实现产业效益，走可持续发展之路。鼓励企业根据客户需求制定发展战略，以人为本。

（四）快速建立新兴产业竞争优势

辽宁省战略性新兴产业发展应最大限度地利用传统产业优势，使两者相互支持、辅助。依托传统产业优势快速发展新兴产业，形成较强的产业优势，同时利用新兴技术改善传统产业的组织、生产、销售方式，为传统产业带来新的活力。从辽宁省新兴产业发展情况来看，新兴产业的建设和发展是以传统产业为依托的，高端装备制造业是由传统的机械设备产业带动的，而新材料产业的发展和崛起也是以传统材料、资源产业为依托的。由此可见，辽宁省大部分战略性新兴产业的发展基本都是以传统产业格局为基础而设立的。辽宁省传统产业的发展已经到了关键期，产业存在能耗大、产品技术含量低、生产成本高等问题，产业急需转型升级。

（五）培养龙头企业，带动其他企业发展，建设新兴产业聚集区

辽宁省战略性新兴产业发展所遇到的问题之一就是新兴产业全面发展，没有侧重点，导致新兴产业企业数量多但缺少具有带动力和竞争力的龙头企业。龙头企业对区域产业带动作用明显，以杭州阿里巴巴为例，阿里巴巴是互联网电商行业龙头企业，围绕阿里巴巴，众多小互联网企业在杭州获得发展，已经形成了完整的互联网产业链条，使区域经济得到振兴。辽宁省必须培育自己的新兴产业和龙头企业，并通过发挥龙头企业的优势，带动产业发展，为产业中的小企业创造良好的生存环境。培育龙头企业，需要辽宁省出台相关扶持政策，例如土地费用、税收等方面的扶持政策，为龙头企业成长助力。同时在龙头企业成长的过程中要规划好区域建设，为新兴产业集群创造良好的成长环境，尽量选择开发区和经济区作为新兴产业聚集区，有利于产业发展成本的降低，缓解老城区压力。

2015 年，辽宁省实施壮大战略性新兴产业方案，并从实际情况出发，发挥创新能力较强、科技资源丰富等优势，在海洋高端装备制造业、新一代信息技术、新材料、新能源、生物医药、新能源汽车等重点领域已取得

丰硕成果。辽宁省在发展过程中，要正视存在的问题，前几年虽经济增长缓慢，遇到了瓶颈，也存在诸多问题，但战略性新兴产业推动了辽宁省产业结构调整及优化，使辽宁省经济重新回到正轨。此时，辽宁省应该更加重视新兴产业的发展，合理安排投资和扶持力度，确定转型方向和路径；同时，在发展战略性新兴产业时也需要辽宁省摒弃落后的发展理念，积极完善产业发展服务体制，引导资金流向具有发展前景的新兴产业中去。

第七节　总　结

当前，我国海洋经济发展由快速增长期进入深度调整期，海洋产业转型升级是海洋经济发展过程中的必然选择，有利于其健康持续发展。海洋产业是辽宁省海洋领域经济发展的特色和优势，辽宁省一直致力于挖掘海洋产业发展潜力，并长期将其视为经济增长的重点领域。目前，省内海洋产业结构调整趋向合理，海洋第一、二产业优势地位得到巩固，第三产业所占比重不断上升。海洋战略新兴产业、海洋工程装备制造业增加值逐年上升，深远海探测技术水平不断提高。海洋产业基础设施建设更加完善，辽宁省的国际运输中心地位不断巩固，高铁直通城市不断延伸，形成海陆联动发展重要动脉。辽宁省海洋产业在现阶段虽取得了很大进展，但在未来发展过程中依然要注重其中问题的解决，才能使辽宁省经济实力得到快速提升，更好地顺应时代发展潮流。

| 参考文献 |

[1] 付秀梅，汪帆，项尧尧，吴军，戴桂林. 中国海洋生物产业园区发展模式研究 [J]. 海洋经济，2013（5）.

[2] 于会娟. 现代海洋产业体系发展路径研究——基于产业结构演化的视角[J]. 山东大学学报（哲学社会科学版），2015（3）.

[3] 武靖州. 发展海洋经济亟需金融政策支持 [J]. 浙江金融，2013（2）.

[4] 徐胜，李新格. 创新价值链视角下区域海洋科技创新效率比较研究 [J]. 中国海

洋大学学报（社会科学版），2018（6）.

［5］王泽宇，崔正丹，韩增林，孙才志，刘桂春，刘楷．中国现代海洋产业体系成熟度时空格局演变［J］．经济地理，2016（3）.

［6］张越，陈秀莲．中国与东盟国家海洋产业合作研究［J］．亚太经济，2018（2）.

［7］王晶，韩增林．环渤海地区海洋产业结构优化分析［J］．资源开发与市场，2010（12）.

［8］张玉强，孙鹤峰．我国海洋高新技术产业园区建设探索与发展研究［J］．海洋开发与管理，2015（11）.

［9］刘波，陈丽．江苏省现代海洋产业体系及发展路径研究［J］．资源开发与市场，2016（7）.

［10］王泽宇，卢雪凤，韩增林．海洋资源约束与中国海洋经济增长——基于海洋资源"尾效"的计量检验［J］．地理科学，2017（10）.

［11］王泽宇，崔正丹，孙才志，韩增林，郭建科．中国海洋经济转型成效时空格局演变研究［J］．地理研究，2015（12）.

［12］田鹏颖，潘多英．辽宁沿海经济带文化产业园区建设对策研究［J］．辽东学院学报（社会科学版），2013（4）.

［13］李博，史钊源，韩增林，田闯．环渤海地区人海经济系统环境适应性时空差异及影响因素［J］．地理学报，2018（6）.

第五章

辽宁省沿海港口发展研究

辽宁港口资源得天独厚。东起鸭绿江口，西至山海关老龙头，在绵延2900多千米的海岸线上，辽宁拥有宜港岸线1000多千米，优良商港港址38处，大小港湾40余个。辽宁依托港口规划的沿海经济带，长约1400千米，宽30至50千米，由大连、丹东、营口、锦州、盘锦、葫芦岛6个沿海市所辖的21个市区和12个沿海县（市）组成。辽宁沿海港口以其优越的地理位置和丰富的岸线资源，在地区综合运输体系中发挥着重要的基础性作用。随着振兴东北老工业基地这一重大战略的实施，辽宁港口的发展迎来了春天，辽宁沿海港口群整体优势进一步增强，并已成为东北亚地区最具竞争力的港口集群。

第一节　辽宁省沿海港口发展现状

目前，辽宁省沿海港口发展主要集中于大连港和营口港，锦州港、丹东港的中转枢纽港次之，葫芦岛、盘锦两港为增补港口。辽宁沿海港口区位优势明显，是国内外货物贸易和物流储备区，且作为以重工业为主要经营货种的综合性外贸性口岸，在东北及内蒙古锡林郭勒盟地区的内外贸资源中占据主要地位。

2019年辽宁沿海各港口货物吞吐量数据如表5-1所示。2019年，辽宁省沿海各港口共完成集装箱、货物吞吐量分别为1689万TEU、86124万吨，全省生产总值达24909.5亿元。由此来看，辽宁省沿海港口与经济发展已取得显著成效。

表 5-1 2019 年辽宁沿海各港口货物吞吐量

区域	港口	直接腹地	货物吞吐量（万吨）
辽东南	大连港	大连市	36641
	营口港	营口市	23818
	丹东港	丹东市	5669
辽西北	锦州港	锦州市	11340
	盘锦港	盘锦市	4756
	葫芦岛港	葫芦岛市	3899
全省			86124

注：数据来源为辽宁沿海六市国民经济和社会发展统计公报（2020）。

一、运营现状

2013—2020 年辽宁省主要港口货物与集装箱吞吐量出现明显的持续高位运行。从同比增速上看，2013 年平均增速超过 10%，其中货物吞吐量与集装箱吞吐量同比分别增长 25% 和 49%，集装箱吞吐量增速远远超过货物吞吐量的增速；自 2014 年 1 月初，增速降势明显；2016 年增速有所提升。从货物与集装箱吞吐量增长速度来看，随着辽宁省对沿海港口建设的支持力度不断加大，港口吞吐量持续快速增长。2018—2020 年，货物吞吐量与集装箱吞吐量持续走低，三年平均分别降低 10%、12%、5%。2013—2020 年辽宁沿海港口货物、集装箱吞吐量如表5-2所示。

表 5-2 2013—2020 年辽宁沿海港口货物、集装箱吞吐量

年份	货物吞吐量		集装箱吞吐量	
	（亿吨）	增速（%）	（万 TEU）	增速（%）
2013	9.8	11.13	1798.2	18.81
2014	10.4	5.41	1859.6	3.41
2015	10.5	1.14	1838	-1.16

年份	货物吞吐量		集装箱吞吐量	
	（亿吨）	增速（%）	（万 TEU）	增速（%）
2016	10.9	4.03	1879.7	2.29
2017	11.3	3.2	1950	3.7
2018	10	−11.5	1926	−1.2
2019	8.6	−14	1689.3	−12.3
2020	8.2	−4.6	1310.8	−22.4

二、港口货种现状

辽宁省港口中转的货种包括煤炭、钢铁、铁矿石及原油等。近年来，随着经济总量的增长，大连港作为省内港口高地，充分利用海岸线长的地理位置优势，大力发展海洋产业经济，并以外贸业务为主，包括集装箱、矿石等外贸物资的运输。营口港区位竞争优势明显，地理位置优越，陆路运输成本相对较低，经过近几年港口物流业的高速发展，逐渐形成以干散货和集装箱运输为两大核心主业、以内贸业务为主的运输模式；丹东港航运主要从事铁矿石、煤炭等方面的货种运输；锦州港以化肥、粮食为主的散杂货运输所占比例总体依然稳步提升；盘锦港和葫芦岛港与全省其他港口相比发展水平较低，且规模较小，运输货种主要为石油和煤炭。由此来看，辽宁省内外贸的发展共同推动省内货物运输量的不断增长，通过已出台的《辽宁沿海经济带发展规划》，辽宁省对沿海港口功能进行科学布局，具体如表5-3所示。

表5-3　辽宁沿海港口功能布局

货种	港口功能布局
进口原油	大连港为主，营口港和锦州港为辅
铁矿石	大连港和营口港为主，锦州港和丹东港为辅
煤炭	锦州港为蒙东地区煤炭下水港，大连港、营口港、丹东港等为煤炭接卸港

续表

货种	港口功能布局
散粮	大连港为主，营口港、锦州港为辅
集装箱	大连港以远洋干线集装箱运输为主，兼顾近洋和内贸集装箱运输，形成集装箱运输干线港 营口港、锦州港和丹东港以内贸和近洋航线集装箱运输为主，并承担向周边集装箱干线港的喂给运输，形成集装箱运输支线港

三、经济发展现状

　　辽宁省作为东北老工业基地的重要省份之一，产业主要以重工业和重化工业为主，装备制造业、钢铁和石油化工在国内市场上占有较大份额，且国有经济所占比例较高。辽宁省共辖朝阳、盘锦、葫芦岛等 14 个地级市，从下辖各地级市情况看，辽宁经济带的三大板块——辽宁沿海经济带、沈阳经济区、辽西北经济区，构成了辽宁的空间划分和产业特征。其中，大连是辽宁沿海经济带的重要枢纽，且沿海港口和资源优势已成为沿海经济带发展的有力支撑和重要基础；沈阳经济区是东北地区发展范围最大和发展程度最高的经济核心区，它以沈阳为中心城市，通过不断推动传统优势工业建设，逐步发展成沈阳经济区的新兴支柱产业。由于产业规模不断扩张，大量产品出现使需求增幅加大，受无效产能过剩和有效需求不足交织影响，2010 年第一季度辽宁省经济便开始进入持续下行通道，增速一直徘徊在 6% 以下；2016 年甚至出现负增长，经济总量排名从 2015 年的第 9 名，跌至第 14 名；2017 年起终于走出谷底，经济开始逐年上升，这是辽宁经济增速持续低迷 17 个季度后，重返 6% 以上；2019 年地区生产总值 24909.5 亿元，比上年增长 5.5%，地区经济有了较快的发展。大连市各港口腹地经济发达，港口运输需求急剧增长，经济稳定发展的实力雄厚，以远超省内其他城市的 GDP 总值排名第一；锦州市、营口市和盘锦市经济实力相当，葫芦岛市和丹东市经济规模较小，经济实力水平较低。2019 年辽宁各港口直接腹地经济情况如表 5-4 所示。

表5-4　2019年辽宁沿海各港口吞吐量和直接腹地经济情况

区域	港口	直接腹地	集装箱吞吐量（万TEU）	货物吞吐量（万吨）	GDP（亿元）
辽东南	大连港	大连市	876	36641	7001.7
	营口港	营口市	548	23818	1328.2
	丹东港	丹东市	40	5669	768
辽西北	锦州港	锦州市	188	11340	1073
	盘锦港	盘锦市	32	4756	1280.9
	葫芦岛港	葫芦岛市	6	3899	807.1
全省			1689	86124	24909.5

注：数据来源为辽宁沿海六市国民经济和社会发展统计公报（2020）。

随着东北振兴战略的推进实施，辽宁省经济发展进入新的阶段。辽宁省沿海、沈阳、辽西北区域经济结构的战略性调整已取得初步成效，辽宁沿海地区已成为推动东三省区域振兴的经济带。现阶段，辽宁沿海经济带已成为增强区域转型的外部推力以及激发全省蕴藏的内在动力。从宏观经济角度来看，2013年，辽宁省全年地区生产总值呈增长趋势；2015年辽宁省生产总值为28669亿元，同比增长0.1%，增幅持续收窄；截至2016年，辽宁省生产总值降至22037.9亿元，比去年同期降低23%；2017年，辽宁省生产总值回升至23942亿元；2018—2020年，增速逐渐缓慢。从一般公共预算收入和支出角度分析，支出与收入相比略大，2013年的支出与收入同比增速均较大幅度高于全省平均水平，但2014年至2017年，收入与支出态势出现明显下降；2017年以后，收入与支出降势有所收减，开始逐年上升。从固定投资角度分析，由于投资量提升，区域经济出现增长现象，说明固定投资额的同比增长刺激区域生产总值增长。从2016年固定资产投资量的下跌过程中，辽宁省宏观经济数据再次出现大幅下降的现象，同样可以分析出这一点。从进出口贸易角度分析，出口总额呈现前跌后涨态势，于2017年年末结束下跌的势头，2017年之后开始掉头上涨，至2020年涨至2652.2亿元，而进口总额在2013年至2020年间总体上基本保持稳步增长，于2018年出现大幅增长。2013—2020年辽宁省主要经济指标数据如表 5 – 5 所示。2013—2019 年辽宁沿海主要港口货物吞吐量与国民经济情况如表 5 – 6 所示。

表 5 – 5　2013—2020 年辽宁主要经济指标数据

年份	GDP（亿元）	一般公共预算收入（亿元）	一般公共预算支出（亿元）	固定资产投资增长速度（%）	进口总额（亿元）	出口总额（亿元）
2013	27213. 2	3341. 8	5200. 9	15. 1	497. 4	645. 4
2014	28626. 3	3190. 7	5075. 2	– 1. 5	552. 0	587. 6
2015	28669. 0	2125. 6	4617. 8	– 27. 8	452. 4	508. 4
2016	22037. 9	2199. 3	4582. 4	– 63. 5	434. 6	430. 7
2017	23942. 0	2390. 2	4842. 9	0. 1	558. 8	461. 2
2018	25315. 4	2616. 0	5323. 6	3. 7	4331. 0	3214. 9
2019	24909. 5	2652. 0	5761. 4	0. 5	4125. 3	3129. 8
2020	25115. 0	2655. 5	6002. 0	2. 6	3891. 8	2652. 2

表 5 – 6　2013—2019 年辽宁沿海主要港口货物吞吐量与国民经济情况

年份	货物吞吐量（万吨）	地区生产总值（亿元）	人均地区生产总值（元）
2013	98354	19208. 8	43758
2014	103675	20025. 7	45608
2015	104859	20210. 3	46069
2016	109076	20392. 5	46557
2017	112558	21693. 0	49603
2018	112176	23510. 5	53872
2019	86124	24909. 5	57191
2019 年比 2018 年增长（%）	– 14. 3	5. 5	5. 7

四、物流发展现状

（一）沿海港口码头长度和泊位数

码头长度和泊位数是反映港口规模与港口承载能力的重要标志。2015—2019 年辽宁沿海主要港口的码头长度和泊位数如表 5 - 7 所示：其中，大连港的港口建设水平位居省内首位，根据国家统计局数据显示，截至 2019 年，大连港共拥有港口多达 248 个码头泊位数，码头长度共计 44978 米，其中港口生产用码头长度 41101 米；营口港的排名仅次于大连港，拥有港口 93 个码头泊位数，码头长度共计 19709 米，其中港口生产用码头长度 18975 米。沿海港口所拥有的泊位数与码头长度是衡量港口发展地位与程度的重要因素之一。

表 5 - 7　2015—2019 年辽宁沿海主要港口的码头长度和泊位数

年份	2015	2016	2017	2018	2019
港口码头长度（米）					
大连港 营口港	43956 18966	44642 19709	44978 19709	44978 19709	44978 19709
港口生产用码头长度（米）					
大连港 营口港	40079 18232	40765 18975	41101 18975	41101 18975	41101 18975
港口码头泊位数（个）					
大连港 营口港	247 90	247 93	248 93	248 93	248 93
港口生产用泊位数（个）					
大连港 营口港	222 83	222 86	223 86	223 86	223 86

（二）沿海港口货物吞吐量

辽宁省各主要港口货物吞吐量经过多年的开放式增长，逐渐成为辽宁省沿海港口物流运输业持续发展的主要推力。如图 5 - 1 所示，截至 2020

年 10 月，分港口来看，大连港累计货物吞吐量 28229 万吨，持续高位运行，说明大连港的货物物流运输业的规模化程度已较高，且发展得相对比较成熟；营口港累计货物吞吐量 19628 万吨，增幅略高，说明营口港的货源市场规模在逐渐扩大，两港均表现较为稳定；丹东港、锦州港的货物吞吐量分别为 3628 万吨、8591 万吨，两港延续上半年放缓增长态势，增势虽不明显，但其港口地位仍保持前列；葫芦岛与盘锦两港的货物吞吐量分别为 3399 万吨和 4554 万吨，吞吐量持续下降将成为趋势。总体来说，大连和营口两港吞吐量同比增速均较大幅度高于全省平均水平，几年间连续稳居首位，侧面印证了当前两港竞争激烈的局面，而其他港口吞吐量同比增长均低于大连港和营口港，由此可见，港口发展规模也间接影响了各港口货物吞吐能力。

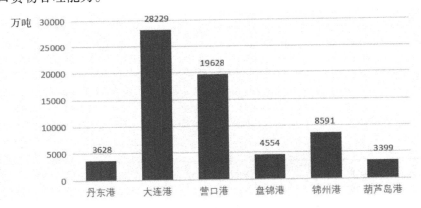

图 5 - 1　2020 年 10 月辽宁省沿海港口货物吞吐量

由图 5 - 2 中 2015—2019 年辽宁省沿海主要港口货物吞吐量占全省比例可以得知，营口港港口货物吞吐量占比率呈现连续下降的趋势，大连港占比率稳步提升，除大连港和营口港外的其他港口货物吞吐量占比总和保持相对稳定。整体来看，2015 年，大连港和营口港分别占省内沿海主要港口吞吐量的 39.56%、32.28%，在过去 4 年后，大连港和营口港分别占省内沿海主要港口吞吐量的 42.54%、27.66%。从这种变化可以看出，尽管营口港的货物吞吐量呈小幅度上升趋势，但货物吞吐量占比仍处于辽宁省内中等水平。与之相反，大连港吞吐量持续高速增长，与营口港货物吞吐量增速上的差距也在逐渐扩大当中，其他沿海港口货物吞吐量的数据总体继续保持稳定。辽宁省沿海港口的吞吐货种组成如表5-8所示。由表5-8可以看出，由于大连港与营口港相近的地理位置，出现了港口货源种类重叠现象，大连港正面临在港口货源竞争中营口港这一主要对手的挑战，其他港口较为常见的吞吐货种主要有：矿石、原油、粮食、钢材等大宗散货。在沿海港口货源减少、范围重叠的情况下，随着各港口的盲目扩张会导致竞争越发白热化，使得各港口的货源市场扩张速度不断加快，港口间的无序竞争更加激烈。

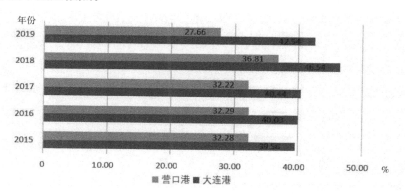

图5-2　2015—2019年辽宁省主要港口货物吞吐量占全省比例

表5-8　辽宁省临海港口主要服务货种组成

港口	主要服务货种
大连港	集装箱、散杂货、石化及其制品、油品、滚装大件设备
营口港	集装箱、散杂货、石化及其制品、油品、滚装大件设备
丹东港	集装箱、粮食、矿石、钢材、煤炭
盘锦港	集装箱、石化、煤炭、油品
锦州港	煤炭、油品、矿石、钢铁、粮食
葫芦岛港	煤炭、油品、杂货

（三）港口航线分布

截至2018年，大连港共有123条集装箱远洋航线，包括86条外贸航线、13条干线航线及24条内贸航线，并已开通多条直达全球主要贸易区域的运输通道，与100多个国内外港口有经济贸易往来，形成覆盖全球的航线网络。目前，大连港不断加大港口内支线集装箱运力和服务网络编织的力度，进一步推进港口内支线网络由环渤海区域向环黄海区域延伸，极大提升大连港建设货物中转港的竞争力。现阶段，大连港已完成全国沿海城市主要港口航线网络基本覆盖，初步形成主要物资的合理运输体系，大连港将继续加大运力投放，完善内贸航线的网络布局，做好港口与物资运输保障以及各种运输方式的联动发展。营口港排名东三省集装箱港口内贸运量前列，同世界五大洲50多个国家和地区的140多个沿海港口通航，拥有集装箱班轮航线40多条，由营口港始发或中转的内贸集装箱航线网络已经覆盖到南北沿海主要港口，已开辟多条通往亚、非、欧、美等多个国家和地区的多个港口通道，以及从中国到韩国、日本及东南亚地区的多条直达班轮航线和内支线。目前营口港内贸箱占全省内贸箱量比重在60%以上，在继成为具有巨大发展潜力的内贸集装箱中转枢纽港后，成为我国内贸航线对接最密集、辐射能力最强的良港之一。盘锦港正式开通"盘锦—龙口—乍浦"的集装箱班轮航线。丹东港现开通12条集装箱航线，其中内贸线6条，外贸内支线1条，外贸航线5条。辽宁主要港口集装箱航线情况如表5-9所示。

表5-9　辽宁沿海主要港口航线布局

港口	航线数（条）	航班密度（班/月）	覆盖范围
大连港	106	>300	国内主要港口，全球主要集装箱港口
营口港	>70	>300	国内主要港口，日本、韩国、东南亚等国家和地区
锦州港	13	国内沿海	
丹东港	12	国内沿海	
盘锦港	1	龙口、乍浦	

第二节　辽宁省沿海港口发展面临的主要问题

近年来，随着辽宁省港口建设的不断深入，辽宁沿海港口业发展步入新阶段，逐渐成为引领腹地社会经济发展的强力引擎，对于区域经济发展具有重要的战略意义。然而，港口结构总体水平与现代化港口结构相差甚远，基本上还停留在初级水平上，且在资源整合层面，辽宁省港口开发建设中存在着诸多问题，具体主要表现为以下几点。

一、港口区域定位分工趋同，重复性建设较多

自 2003 年《中华人民共和国港口法》实施后，港口所有权转移到地方政府。辽宁省各沿海城市提出"以港兴市"，但因缺乏统筹规划，各港口不顾长远利益和自身长远发展，导致在港口建设过程中，重复性建设和功能同质化竞争日趋严重。

表 5-10 显示了辽宁沿海几个港口的主要经营货种，从表中可以看出，辽宁沿海各港口之间的经营货物种类十分相似，其中各港口的经营货种主要包括煤炭、油品、金属矿石及其他货品，而集装箱在除葫芦岛港和盘锦港外的各港口经营中均为主要货物种类。作为同一港口群中的大连港和营口港在这种主营货种变化中尤为显著，两个主要港区的货源种类仍以集装箱、油品和煤炭为主，这不仅关系着港口区域的费率，同时也影响着港口的价格竞争水平。具有竞争力的较低的费率水平，的确存在满足货物吞吐量的推升，但过度的价格竞争也会导致港口经济效益下降，从而为今后可持续发展留下障碍。

表 5-10　辽宁沿海各港口的主要经营货种

港口	主要经营货种
大连港	集装箱、油品、液体化工品、汽车、粮食、煤炭、散矿

续表

港口	主要经营货种
营口港	集装箱、油品、液体化工品、汽车、粮食、钢材、矿石、煤炭、化肥、木材、非矿、机械设备、水果、蔬菜
丹东港	集装箱、油品、粮食、矿石、煤炭、散杂
锦州港	集装箱、油品、煤炭、矿粉、化肥、粮食、钢材、水泥、木材、石料、有色金属
葫芦岛港	石油化工产品、煤炭、粮食、建材
盘锦港	油品、液体化工品、粮食、建材、煤炭、大型设备、钢结构件

二、港口发展不协调，总体规划水平有待提升

以辽宁省六个沿海港口为实例，影响港口发展的因素除一定的自然环境条件外，还有开发时间长短等，现如今，辽宁港口的协调可持续发展仍存在诸多隐患。辽宁省沿海码头布局仍以大连港和营口港为中心，包括锦州港、葫芦岛港和盘锦港在内的三个港口规模较小，难以形成规模优势，也没有完备的基础设施。图5-3显示了2012—2019年辽宁主要港口的泊位占全省总泊位数的比例，从图上可以看出，大连市沿海主要规模以上港口码头泊位数较大，营口港的比例在上下20%的范围内浮动，丹东和锦州两港的泊位比例基本增速平稳，一直保持在5%～10%。在这种态势下，虽反映了现如今港口的区域经济发展的水平和经济结构的总体布局状况均好，但尚不能促进社会进步，需提高社会发展的适应性。

三、港口岸线利用分散，港口管理能力弱化

由于辽宁省宜港岸线资源的不合理利用，导致空间分布的不均衡性进一步加剧，相比其他城市，沿海宜港岸线资源分布大多集中在大连市。从辽宁省发展的现状来看，可供建设深水港口的岸线资源极其有限，岸线作为不可再生资源，其稀缺性也日益体现，沿海港口的协调发展面临着诸多问题和严峻挑战。随着港口产业的迅猛发展，逐渐出现违反港口规划建设

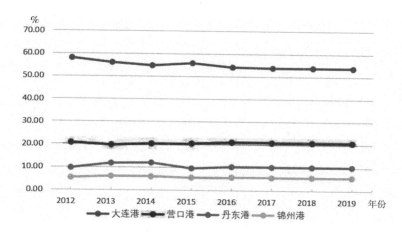

图 5-3 2012—2019 年辽宁主要港口的泊位占全省总泊位数的比例
数据来源：根据《辽宁统计年鉴》的基础数据计算得到。

港口、码头或其他港口设施、港口管理能力弱化现象，有些小企业和小码头岸线利用率较低，部分岸线资源没有遵循"深水深用、浅水浅用"的原则，造成岸线资源浪费。

四、港口层次发展趋同化严重

自 20 世纪 80 年代以来，大连港始终作为辽宁沿海经济带集群中的"旗舰"港口。21 世纪后，随着营口、丹东、锦州等主要支线港口企业的迅速发展，使得大连港与省内周边港口形成一定的竞争，同时在规模升级的影响下，辽宁的各港口功能逐渐趋近化，港口的发展水平和层次之间也表现出不对等的问题，难以实现大中小结合的沿海区域港口群与各港口之间优势互补、协调共进。

表 5-11 显示了 2020 年 10 月份辽宁省港口月度吞吐量数据。如表 5-11 所示，大连港的货物吞吐量增速虽一直处于高位，但开始出现连年下降的趋势，截至 10 月份，累计完成集装箱吞吐量被营口港反超。大连港年度累计集装箱吞吐量低于营口港，这在历史上还是首次出现。

2020 年 1—10 月，从数据比较可见，辽宁省港口集装箱吞吐量合计完成 1113 万标箱，同比下降 21.6%。大连港完成集装箱吞吐量 458 万标箱，同比下降 38.2%，且在我国沿海港口集装箱吞吐量排名中，下滑至第九位，在我国港口国际标准集装箱吞吐量前十名排序中排名末位。营口港完成集装箱吞吐量 466 万标箱，同比增长 0.9%；大连港货物吞吐量亦不容乐观。2020 年，大连港完成货物吞吐量 2.83 亿吨，同比下降 6.2%，名列全国港口第十一。而营口港虽一直低于大连港的货物吞吐量，所占比例平均水平，却每年均保持了上升势头。目前，两港的货物吞吐量最大值与最小值的差距控制在 8 万标箱以下。营口港在保持持续高速发展的态势下，未来有望继续反超大连港，相比之下，大连港已无法处于强势地位并保持持久的竞争优势。大连港与营口港发展定位的重合加剧了区域内港口结构的雷同，导致层次发展趋同化严重，造成港口发展环境恶化，无法促进港口群经营与错位发展的实现。

表 5-11　2020 年 10 月份辽宁省港口吞吐量

计量单位：万吨、万TEU

港口	货物吞吐量			外贸货物吞吐量			集装箱吞吐量		
	自年初累计	本月	同比增速(%)	自年初累计	本月	同比增速(%)	自年初累计	本月	同比增速(%)
辽宁合计	68029	7146	-4.2	25646	2405	8.6	1113	99	-21.6
丹　东	3628	402	-26.2	1678	178	10.9	17	2	-52.3
大　连	28229	2832	-6.2	14019	1262	3.2	458	28	-38.2
营　口	19628	1993	-0.2	7569	670	13.2	466	51	0.9
盘　锦	4554	516	13.7	805	125	116.1	31	5	20.5
锦　州	8591	1083	-6.8	1425	161	1.8	132	14	-12
葫芦岛	3399	320	9.7	149	8	172.2	9	1	88.5

数据来源：交通运输部。

五、港口功能定位与发展程度不匹配

大连港作为东北亚经济圈的中心，以优化国际航运中心为重要手段，建设大窑湾保税港区，目标定位是东北部地区的国际枢纽港；丹东港致力于打造东北亚交通枢纽、海上综合运输大通道和辽宁沿海港口群中的重要出海口岸；营口港的定位则是我国东三省地区最大的重要枢纽港和辽宁中部距离东三省区域腹地最近的出海口岸；锦州港也是定位于依托东北亚地区的综合性现代化港口、连接欧亚大陆桥的对外重要通道、通向东北亚地区国际运输系统中的重要节点。在全国水运会议中明确提出对我国沿海港口的统一规划和远景目标，出台多项促进辽宁沿海港口发展的新举措和新措施，但由于港口布局不合理，对各港口间的联盟程度普遍重视不够，也没有反映国家港口详细规划政策，以致城市间港口群盲目发展，给港口自身发展带来不可忽视的负面影响。辽宁沿海各港口定位对比见表 5 – 12。

表 5 – 12　辽宁沿海各港口定位

大连港	沿海主要港口，东北亚国际航运中心，重要国际性枢纽港，临港产业综合运营商，服务于东三省和蒙东地区以及东北亚近邻国家
营口港	沿海主要港口，区域性重点枢纽港口，沈阳经济区主要的出海口，主要服务于沈阳经济区和东北部分腹地
丹东港	地区性重要港口，东北经济区东部及东北亚区域性物流中心，东北腹地便捷出海口，服务于辽宁、吉林和黑龙江三省东部地区
锦州港	地区性重要港口，中国北方区域性、多功能的重要枢纽港口，服务于内蒙古东北部、吉林和黑龙江两省西部部分地区
葫芦岛港	辽宁沿海一般性港口，作为区域性多功能、综合性港口，服务于辽西和蒙东地区
盘锦港	辽宁沿海一般性港口，服务于盘锦市及辽宁中部地区

六、港口布局缺乏科学的规划管理

从社会经济和市场投资的角度分析，在一定时期内，港口群内所有腹地的货源总量是确定的，因此，应为辽宁沿海港口群协调机制建设，积极采纳主副港口功能组合发展模式，建立一体化港口综合物流园区。形成当前这种港口结构不清晰的主要因素在于：一方面，港口群腹地资源的范围划分较为集中，同为辽宁省两大实力港口的大连港和营口港，两港之间由于货源区域划分不明确造成衔接性差；另一方面，在城市间的众多小型港口中，往往存在货源布局上交叉、港口功能部分雷同的现象，如营口市中的营口港与鲅鱼圈港、锦州市中的锦州港与龙栖湾港、大连市中的大连港与长兴岛港、葫芦岛市中的葫芦岛港与绥中港等。

七、沿海港口的区域封锁物流体系

辽宁沿海经济带服务于管道、民航、水运、铁路、公路、仓储等物流相关领域体系，并且是在各自相对独立的系统内部完成运作，分属不同部门来组织和实施。各港口并没有设立专门的机构予以监管，而只是交当地人民政府进行兼管，是条块分割的物流独立运作过程以及物流业管理的封闭回路，彼此之间基本没有协调与合作。这势必造成基础设施建设领域的重复性建设问题和巨大的资源浪费，使现代物流无法实现内、外部物流一体化，无法提高物流系统的集约化水平，不利于港口物流业的可持续发展。需要提高港口物流集中度，进行各行业互联互通，建立起优势互补的跨区域投资模式。

八、沿海港口资源利用存在竞争冲突

各港口往往从自身的角度和短期利益出发，不顾腹地资源配置的整体效率与社会效益，盲目扩大货源重叠范围，导致港口与腹地的货源关系日益复杂。货源的同质化使得腹地内多港口间的竞争开始加剧，进一步造成重复建设、恶性竞争等问题发生。为避免各港口之间发生的恶性变化，需要对港口协调管理提出更高的要求。现如今，大连港与营口港作为同属北方地区与内蒙古东部地区的港口经济腹地资源中最重要的出海口，两港之间的竞争变得越发激烈；锦州港、葫芦岛港与盘锦港在原油、石油成品油及石化产品的争夺上存在一定的竞争；来自平庄、锡林郭勒等内蒙古东部地区的煤炭资源在锦州港和绥中港的份额直线上升；锦州港和营口港发展成以粮食作为进出口业务的综合性海港。

九、港口结构性产能过剩

随着辽宁沿海经济带开发开放被纳入国家战略，辽宁省深入实施三大区域发展战略，重点推动三大区域的和谐发展，从"九五"规划到"十三五"规划，因要素供给不充分和过于注重对港口城市吞吐量进行排名，导致各城市在基础设施建设方面不断加大投入，港口经营因分散运力过剩造成港口基建产能的超前供给与结构性过剩，港口货物吞吐量出现负增长。这种迹象在"十二五"期间则表现得尤为显著，如果不对其进行及时制止，任其发展，将对辽宁港口产能现状造成严重影响。"十二五"期间辽宁沿海港口规划建设项目见表5－13。

表5－13　"十二五"期间辽宁沿海港口规划建设项目

大连港	十大工程包括：①构建全程物流服务体系，实施物流整合工程；②构建商品交易平台，实施创造市场工程；③加强战略合作，实施多方联盟工程；④拓展物流金融业务，实施金融支撑工程；⑤建设三个核心港区，实施港区共建工程；⑥全面招商引资，实施临港产业工程；⑦加强科技创新，实施智能港口功能；⑧完善港口集疏运网络，实施港口畅通工程；⑨构建全港安全体系，实施安全港口工程；⑩全面推进企业改革，实施大港品牌工程
营口港	十一项重点工程：①重点建设鲅鱼圈港区A港池煤炭物流工程；②鲅鱼圈港区68~71#钢杂泊位工程；③鲅鱼圈港区72~75#多用途泊位工程；④鲅鱼圈港区南部外防波堤工程；⑤鲅鱼圈港区集疏运改造工程；⑥仙人岛港区一港池3#、4#成品油码头工程；⑦仙人岛港区二港池通用泊位及多用途泊位工程；⑧仙人岛港区二港池成品油码头工程；⑨仙人岛港区疏港铁路工程；⑩仙人岛港区疏港公路工程；⑪仙人岛港区120万立方米原油储罐工程等
锦州港	建设计划投资200亿元，重点建设三港池5个煤炭泊位工程、302油品化工泊位工程、25万吨级航道工程、原油罐区工程及内陆园区场站工程。港口计划新增泊位13个，新增通过能力1亿吨。"十二五"末期，锦州港泊位预计达到34个，港口吞吐能力达到1.7亿吨。至2015年，锦州港将实现吞吐量超亿吨，在全国沿海港口排名进入前18名；集装箱吞吐量超过150万箱，在我国沿海港口排名进入前15名
盘锦港	加快推进盘锦港二、三期工程建设，论证建设25万吨级原油码头及航道工程，促进亿吨海港建设
丹东港	建设大型深水泊位60余个，港口吞吐量可达2亿吨以上；大力发展以石化、钢铁、造船等为核心的综合现代临港产业和以港口为依托的现代服务产业
葫芦岛港	建设柳条沟、绥中、北港、兴城四大港区。到2015年，全市港口吞吐能力达到1.2亿吨

数据来源：辽宁沿海六市"十二五"规划纲要。

十、港口岸线分配布局不科学、不合理

目前辽宁省沿海港口岸线水深良好，分布广泛，但深水岸线十分匮乏，出现港口岸线分配布局不科学、不合理现象。具体表现为：由于许多港口货物逐渐向优质港口资源集中，降低了港口平均产出比重和资源优质率，使许多需要高产出的港口在扩大建设后仍带来低回报、低效益，从而产生过度滥用和优质资源耗竭的现象。葫芦岛港口岸线 9.2 千米，水域面积 1.2 平方千米，自然水纵深 7 至 9 米，避风防浪，不淤不冻。此港是我国北方著名的终年不冻港。但是，从总体来看，它作为以各类散杂货为主要运输的码头，没有做到"深水深用"，使其水域资源合理运用。同样，锦州港通过利用自身优势发展，努力维护并开发航道，通航水深目前已达 11.5 至 17.9 米。随着航道淤积，影响船舶通行，"浅水深用"也对港口的经济效益产生一定影响。辽宁省沿海港口航道水深对照见表 5－14。

表 5－14　辽宁省沿海港口航道水深（米）

大连港	营口港	锦州港	盘锦港	丹东港	葫芦岛港
9～17.5	9～17	11.5～17.9	6～14.5	6～9.1	7～14.1

数据来源：辽宁沿海港口规划布局。

第三节　促进辽宁省沿海港口发展的主要对策

通过分析辽宁沿海港口发展产生问题的原因，可以发现辽宁省港口结构、布局以及港口设施建设还存在许多不足之处。为充分发挥港口优势，提高省内港口整体竞争力，进一步增强经济发展的活力，实现港口资源科学合理配置，确保港口高效、安全、便捷运营，具体提出以下几点发展对策。

一、明确各港口的发展特征，推动港口错位发展

就目前来看，一方面，政府应重视对沿海港口发展的管理工作，加强

对港口群的统筹规划力度，合理分工和定位省内沿海港口功能，从而减轻因港口同质化竞争而带来的负面影响，更好地为辽宁省沿海各港口提供未来的发展方向。另一方面，辽宁省各港口要牢固树立全局观念，进一步增强大局意识，全力支持并积极配合政府部门做好港口规划建设工作。辽宁省不仅要发挥自身有利条件，准确把握定位，突出特色优势，还要从实际出发，实施有进有退的港口业务发展策略，在积极开拓港口发展空间的同时，做到有所取舍，建设功能和类型各有特色、规模与结构各不相同的港口，进一步明确港口未来发展的努力方向。

政府应基于各港口自身发展的区位目标与特点、经济发展规模和水平，使港口从一个重复建设、盲目竞争的状态，通过港口区域发展的有效管理，对各港口进行科学定位，达成一个功能互补、竞争有序的状态，形成大中小并存的港口综合体，由此来支撑港口的协调发展。辽宁沿海港口运输的业务与类型各有侧重，在发展内贸集装箱运输方面份额逐渐提高，其中大连港加大开展外贸集装箱运输业务力度，营口港、丹东港与锦州港通过内外贸集装箱运输使辽宁省沿海港口集装箱运输量连年递增。目前，省内港口散杂货物流运输已初具规模，大连港作为东北地区重要的转运大港，致力于打造石油、液化天然气和粮食中转储运基地，而铁矿石中转储运业务主要由营口港及周边各港口辅助完成。随着港口客滚运输蓬勃发展，辽宁沿海港口包括大连、营口、锦州等港口在内，全力发展陆岛滚装、汽车中转储运等业务，实现滚装运输、跨海旅客运输、陆海储运的多元组合，港口呈现出规模化、现代化的发展趋势。

二、加快推进港口资源整合，发挥整体优势

通过整合港口资源可以增强区域性港口的整体实力，促进港口协调发展。辽宁地方政府以行政资源引导、企业资本资源链接为主要力量，促进各港口资源整合。随着行政资源和资本资源整合，一方面，可以基于整体布局和统一规划，进一步完善新的港口管理机构；另一方面，可在有效地分析港口需求、港口容量的基础上，避免重复性及无序性投资建设，加强各港口之间相互依存、优势互补、协调发展的关系。

目前辽宁省港口资源整合进度扎实推进，在辽宁省港口整合计划进程中，盘锦港和葫芦岛港充分发挥企业资本资源优势，引进营口港作为主要投资。作为东北地区两大港口，大连港与营口港正处于整合筹划阶段，这为将来整合省内其他港口、组建辽宁港口集团打下坚实基础。政府应进一步加大工作力度，推动港口资源整合融合，确保实现港口资源优化配置的目标。目前辽宁省在行政管理层面，对于港口管理规划工作强度较弱，需要健全完善的港口行政管理体系，深化港口行政管理体制改革，根据组合港的先进模式成立相应的省级港口管理机构，统一做好港口发展的规划与建设工作，为实现现代港口的发展营造有序竞争的宏观环境。

辽宁省政府也要通过围绕临港相关产业合理化布局，最终形成一个以服务于港口产业为核心的综合物流平台，一方面，可有效调用基础设施资源，实现港口的智慧运作；另一方面，可通过平台的层次化结构，有力提高港口的信息传递和共享效率，实现企业、客户和物流的信息充分互联。该综合物流平台还使得包括货物、船舶、物流公司在内的港口企业得以统筹管理，使港口功能更能适应未来港口发展的要求，全面提升港口区域的协调功能，形成开放型的发展格局。并通过各部门相互配合、沟通内外，加快推进以综合物流服务体系为主体，大宗散货综合运输体系为基础，集装箱综合运输体系为延伸的三级体系。

三、明确港口产业分工，优化港口布局

港口经济作为区域经济的重要组成部分，应从港口功能角度发挥港口对产业的拉动作用，推动区域产业的发展。在城市产业布局下确定临港产业范围，做好相关产业园区规划，避免盲从的恶性竞争，实现错位发展、差异化发展。同时科学定位港口的产业功能和特色，对港口功能和服务实施统一的管理，为促进港口分工，推动港口城市和临港产业互动发展提供良好的现实基础条件。

辽宁省各区域间的经济发展水平与趋势存在较大差异，但随着港口建设重复和同质化竞争的问题显现，港口功能与城市产业缺乏互补问题越发突出，可以引导临港产业发展按辽宁省的产业分区进行布局规划，进一步

细化港口产业分工，推动产业功能配套，形成港口与产业互动共兴的局面。

四、加强港口供应链管理，提高港口企业竞争力

为适应现代物流的需要，在现代化物流发展的趋势下，辽宁省为扩大港口发展规模，不仅要从港口本身条件来判断港口的发展趋势，还要充分考虑上下游企业对港口发展的影响程度。供应链中上下游企业之间是竞争合作关系，实际上，上下游企业之间的竞争已成为港口参与在内的供应链之间的竞争。通过港口与供应链中上下游相关企业之间进行合作，不断加强与供应链中上下游企业的沟通与联系，保证服务水平和送达速度提升来提高港口的综合运行效率，从而实现港口竞争优势，使其避免陷入低水平价格竞争的困境。

五、开拓物流服务市场，提供物流增值服务

港口相关的传统货运市场必须不断完善服务功能、提升产业层次，加快向多元化物流市场转型升级的步伐，拓展现代物流业务，满足日益个性化的市场与客户需求。并基于虚拟库存管理和协同物流配送系统，通过现代信息技术开拓网上物流服务市场，打造离岸、近岸业务，推出虚实一体化创新物流模式。优化辽宁省港口物流供应链上各节点物流企业之间业务流程的服务，同时大力发展第三方、第四方物流企业，培育物流产业的市场主体。

在服务范围内，基于传统功能服务，提供更全面、业务范围更广的多元化现代综合物流服务。实现促进现代港口物流体系与国际物流产业中心的联动发展，为支持和促进地区协调发展联合开发相匹配的主导产业，充分利用沿海区域唯一的全国加工贸易梯度转移重点承接地优势，以临港产业需求为导向、先进的 IT 技术为依托，达到对供应链的有效规划和管理，加快供应链上的物流速度，提供高技术、高素质的物流增值服务。

六、发挥港口外贸优势，推动进出口贸易发展

首先，推进区域内港口资源整合，促进各港口分工合作和协调发展。充分利用海岸线优势、区位优势，增强港口功能，充分发挥沿海沿边的港口优势，加强跨区域合作与建设，加快辽宁沿海经济带建设步伐。辽宁省应高度重视大连港的发展，发挥大连港在东北亚国际航运中心建设中的龙头和核心作用，营口港应借力国家"一带一路"倡议，充分利用东北地区的港口优势，大幅提升东北整体竞争力、对外开放的质量和水平，推动港口对外贸易发展。随着港口的建设发展及与周边国家经贸往来扩大，进出口贸易已成为拉动经济增长的重要因素之一，进出口贸易对于区域经济乃至一国经济增长的影响不断增强，且直接关系着辽宁沿海区域经济的发展。

其次，应做到以国际市场为导向，调整对外贸易产业结构。随着外贸政策的变革和调整，加快促进外贸增长方式转变，加大利用外资力度，提高综合效益。通过引进跨国高新技术项目及高技术、高增值产业，提高辽宁沿海区域创新能力，促进相关产业的集聚。加快出口商品结构的优化升级，增强出口货物竞争力，进一步改善和优化外商投资环境，借力外资促进辽宁区域经济协调发展。

最后，持续推进临港产业布局与发展，加快传统产业向高新技术产业和第三产业转型步伐。做大做强临港产业集群，强化区域产业互动融合，建立合理的分工协作体系，使港口群内港口、企业及城市之间紧密联系、相互合作，逐步形成各港口区域经济的梯形增长极。同时，通过合理规划辽宁沿海经济带，将各临港工业区内资源进一步整合，防止恶性竞争，避免重复建设。加强港口建设和临港产业集群发展，拉长产业链条，深化沿海经济的协调发展，进一步实现区域经济的快速发展。

七、优化和调整产业结构，扩大有效投资规模

第一，优化调整三次产业结构，巩固第一产业在国民经济中的基础地位，增强第二产业的发展活力，推动第三产业全面振兴，在促进沿海经济

快速发展下加快提升创新驱动发展水平，推进区域传统产业结构的优化升级，切实增强经济发展支撑能力。

第二，考虑到进出口贸易的拉动对国内经济增长具有推动作用，在国内外经济关系环境不断变化的背景下，我国宏观调控政策应将贸易政策与投资政策相结合，从多角度分析货币政策与国际汇率的关系，深化外经贸体制改革。只有充分考虑国内具体的经济形势与国际进出口贸易变化的情况，全面提高对外开放水平，积极开拓国际多元化外贸新兴市场，进而进一步提高对外投资对进出口贸易的带动能力，推动国际各港口的协调合作与贸易往来，促进经济全球化。

第三，拓展投资空间、扩大投资规模和调整优化供给结构，继续推动和深化经济发展方式的变革。各港务集团要积极与政府对接，强力推进双方合作，综合物流枢纽及招商带动相关产业发展，形成临港产业集聚区。实施改革开放后，经济结构随着我国经济任务向人均发展而不断调整，政府在当前经济发展新常态下，可通过进出口贸易导向政策，根据消费结构的变动加快产业结构调整，有效利用和提高港口运作效率，增强运输产品价值提升，持续增长临港产业货物运输量和出口量。

第四，港口作为我国基础设施的重要组成部分，港口经济是推动腹地经济的主要动力，也是我国对外开放经济发展的重要支撑点。辽宁省应发挥区位和港口资源优势，在"一带一路"倡议和"中蒙俄经济走廊"建设下着力提升港口发展的质量和效益。不断优化投资结构、释放消费潜力，稳定和扩大引资规模，进一步增强对外国投资的吸引力，更好地促进辽宁省港口经济与区域经济良性循环，实现辽宁省经济高质量发展。

八、推进临港产业发展，提升港口高质量发展水平

辽宁省港口发展致力于创建强大的国际航运中心，临港产业与腹地产业发展是辽宁省经济发展的支撑点和着力点。目前，辽宁省沿海港口的主要货物种类如表 5 – 15 所示，从中可以看出，辽宁省各港口主要货物多为粮食、煤炭、石油等，且多种经营模式共存，导致腹地资源和物流同质化竞争加剧。在此情况下，辽宁省为实现沿海港口健康持续发展，必须根据

自身的地理位置优势，发展具有自身特色的港口产业，形成合力促进港口群资源优化配置和协调发展格局。大连港作为国际枢纽港口的关键节点之一，充分发挥区位优势，现有以集装箱、原油、粮食、煤炭、散矿等为重点的港口物流业务。作为辽宁中部城市群最近的出海口岸，营口港以沈阳经济圈为中心，加快整合空间资源，延伸港口物流产业链，集聚发展临港产业，推进与港口密切相关的重工、散杂货等港航物流业。锦州港依托港口资源优势，大力发展石油化工及精细化工、造船、钢铁、玻璃、粮食等具有带动全省乃至全国现代物流业发展的专业物流，培育壮大专业化和具有竞争力的集装箱物流企业集群，推动集装箱物流产业发展。

表 5-15　辽宁沿海主要港口货物种类

港口	主要货物种类（按次序）
大连港	石油、粮食、金属矿石、钢铁、煤炭等
营口港	金属矿、钢铁、煤炭、粮食、化肥、油品等
锦州港	原油和成品油、煤炭、粮食、矿石、木材等
盘锦港	液体石化品、煤炭、石油等
丹东港	粮食、矿石、钢材、煤炭、客运等
葫芦岛港	煤炭、油品、杂货等

| 参考文献 |

[1] 司增绰. 港口基础设施与港口城市经济互动发展 [J]. 管理评论，2015（11）.

[2] 赵黎明，肖丽丽. 基于系统动力学的港口对区域经济发展的影响研究 [J]. 重庆理工大学学报（自然科学版），2014（7）.

[3] 刘波，朱广东. 高质量推进沿江沿海港口建设 [J]. 群众，2018（22）.

[4] 许峥嵘，杜佩. 港口经济与临港区域经济关系的实证研究 [J]. 科技进步与对策，2012（23）.

[5] 周宝刚，牛似虎，刘艳良. 辽宁沿海港口代际分类与发展策略研究 [J]. 经济研究参考，2014（28）.

[6] 谢卫奇. 港口经济影响研究文献综述 [J]. 商业时代，2010（5）.

[7] 辽宁省人民政府发展研究中心课题组，刘晓丹，杨旭涛. 以港口经济推动辽宁沿

海经济带提档升级［J］. 辽宁经济，2018（10）.

［8］杨留星，田贵良，王珏. 基于 VAR 模型的海港对腹地影响实证研究：以连云港港为例［J］. 管理评论，2016（9）.

［9］张涛. 港口一体化改革构建省域发展新格局［J］. 中国水运，2018（9）.

［10］陈以浩. 港口资源整合模式优化研究［J］. 中国水运，2018（7）.

［11］宋丽丽，米加宁. 港口投资与港口城市经济增长关系实证分析［J］. 大连海事大学学报（社会科学版），2014（4）.

［12］匡海波. 基于关联度模型的港口经济与城市经济关系研究［J］. 中国软科学，2007（8）.

［13］许言庆. 沿海港口综合实力与腹地空间演变研究［D］. 浙江工业大学，2016.

［14］丁井国，钟昌标. 港口与腹地经济关系研究——以宁波港为例［J］. 经济地理，2010（7）.

［15］周宝刚，胡泠，李昕. 辽宁沿海经济带港口效率评价与发展策略研究［J］. 水道港口，2016（6）.

［16］王刚，牛似虎. 辽宁沿海经济带港口联动发展策略研究［J］. 物流技术，2013（7）.

［17］温文华. 港口与城市协同发展机理研究［D］. 大连海事大学，2016.

第六章

辽宁省海洋产业结构优化升级研究

产业结构优化是实现产业结构与资源配置、需求结构与技术结构相适应的状态，以增加经济效益为目标，通过不断对产业结构进行调整，实现省内产业之间由竞争向协调发展转变，从而获取持续的经济发展能力。

辽宁省海洋产业结构的优化目的就是要实现海洋产业结构的高度化和合理化，在保护自然资源的质量和其所提供服务的前提下，提高发展的协调性和平衡性，从而为经济高质量发展提供丰富的资源供给，为建设海洋强国提供重要保障。自然资源是海洋产业可持续发展的重要基础，海洋产业高质量发展要求资源在不同产业间得到合理配置，使各类要素边际生产率达到最大化，因此，海洋产业结构是从低水平状态向高水平状态发展。海洋产业结构的升级，是让海洋产业结构实现由初级阶段过渡到中级阶段，进而再向高级阶段转变的动态过程。

第一节　辽宁省海洋产业的发展优势、问题及建议

辽宁省具有明显的区位优势，有丰富的海洋自然资源、雄厚的科研力量和扎实的产业基础，人口多，客、货运量大，不仅在我国北方地区优势地位突出，也是东北及内蒙古自治区东部地区对外开放的门户。

尽管近几年辽宁省海洋产业结构"三、二、一"的产业格局已经形成，但第二产业和第三产业差距较小，格局还不稳定，且与同样发展水平的中部其他沿海省市相比较，三次产业结构层次并不高。虽然辽宁省海洋综合经济实力明显增强，但辽宁省海洋产业总产值占全省 GDP 的比重总体处于较低水平，海洋经济发展速度低于辽宁省其他产业的发展速度。近年来，在发展振兴辽宁老工业基地与全面实施辽宁海洋产业发展战略下，辽宁省海洋产业发展面临着越来越多的机遇和不断增强的挑战。针对海洋产业的结构优化升级研究，并结合辽宁省海洋产业发展优势及存在的问题，

进一步提出对策与建议，对促进全省海洋经济增长具有更加实际的价值。

一、辽宁省海洋产业的发展优势

（一）自然区位优势明显

辽宁省与我国内蒙古北部、吉林接壤，与蒙古国和俄罗斯相邻，东隔黄海与朝鲜半岛相望，不仅是首都北京的海上门户，同时也是东北亚经济圈内各区域间各种产业分工和合作、相关要素资源自由流动的重要战略区域，更是亚欧之间通往太平洋至关重要的通道。作为东北地区唯一的沿海省份，总海岸线长约 2920 千米，因此成为东北地区对外开放的高地。面对辽宁省经济增长下行压力加大、经济结构调整进展缓慢等现状，辽宁省应根据自身优势条件，大力发展海洋产业，着力畅通区域经济循环。

（二）海洋资源蕴藏丰富

根据相关数据显示，辽宁省共有滩涂面积 310 万亩，浅海水域面积 163 万亩，利于促进海洋渔业的发展；沿海港湾 90 万亩，可发展对虾养殖业；港口海岸线长达 185.7 千米，其中深海岸线占据 48%。辽宁省具有齐全的海洋生物种类，食用虾、藻类种类资源量丰富，鱼类达 200 多种，特别是近海鱼类多达 117 种；经济鱼类种类繁多，其中不少鱼类可以直接利用，而辽宁省特有的"辽参""辽鲍"中外闻名，已形成品牌效应。辽宁省海洋矿产资源种类多、储量大，分布集中，从存储量上看，石油储量约 7.5 亿吨，天然气储量 900 多亿立方米，铝、镁等稀有金属的储量也在全国占有重要的地位。辽宁省面积在 500 平方米以上的海岛共有 633 个，海岛总面积 501.3 平方千米。位于省内的长山群岛是我国唯一的海岛边陲县。辽宁省海岛及其周围海域拥有丰富的生物资源，保存了相对独立的原始生态环境和资源体系，全省的滨海旅游资源、人文资源丰富。沙砾型岸线长度占比 23%，因此，省内拥有许多海岸优质海滩，适合旅游业发展，例如金州区、兴城市等旅游热门景区。而多种海岸地貌景观，形成了有利于海洋旅游业加快发展的良好环境，旅游开发利用价值极高。此外，辽宁省海域中蕴藏着大量的风能、滨海砂矿等资源，风能存储总量近 3300

万千瓦，海沙存储总量可达 30 亿吨以上，为海洋产业发展奠定了良好的自然基础。

（三）工业基础雄厚

辽宁省工业基础在全国处于举足轻重的特殊地位，是全国重要的重工业基地和全国工业门类最齐全的省份，因此辽宁省船舶制造业和装备制造业对区域发展具有关键性影响力。石化等原材料加工业在全国工业经济发展中一直扮演着重要的角色，并同时具有一批高素质、创新型的专业技术人才队伍，具备持续研发能力。因此，辽宁省工业基础为海洋产业发展创造了良好的基础条件，特别是海洋工业，将先进工业的经验与成果引进到海洋开发活动中，努力实现陆海经济一体化。

（四）具备立体化交通运输网络

辽宁省奋力推动区域经济高质量发展，努力实现城镇化取得新突破，加大对港口、水利、铁路、机场、公路等重大基础设施建设的支持力度，以提升海陆联动能力。截至 2018 年底，全省港口生产性泊位新增 17 个，总量为 421 个，其中万吨级以上泊位达到 231 个，港口吞吐能力进一步加强。如图 6－1 显示，2019 年，辽宁省港口累计货物吞吐量达 86124 万吨，集装箱吞吐量达 1689 万 TEU。辽宁港口行业发展迅速，成为辽宁经济持续增长的动力。在市场化运作下，建立起一个功能完善的物流信息交流平台，取得了较有意义的探索和实践。

（五）海域综合性开发与管理不断加强

现阶段，辽宁省坚持海域保护与开发管理并举推动海洋发展建设，以服务沿海经济带开发建设为中心，加强海洋开发活动的综合管理，发布的《辽宁省海洋主体功能区规划》中，进一步明确和细化了管辖海域各主体功能区及其空间布局。现如今，当地政府始终将海洋生态环境保护工作摆在极其重要的位置，使得省内管辖海域的海水环境质量呈现持续向好态势；极大提升海洋执法队伍的整体素质及能力，规范海洋开发秩序，保护海洋生态安全。此外，在辽宁省海洋产业发展过程中，科技创新工程取得了一定程度的进展，搭建创新平台，促进创新科技成果转化。辽宁省海洋

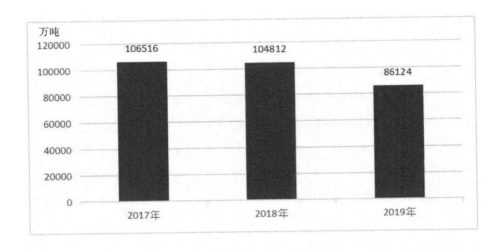

图6-1 2017—2019年辽宁省港口货物吞吐量统计图
资料来源：交通运输部，华经产业研究院整理。

战略性新兴产业也呈现快速增长的发展趋势，全省产值年均增速高达10%，科技贡献率高达58%，渔业科技资金投入增长86%。

二、辽宁省海洋产业发展存在的主要问题

（一）海洋产业结构有待调整，仍需持续优化

近几年，辽宁省三次海洋产业结构处在不断变化中。目前，辽宁省虽已形成"三、二、一"产业结构类型，但是与我国海洋强省广东、山东相比较可以看出以下几点：其一，海洋第一产业在海洋产业产值比例结构中比重偏大；其二，海洋第二、三产业结构仍然处于低端化；其三，海洋第三产业虽发展潜力巨大，且重要性逐渐凸显，但发展优势并不明显，需要进一步加大政策落实力度和扶持力度，示范作用才能发挥得更加充分。

目前辽宁省海洋第一产业的发展仍以发展海洋渔业为主，包括传统型的海洋捕捞业与海水养殖业。这种发展模式在破坏海域生态平衡的同时，也限制了海洋产业结构调整优化的空间。现阶段工业捕捞尚未形成规模，距离现代渔业的发展要求还存在一定差距，当前仍存在制约海洋产业结构优化升级的诸多瓶颈和问题。辽宁省海洋第二产业本身依托于现代科学技

术，而且往往需要大规模的资金投入，关联带动作用十分明显，但目前整个产业依然面临推广、技术等一系列难题，在许多关键核心领域仍有短板，仍然大量依赖进口，技术水平提升对产业发展的作用还很有限，致使整体的创新能力较弱、核心技术缺乏，与山东、浙江等海洋强省相比，还存在明显差距。现阶段辽宁海洋第三产业在海洋生物医药和海水循环利用等方面发展好，但链接式的研发体系十分薄弱，地方政府及有关部门需出台有针对性的政策措施；近年来滨海旅游业虽处于起步阶段，但对于与其相关的商业、娱乐业、服务业等配套产业的发展有所忽略，有关滨海旅游的产业链有待进一步延伸。

（二）各沿海城市海洋产业发展不均衡

从产值总量和技术水平上看，辽宁省大连市一直居于省内海洋产业发展中的领先地位，2018年，大连海洋经济总产值占全市15%以上。就省内来说，在辽的其他沿海五市中，大连市以绝对优势统领辽宁省的主要对外出口额，其他沿海城市发展规模和速度均不及大连市，需进一步加强其他沿海城市的突出位置。各沿海城市海洋能源资源丰富，但资源开发的瓶颈问题十分明显，受人才资源和资金"瓶颈"制约，发展十分缓慢，限制了各市海洋产业竞争力的提升。各市出现大量海域资源闲置和浪费的现象，这在一定程度上对全省各沿海城市的海洋经济规模与质量造成巨大影响，进而给当地海洋产业的平衡发展带来极大阻碍。海洋产业总体布局缺乏长远规划和统一管理，行政壁垒制约了生产要素的有效配置，各类要素无法实现完全自由流动，这不仅抑制了辽宁省海洋经济的发展，还导致地域不平衡性进一步加剧。

（三）主导产业不清晰

目前，由于辽宁省产业门类众多且所属行政部门不同，导致明确主导产业的难度增加。主导产业的形成条件需要满足以下几点：其一，对区域经济发展具有强大的拉动作用且仍有上升空间，居于主体地位；其二，可推动海洋产业结构升级转型，推动整体向质量效益型转变；其三，处于向社会强势输出地位，在一定程度上能够支撑其他产业经济发展的产业。辽宁省海洋船舶业与滨海旅游业在海洋产业总产值中所占比重较高，而且分别属于第二、第三产业，两者虽在产业经济发展序列中序次都较高，但都不符合主导产业要求的产业范围，因此目前的辽宁省海洋主导产业十分不清晰。

（四）港口资源开发不合理

近年来，海洋生态环境保护形势越发严峻。海洋资源的掠夺开发致使港口资源的不合理利用而引起的矛盾和冲突不断加剧，进而造成资源浪费和开发效率低下等问题的产生。但同时在海洋产业发展进程中，需要在不同层面对海洋资源进行利用和开发，而在人类的工业活动中造成的污染，不仅使海域遭受了石油等污染，海洋生态环境破坏严重，更使海洋产业的持续性发展进程受到阻碍，加剧了海洋经济的不平衡发展。基于此，高度重视海洋环境保护，实施生态发展战略是辽宁省目前的重点目标之一。

港口资源是发展海洋经济的资源基础，但是，一些突出的问题也伴随着港口资源开发利用的加速而产生，呈现出开发利用效率相对较低、海岸线资源浪费严重、履行建设程序不到位等问题。在辽宁2000多千米的海岸线上，密集地分布着40多个大大小小的港口，近400个生产性泊位，但由于港口低水平的重复分布，使其变成盲目、过度、无效益的港口重复型建设，进而造成资源的浪费和海岸线低效使用。因此要避免空间布局雷同和分工不明确，在避免恶性竞争的前提下划分港口群，准确定位港口的规模和功能，实现资源共享、良性竞争、错位发展的现代化沿海港口集群，为辽宁省海洋经济的发展提供助力。

三、辽宁省海洋产业发展对策建议

（一）优化海洋一、二、三产业结构，推动海洋产业可持续发展

产业结构优化程度与海洋经济增长关系成正比，现如今，辽宁省海洋第一产业比重明显偏高，海洋第二、三产业发展不平衡、不充分的问题仍然较为突出，其结构有待进一步优化。因此，辽宁省应充分利用区位优势和优良的自然资源禀赋，以市场需求为导向，根据沿海海洋产业结构现状

与调整趋势，进一步推动辽宁省加大创新发展力度，促进传统海洋产业转型升级。

巩固发展海洋第一产业基础地位。现如今，由于过度捕捞和环境因素的影响，辽宁省近海鱼类生存环境遭到了严重的破坏，海洋渔业资源严重衰退。首先，辽宁省应从资源环保、生产结构布局等角度对海洋渔业提出具体措施；其次，政府部门应制定海水养殖业发展的相关财政政策，建设规范化、集约化海水养殖基地，不断推进渔业作业方式由单一型向复合型转变，作业场所由近海向外海渔业转变，保证海水养殖业的稳定健康；最后，提升科技含量，重点提升在海水增养殖技术、海水产品深加工等领域的技术研发，加快海洋休闲渔业转型升级，拓展新的发展空间，推进辽宁省临海产业的发展壮大，促进海洋第一产业高质量发展。

促进海洋第二产业在更高水平上协同发展，推动海洋科技向创新引领型转变。①进行深海勘探开采，深入开发海洋化工、矿产能源，提高核心竞争力，降低高技术产品对外资企业的依赖度。②提高海洋船舶制造业的整体水平，带动钢铁、航运等上下游产业的发展，努力打造以大连为首，包括营口、锦州、葫芦岛在内的船舶工业区基地，实现海洋船舶业水平质的提升，促进制造业和经济效益稳步增长。③辽宁省应依托丰富的海洋生物资源，大力发展产品深加工，全面提升海洋食品与药品精深加工的技术水平，实行规模化、集约化生产，提高产品的市场竞争力，重点培育优质主导企业。④提高海洋海盐业、砂矿业资源综合利用率。进一步深化盐业经营体制改革，大力发展原盐深加工，有效推进盐化工业发展壮大。延长现有产业链，向高附加值精细化工产品方向寻求突破，进一步提高全省盐业的产业集中度。同时要重视滨海砂矿业的开发利用，坚持走可持续化并能与环境协调发展的集约化道路。⑤扎实推进深水油气勘探开发技术及高新技术研发工作的开展，加强钻探设备的技术创新研究和提高钻探设备操作技术能力。积极发展油气业深加工及配套服务产业，充分考虑下游高附加值产品，不断延伸产业链条，切实提高产品附加值。

加快促进海洋第三产业的创新发展。增加海洋交通运输业、滨海旅游业在辽宁省海洋第三产业中的占比。①合理调整港口布局。重点推进港口功能优化工作，为实现港口功能进行新建、改建和扩建的码头工程，进一步强化海洋运输业对港口周边物流活动的辐射能力，以提高港口的综合吞吐能力，推动港口质量转化和发展。加强船队管理和运输调度，提升船队总体实力和海洋综合运输能力。②结合滨海旅游资源优势，加强滨海环境保护。着力强化综合开发力度，提升服务水平，促进滨海旅游业长足发展。结合实际，进一步挖掘区位优势和地方特色，将当地文化与旅游相融合，创建新型旅游主题，由中低端旅游向高端旅游转化，有效提高本省经济效益。

（二）提高海洋第三产业比重，振兴海洋支柱产业

振兴海洋支柱产业，我们可由以下两方面着手。一方面，重点发展全省滨海旅游业，逐步使其成为全省国民经济的支柱产业、海洋经济的主导行业。滨海旅游业是现代旅游业中发展最为迅速的领域之一，同时也是海洋产业中一种新兴的综合性经济产业，在辽宁省海洋经济发展战略中，要充分了解滨海旅游业现有开发密度和发展潜力，重视滨海旅游业在海洋经济发展中的作用及对整个区域经济的贡献，并对此作出合理规划，综合发展。近年来，辽宁省滨海旅游业呈现蓬勃发展的态势，在此背景下，辽宁省应开展多层次、多领域的国际交往，增强全面开放的国际影响力，并立足于资源特色，探索地方特色文化与旅游业的深度结合，大力发展具有地域文化特色的文化和生态旅游业，促进辽宁省沿海旅游带内旅游产业提高服务和经营管理水平，进一步提高国际知名度与竞争力。另一方面，不断提升海洋交通运输业在海洋经济发展中的比重，培育其成为辽宁省未来海洋经济增长的新的支柱产业。辽宁省以大连港与丹东港为区域性龙头港口，共同打造沿海运输绿色通道，实现日、俄和更大区域的互联互通，开启中国—东北亚交通运输和物流合作，坚持合作共赢。

（三）合理布局海洋产业，大力发展海洋经济

辽宁省应在海洋经济发展的区域布局上，切实做到对海洋产业区域规划管理要求进行细化和延伸，加快建设海洋经济强省，加强陆海联动、统筹推进。从海洋发展定位和战略布局出发，科学划定海洋功能区。根据不

同海域资源环境承载能力、现有开发强度和发展潜力,合理确定不同海域主体功能。科学谋划海洋开发,合理安排各行业用海,鼓励和发展低耗能、低排放的海洋服务业、高技术产业等海洋产业,逐渐发展壮大具有挖掘潜力的优势海洋产业,增创辽宁省发展新优势。

首先,随着辽宁省经济的快速发展,在发展过程中,也造成了区域经济发展不平衡现象的产生。针对这种现象,要根据辽宁省自身的区位优势来确定适合发展的产业类型,全面推进培育特色性产业步伐,逐步缩小城乡区域发展差距,推动各区域间合作联动,实现辽宁省海洋经济高质量、均衡性发展。①大连市是东北地区重要的海港和工业城市,依托庄河市港口资源,加快建设海洋港口,因地制宜、合理布局,促进海上风电规模化、集约化发展。以建设可再生能源为主体的可持续能源体系为长远目标,与此同时还要正确处理好海洋自然景观的保护、研究、利用关系。维护海洋资源的合理开发,依托区域内海洋资源丰富的优势,加快发展滨海旅游业。大连市黄金海岸等丰富的滨海资源为金州旅游业的发展提供了重要依托。以金州旅游产业建设为抓手,助推当地滨海旅游业发展,丰富旅游产品内容,全方位满足游客需求,加快当地滨海旅游产业发展步伐。同时,瓦房店旅游业的发展也依赖于大连市经济的发展水平,借助瓦房店当地海洋在建深水港的区位优势,将海洋工程装备制造业、海洋船舶业等海洋产业置于海洋经济产业链的核心位置,积极实施科技创新,增加海洋科技投入力度,建设创新型海洋工业城市,有效带动辽宁省海洋第二产业发展。②锦州市应促进凌海市畜牧业生产向现代化方向发展,推进锦州港与龙栖湾工业区联动发展,建设新型海洋城,并构筑特色、打造品牌,建设滨海生态旅游城市。③盘锦市作为全国闻名的鱼米之乡,渔业资源丰富,浅海水域面积300多万亩,滩涂65多万亩,具有独特的地域区位优势和丰富的海洋资源基础,因此应加大投资,增进现代渔业的科技成长,以科技带动渔业走向现代化,努力形成辽宁省海洋第一产业与陆海资源协调发展的新格局。④营口市应加快培育高端装备制造、海洋工程、IT等新兴产业,大幅度提高运输组织水平,实现合理化运输,打造东北地区重要的综合交通运输枢纽与商贸物流基地。⑤葫芦岛应充分发挥葫芦岛港主枢纽港作用，加强基础设施建设，完善港口物流体系，推进港口型国家物流枢纽城市建设。⑥丹东市参与过很多的国际贸易港口运输，是中国最大的对朝贸易口岸城市，地理位置十分特殊，与俄、朝、韩、日四国水路相通，应立足区位优势，构建高效的沿海现代交通物流体系，不断完善现代物流产业链条和网络。

其次，辽宁省可通过地方政府分级管理，按照部门分工协作，建立独立统一的海洋管理机构，依托新的分流通道，消除生产要素自由流动的障碍，促使各生产要素在市场内便捷高效流动，激发涉海科技创新活力，促进省内公共海洋资源均匀分配，充分利用海洋产业的资源优势，推进全省各区域间海洋经济纵深合作，实现海洋功能互补、错位发展，在推进海洋金融与经济发展过程中发挥更大作用。

（四）夯实海洋科技创新优势，促进海洋产业高质量发展

海洋科技推动我国海洋产业发展不断取得新成就，要想提升辽宁省海洋科技创新水平，可从以下几方面着手。首先，加强海洋学科人才队伍与组织建设，整合凝聚海洋领域相关优势科研力量，重视高层次及紧缺型科研人才培养。同时，政府还要在其中发挥强有力的支配和指导作用，提供强有力的政策支持，并注重强化政府职能，提高政府对海洋经济的宏观调控水平，完善相关配套制度。此外，要不断完善知识产权立法和执法体系，颁布引进高层次人才的相应优惠政策，在进一步整合省内科研力量的同时，集聚更多创新资源，提升创新活动效率。其次，在加大对海洋科技创新研发的扶持与投入的基础上改善投资环境，夯实多元融资渠道，为投融资国际合作提供中长期、可持续的资金保障。目前，辽宁省科技研究开发经费主要依靠政府拨款，经费占比逐年上涨，长期制约着辽宁省原始创新能力的提高。在此情况下，不仅要加大政府预算投资和调整产业结构的力度，为外资和民间资本投资提供导向，引进外资、开放资本市场，还要鼓励企业主体积极参与海洋科技创新，增强自主创新能力，使企业生产者逐步成为科研投资队伍的主力。最后，辽宁省海洋科学技术的发展还需要国际交流与合作，通过深化国际科技交流与合作，更全面、更深入地对外

开放，在开放合作中提升自身科技创新能力，在更高起点上推进自主创新。只有拥有强大的科技创新能力，才能更好地提高我国海洋产业的国际竞争力。

（五）强化产业技术创新，深化改革科技体制

首先，强化产业技术创新是指在取得相关海洋科技创新成就的基础上，继续深度挖掘海域研究的创新潜力，加速实现开发成果商品化。而为做到这一步，应在建立国家级海洋技术研究中心或技术创新基地上加大投入，逐步完善创新与经应用协调发展的良性互动机制，使产品技术持续处于领先行列。其次，要加快科技体制改革步伐，进一步突出海域技术创新与研究的主体地位，有效提升海洋科技创新能力和技术水平。顺应科技发展格局，建立高效、系统的新型科技创新体制和资源配置体系。以市场为导向，促进由规划科技向市场科技目标的有效转变。最后，要重视海洋科技成果的集成转化应用，推动上层建筑与经济基础相适应，实现科技成果转移转化供给端与需求端的精准对接，从而进一步增强综合实力与对外影响力。

（六）坚持生态用海，推进海洋生态文明建设

首先，优化海洋资源科学配置，是促进海洋资源集约利用、开发方式切实转变的重要手段。坚持保护和发展相统一，提高用海用岛生态门槛，强化用途管制，实施差别化的海域、海岛供给政策。制定主要产业节约集约用海控制指标与服务事项办理准则，完善审核审批工作细则。加快推进不动产登记便民利民举措，详细核实海岸线破坏情况，加强和规范海岸线保护与利用管理。其次，保障海洋资源环境，重视海洋生态文明建设，建立海洋保护区及国家级海洋生态文明建设示范区。为海洋生态画红线，实施生态补偿制度，对具有重要经济、社会价值的已遭到破坏的海洋生态进行整治和恢复，最大限度降低由生态破坏对海洋经济造成的损失。推动海洋生态环境质量逐步改善，加快近岸海域综合治理，实施蓝色海湾整治行动，切实增强海洋生态环境保障能力，确保海洋经济真正实现可持续发展。

第二节　培育发展海洋优势产业

辽宁省作为海洋大省，"十二五"规划期间，实现了建设"海上辽宁"从战略目标提出到具体实践和全面实施的历史跨越，以改革创新为动力，抓好生产力布局和海洋生态文明项目建设，有力促进海洋渔业高质量发展，推动海洋产业发展再上新台阶。着力提高海洋科技创新能力，实现经济、社会、资源与环境协调可持续发展，海洋生态环境保护与修复工作取得实质性进展。海洋与渔业经济在国内生产总值占比稳步提升，成为对外开放的重要抓手以及拉动海洋经济的重要组成部分，初步形成了具有地方优势的沿海产业集聚区。未来，辽宁省可通过积极挖掘本省海洋经济的潜力，努力寻求自身发展，并为使辽宁省传统海洋产业转为高质量发展，经过分析研究海洋经济发展现状和存在的实际困难，应从如下几点出发。

一、打造海洋工程装备制造产业基地

充分利用修造船业的优势与潜力，实现在海洋工程装备制造和现代造船模式领域新的突破。大力发展液化天然气浮式生产储卸装置，重点突破铺管起重船、大型原油运输船（VLCC）、FPSO、万箱级以上集装箱船、液化天然气（LNG）船、半潜式钻井平台等高技术、高附加值装备的核心技术，不断提高海洋装备制造产业的创新能力和国际竞争力。鼓励各类项目加强合作以吸引海洋工程装备制造产业在省内的集聚，使产业体系结构化取得积极进展。坚定不移贯彻新发展理念，全方位全过程推行企业兼并重组，培育壮大拥有国际知名品牌和较强核心竞争力的装备制造龙头企业，推动中小企业调整结构，提升中小企业专业化发展能力和分工协作水平。依托中国与日、韩造船强国形成的世界级"金三角"区位与资源优势，加快推进大连、盘锦、葫芦岛高技术船舶制造和海洋工程产业基地建设，展开由点到线再到面的发展格局，重点布局一批海洋船舶修造、工程装备制造及配套项目，加快园区企业配套设施建设，加快培育发展具有差异化的特色海洋战略性新兴产业与规模化基地。

二、打造海洋生物医药产业基地

在整合提升现有海洋科技资源基础上，充分利用省内长期的科技积累和产业资源优势，并通过搭建产学研转化平台，建立企业间、企业与高校和研究院所间的战略联盟，开发出拥有多项自主知识产权和具有市场前景的科研成果，大力提高海洋生物产品的原料综合利用率和产品附加值，促进地区生物医药科技创新。深入推进大连市海洋生物医药中心建设，在生物制药产业方向和项目上与国家保持一致，把大连市建设为具有引领带动作用的海洋生物制药产业创新发展基地。通过吸引优质创新资源和创新服务向配套企业集聚，从而打造产业集群，扶持海洋生物医药业等其他海洋新兴产业协调发展。

三、着力打造沿海新能源产业基地

充分发挥海上风能资源丰富的优势，大力谋划推动海上风电产业规模化开发，做强做大临海产业。坚持把发展低碳经济与节能减排相结合，加快节能减排技术研发和推广，对清洁能源开发、低碳技术研发、低碳产业发展要持续加大财政直接投入的力度，为低碳经济的发展提供资金保障，按照"多方参与"的建设思路，聚集多方资金对基础设施等进行全面建设。重点推动丹东、葫芦岛、大鹿岛等市的海上风力发电厂建设，深入挖掘低碳产业潜能，大力扶持新能源产业开发，大力推进以海上风电、波浪能和潮汐能为重点的海洋可再生能源技术创新工程，合理布局海洋潮汐、海洋风电等新能源项目建设，实现海洋新能源利用的突破。

四、培育壮大海洋环保产业

坚持把辽宁沿海经济带开发建设放在全国发展大局中去审视，提高认识，着力用新认识填补空白区培育建设，为深化港口建设改革、增强港口发展活力等方面提出意见和建议。重点开发高性能、环保型的减污、防污等产品，这类产业行业前景方面可谓潜力广阔，市场成长空间潜力巨大，必将推动海洋环保产业发展持续向好。可通过政策扶持，由中央财政将补贴资金拨付给海洋能源环保生产企业，以辽宁沿海经济带作为一个整体，利用整体优势，为重污染产业集聚区和易污染人口集聚区提供大规模的环保产业集群，要加强海洋环保产业集群之间的产业协作和综合配套，共建产业链条。地方政府方面，要贯彻落实好节能环保政策，推行节能环保产品，为缓解资源能源紧张、保护环境发挥宏观调控作用。

五、大力发展海洋旅游业

以海洋旅游产业为龙头，相关产业协同发展，不断推进现代化与规模化，从而形成现代海洋旅游产业的产业集群。根据海域地质条件，延伸拓宽由滨海到近海的渠道范围，放开市场主体经营空间，最大限度地降低行业的登记要求，鼓励大众创业、万众创新。进一步放开以葫芦岛古沉船遗址为代表的水下考古或海上钻井平台之类的工业旅游项目。

第三节　坚持海陆统筹建设，打造现代临海产业体系

现如今，沿海地区与内陆腹地的海陆产业联动发展是推动沿海地区产业转型升级的核心。辽宁省积极融入国家"一带一路"建设，对推进辽宁沿海经济带与东北腹地海陆产业联动发展具有重要意义。因此，辽宁省应在国家"一带一路"建设背景下，在分析沿海与东北腹地产生联动作用的支撑条件基础上，利用相关数据分析海陆产业的相关性及差异性，并基于海陆产业关联效应探讨新形势下的辽宁省海陆产业布局。这在总体上，对加速东北地区经济结构转型、提升经济质量和效率具有重大的现实意义。

一、辽宁陆海产业联动发展的基础支撑

（一）海陆资源优势明显

东北资源供需市场利用海洋、矿产等不同的资源条件，实现中心与

区域互动的产业供需链，形成区域间相互协调、彼此推动的互动机制；完善的陆海交通运输体系是沿海与腹地资源跨区域流动的纽带。辽宁省沿海地区拥有丰富的海洋资源，包括港口、生物、矿产、油气、海洋能、滨海旅游等，东北腹地地区有丰富的矿产资源，如钼、铁、锌、铜、铅、锰、金等金属矿产，石油、油页岩、菱镁矿、石墨、滑石、煤、石棉、白云石等非金属矿产以及稀有元素，沿海与腹地地区供需链促进区域间资源要素流动，形成优势互补、高质量发展的区域经济布局。东北地区铁路线、公路线相互交织，形成四通八达的交通运输网，其中京哈、沈大等多条铁路干线交会于此，沈大、京沈高速公路呈放射状向东西南北延伸，逐渐成为东北三省和内蒙古及关内的沟通与连接的纽带。辽宁省沿海六大港口群作为对外开放的重要窗口，同国内沿海诸港口以及世界5大洲70多个国家和地区140多个港口通航。交通运输部数据显示，2020年1—10月，大连港完成集装箱吞吐量458万标箱；营口港完成集装箱吞吐量466万标箱，同比增长0.9%；辽宁省港口集装箱吞吐量合计完成1113万标箱。

（二）海陆产业联动发展

由于辽宁沿海经济带对产业相关性较高，对经济的带动效果十分明显，因此成为促进区域经济增长的重要力量。海陆产业相互融合、相互紧密渗透，不但促进产业链互动与延伸，推动海陆关联产业集聚区的形成，同时还可以提升区域产业配套能力，实现由海上向陆域转移和一产向多产推进，成为沿海区域经济持续发展的内外在动力。辽宁省在特有的自然条件和社会历史条件下，已形成近20种海洋产业，如沿海旅游业、海洋运输业、海洋渔业、海洋土木、海洋装备制造业等产业，产业集聚区建设逐渐形成规模并同时引导其他相关产业发展方向的产业或产业群，通过陆海产业的协调发展，形成相关产业链条，进而推动腹地经济快速发展。

（三）主动型市场配置

辽宁省企业的市场占有率较高，可通过市场机制的调节，发挥企业的市场主导作用，形成新的交通格局和物流、人员流、资金流方向，有力地带动腹地经济的发展。辽宁省港口群伴随着辽宁沿海经济带长足发展，在内陆地区建立外界交流渠道，使内陆拥有便捷的国际物流通道，进军国际市场。凭借多年累积的储量大、种类多的矿产资源优势及广阔的市场需求，辽宁沿海经济带临港工业区强势崛起，国内外相关产业纷纷布局辽宁，与辽宁省频频"牵手"，包括华晨宝马、鞍山钢铁、锦州重型、大船重工、东软等在内的具有代表性的企业，有力促进资金合理流动，并通过资源二次配置引导产业结构优化升级。

（四）战略发展点明确

国家对海洋经济发展重视程度的变化是巨大的。20 世纪末，国家日益重视海洋经济发展，不断加大海洋产业管理力度，加大投入，引导政府和社会资金投向海洋发展领域。从全面振兴东北老工业基地的战略目标出发，把建立辽宁沿海经济带提到国家战略高度，为辽宁省沿海沿边与腹地经济互动发展提供一定的战略支撑；随着中国提出的"一带一路"国家倡议的有效实施，中蒙俄经济走廊建设取得了重大进展，使辽宁成为"一带一路"倡议的东部起点，将日韩、东南亚，环渤海湾、华东、华南等地区的货物，以辽宁省为枢纽便捷地转运至中亚、蒙古、俄罗斯远东以及欧洲等地区，在扩大开放合作、促进全球经济中将发挥更大作用。

二、统筹陆海产业布局

辽宁省是我国唯一的既沿海又沿边的省份之一，其陆海产业的协调发展关系变化是陆海统筹规划的晴雨表，海陆产业协调发展有利于促进区域关系调整、提高东北地区工业基地发展活力。辽宁省应结合自身产业发展情况，从以下几个方面入手，促进辽宁省海陆区域联动和产业协调持续发展。

（一）布局现代海洋渔业，夯实第一产业基础

辽宁陆海第一产业发展的独立性较强，与陆海第二、三产业的关联度较低，且发展水平、稳定性上均落后于陆海第二、三产业，因此，必须立

足于陆海资源的互补性与互通性，以实现陆海第一产业协调、同步发展。近年来，海洋第一产业发展上升势头有所下降甚至倒退，其中渔业产业占第一产业比重较大，是海洋第一产业产量波动的第一大来源。因此，应提高全社会渔业资源保护意识，切实加强渔业安全生产管理，坚守海洋生态红线，保障海洋第一产业发展深入推进。

（二）推进陆地第二产业转型升级，加快产业结构调整

辽宁省海陆第二产业的协调水平总体上呈现逐年下降的趋势，而协调发展度呈现波动性上升，这表明海陆第二产业发展虽略有加快，但也存在着相对发展速度不协调、发展方向不一致的问题；海洋第二产业实现稳中提质发展，而陆地第二产业作为支柱性产业中重要的主体，虽可产生规模效应，但是极易给邻近海域造成巨大污染，影响资源利用率。因此，应在国民经济规划中先行发展新型第二产业，形成新的增长动力，加快落后产能退出步伐，进而提高第二产业增长质量和效益，引导产业结构调整与优化升级。

（三）加快陆地第三产业发展，实现可持续发展目标

辽宁省大力发展海洋第三产业，营造良好环境，2006—2015年海洋产业比重上升了1.7个百分点，2017年辽宁省海洋生产总值达3900亿元，同比增长6.5%，超过该省地区生产总值4.2%的增速。但陆地第三产业发展相对落后，后期比重下降，最高时不足0.6%，在个别年份上产业效益下降趋势变得非常明显。所以，必须大力推进第三产业发展，并为避免过度投资，应采取分散投资策略，注意防范房地产市场与建筑市场风险，着力发展新兴技术产业与科技服务产业，重点提升科技金融、现代服务等发展实力。辽宁省有着各种良好的院校资源，应积极发挥大连市与沈阳市基地企业的示范效应和龙头带动作用，发挥孵化基地的科技转化在产业发展中的作用，同时充分发挥两地的资源优势与影响力，推进文化与旅游融合发展，全面提升服务业水平，采取有力措施吸引多元化投资主体进入物流行业，保持金融业可持续快速发展。另外，省内沿海城市海洋产业应依托丰富的海洋资源，在旅游业与运输业有所突破；鞍山、本溪等老工业城市

辽宁省海洋经济发展战略研究

应改善产业结构，通过新增产能和压低低效落后产能实现产业不断升级，加快推动产业链向终端产品和高端产品延伸，提高产业科技含量及高附加值；其他城市应发挥比较优势，防止产业趋同，因地制宜发展特色第三产业。

│ **参考文献** │

[1] 狄乾斌, 周慧. 中国沿海地区人口发展与海洋经济互动关系研究 [J]. 海洋通报, 2019（5）.

[2] 盖美, 陈倩. 海洋产业结构变动对海洋经济增长的贡献研究——以辽宁省为例 [J]. 资源开发与市场, 2010（11）.

[3] 张耀光, 韩增林, 刘锴, 刘桂春, 张璐. 辽宁省主导海洋产业的确定 [J]. 资源科学, 2009（12）.

[4] 王银银, 翟仁祥. 海洋产业结构调整、空间溢出与沿海经济增长——基于中国沿海省域空间面板数据的分析 [J]. 南通大学学报（社会科学版）, 2020（1）.

[5] 韩增林, 李博, 陈明宝, 李大海. "海洋经济高质量发展" 笔谈 [J]. 中国海洋大学学报（社会科学版）, 2019（5）.

[6] 彭飞, 孙才志, 刘天宝, 李颖, 胡伟. 中国沿海地区海洋生态经济系统脆弱性与协调性时空演变 [J]. 经济地理, 2018（3）.

[7] 王银银. 中国海洋产业结构有序度研究 [J]. 技术经济与管理研究, 2017（12）.

[8] 杨林, 韩科技, 陈子扬. 沿海地区经济增长与海洋灾害损失的动态关系研究: 1989～2011 年 [J]. 地理科学, 2015（8）.

[9] 戴彬, 金刚, 韩明芳. 中国沿海地区海洋科技全要素生产率时空格局演变及影响因素 [J]. 地理研究, 2015（2）.

[10] 刘锴, 宋婷婷. 辽宁省海洋产业结构特征与优化分析 [J]. 生态经济, 2017（11）.

[11] 吴梵, 高强, 刘韬. 海洋科技创新对海洋经济增长的效率测度 [J]. 统计与决策, 2019（23）.

[12] 苟露峰, 杨思维. 海洋科技进步、产业结构调整与海洋经济增长 [J]. 海洋环境科学, 2019（5）.

[13] 王泽宇, 陈贺. 中国海洋科技与海洋产业的协调度分析 [J]. 辽宁师范大学学报（自然科学版）, 2019（3）.

［14］房辉，原峰，熊涛，刘芳．我国区域海洋科技创新与海洋经济发展协调度研究
　　　［J］．海洋经济，2019（3）．

［15］李帅帅，范郢，沈体雁．我国海洋经济增长的动力机制研究——基于省际面板数
　　　据的空间杜宾模型［J］．地域研究与开发，2018（6）．

第七章

辽宁省现代海洋产业体系构建研究

随着海洋开发的不断发展，现代海洋产业在推动产业结构优化升级、加快经济发展方式转变中的作用日益增强。积极构建现代海洋产业体系，对推进海洋产业结构转型升级、辽宁省海陆统筹发展、拓展海洋空间和摆脱传统发展路径具有重大意义。

第一节　现代海洋产业体系及其内涵

一、现代海洋理念

赵宗金（2011）在研究现代人类社会和海洋的关系时指出，这两者的关系包括两个层面，即社会对海洋的影响和海洋对社会的影响。第一层面涉及社会形态、结构、制度、文化以及经济活动等，第二层面关乎人海关系对社会形态、结构、制度、文化以及经济活动的影响。"强化现代海洋理念"应包括政治、经济、文化、军事等多个方面，须强化以海洋资源观、海洋经济观、海上安全观和海洋权益观为核心的现代海洋理念。

二、现代海洋产业体系

践行习近平总书记"关心海洋、认识海洋、经略海洋"的指示要求[①]，现代海洋产业致力于构建"高科技、高起点、高标准、全产业链"的发展体系，遵循"科技＋资本＋产业"模式，陆海统筹，建设现代海洋牧场。与传统海洋产业相比，现代海洋开发属于新兴经济活动领域。现代海洋产业结合了科学技术的发展，是随着人类对海洋的认识、开发与利用的广度

---

① 习近平. 进一步关心海洋认识海洋经略海洋 推动海洋强国建设不断取得新成就［EB/OL］.（2013 - 08 - 01）［2021 - 10 - 11］. http：//cpc. people. com. cn/pinglun/n/2013/0801/c64094 - 22402107. html.

与深度逐渐扩大，能力的不断提高，从而发现新资源、开发了新领域的经济活动而形成的一系列海洋新兴产业。

杨娟（2013）对现代海洋产业体系内涵的理解主要分为横向联系上的产业体系、纵向发展上的产业体系、素质层面上的产业体系、产业发展的可持续性、产业发展的可实现性和产业的国际化角度六个层面。现代海洋产业体系的内涵从产业的横向联系上看，它要求各海洋产业发展具有均衡性和协调性。均衡即要求各海洋产业之间的关系要均衡，协调主要指海洋产业之间的素质、地位和联系方式之间的协调。从产业的纵向发展上看，现代海洋产业体系要求形成完整的产业链，包括接通产业链和延伸产业链两个方面。从产业的素质层面看，它要求产业具备良好的制度素质、技术素质和劳动力素质。从产业发展的可持续性上看，要求产业发展与资源、环境相协调。从产业发展的可实现性来看，要求实现产业结构和消费结构的良性互动。从产业的国际化角度看，要求建立国际协调型的海洋产业结构。

第二节　辽宁省现代海洋产业体系构建的核心内容

在《海洋及相关产业分类》中，主要将现代海洋产业体系分成三部分，即"一个核心、一个支撑、一个依托"。"一个核心"又称海洋经济核心层，包括海洋渔业、海洋油气业、海洋矿业、海洋制盐业、海洋船舶工业、海洋化工业、海洋生物医药业、海洋工程业、海水利用业、海滨电力业、海洋交通运输业、滨海旅游业等产业；"一个支撑"指海洋经济支持层里的海洋科研教育服务业，包括海洋科学研究、海洋教育、海洋地质勘察业、海洋技术服务业、海洋信息服务业、海洋保险与社会保障业、海洋环境保护业等；"一个依托"是指以政府海洋管理体制、海洋产业规划与产业政策、海洋建设项目融资环境、海洋法制环境、海洋资源与环境、海岸带基础设施、海洋文化环境等产业发展环境为依托。

辽宁省要建设现代海洋产业体系，就要抓住海洋经济的核心层，重点建设以下四大主体产业群。

一、临港工业

目前辽宁省全省沿海港口依托东北地区腹地经济，已基本形成以大连港和营口港为主要港口，丹东港、锦州港为地区性重要港口，盘锦港、葫芦岛港为一般港口的沿海港口布局。

（一）临海钢铁装备制造业

为发展省周边海域港口工业，要大力建设辽宁省临海钢铁装备制造业基地，积极推动大连长兴岛临港工业区、盘锦船舶工业基地、营口沿海产业基地、锦州滨海新区、葫芦岛北港工业区、庄河辽宁现代海洋产业区和工业园区等地的建设和完善。重点发展船舶制造业、有色金属、机械加工、临港装备制造等产业，加快推进先进装备制造业基地和造船及海洋工程基地的建成。

（二）临海石化工业

加快盘锦辽滨沿海经济区建设，重点发展石油装备制造与配件、石油高新技术、石油化工；建设锦州滨海新区，完成锦州湾国家石油储备基地建设；加快葫芦岛北港工业区石油化工建设；推进大连金州渤海海域海洋化工产业运行。

（三）海洋油气业

继续加大海洋油气勘探开发力度，积极发展海洋油气产业，提高油气资源储备和加工能力，逐步形成油气资源综合利用产业群。综合开发利用油气加工废弃物和副产品，延伸油气资源综合利用产业链。

改善海洋油气开发设备，着力提高近海海域海上油气发展，在渤海生态保护区进行有针对性的海上油气能源开发，依法撤销海洋生态红线区内不符合管控要求的矿业权、海域使用权，对海上油气平台全面开展污染物排放在线监测工作，注重临港工业区海洋生态系统的保护。

二、现代海洋服务业

海洋服务业已成为现代海洋经济发展的重要引擎，培育海洋服务新业态对辽宁省海洋经济发展具有重要意义。当前辽宁省的海洋产业结构仍然保持着"三、二、一"的产业结构模式，海洋运输、港口物流、滨海旅游等海洋服务业发展迅速，在辽宁省海洋经济发展过程中起着重要的引领作用。

（一）海洋交通运输业

提升大连交通枢纽和龙头拉动作用，加快构建东北亚国际航运中心和物流中心，完善航运基础设施和服务体系的建设，构建辐射广、流量大、服务优的集装箱物流基地；在长山群岛海域合理安排海岛渔港、码头、跨海引水工程、跨海大桥、海底管线、海上交通等海岛基础设施建设用海需求，形成海岛现代化服务体系。

（二）滨海旅游业

辽宁沿海经济带旅游资源丰富，拥有得天独厚的自然条件。大连作为我国北方重要的港口城市，旅游业发展迅速，成效显著，与丹东、营口、盘锦、锦州、葫芦岛相比有着巨大优势。

大连以市区海岸为中心，以旅顺口、金石滩为两翼，提高原有景观的吸引力，形成了集游览、度假、娱乐、购物、会议、展览六位一体的旅游名城。

发展辽宁滨海旅游业，要结合沿海地区特色：

丹东历史文化悠久，历史文化资源丰富，文化遗迹、军事要塞、建筑古迹、历史名人等宝贵的精神财富是丹东市重要的旅游资源。丹东充分发挥历史文化优势，打造山、海、江等自然风光与甲午战争和抗美援朝等人文景观的旅游胜地。

营口鲅鱼圈逐渐成为辽宁省短途旅游的一张名片，鲅鱼圈的旅游资源和景点主要以山林海泉为主。营口旅游业营销力度大，坚持以特色为灵魂，按照"大旅游、大市场、大产业"的理念进一步开发了月亮湖景区、盖州赤山旅游区等项目。

盘锦享有"中国最美湿地"的美誉，是北方重要的国家级生态建设示范区。盘锦凭借生态湿地优势，重点建设红海滩、苇海观鹤和具有特色的工业旅游基地，将盘锦建设成为北国湿地休闲之都。

三、现代海洋渔业

辽宁省海洋渔业资源丰富，种类繁多，其中鱼类资源就有 30 多种，虾类资源 9 种，底栖贝类 20 多种。辽宁省海域中的毛虾、海蜇等资源，是全国范围内闻名的独有品种，且全省的养殖面积达到了 1800 平方千米，为丰富的海域资源提供了重要的养殖基地。

（一）海水增养殖业

大力推动海水增养殖业发展，充分挖掘沿岸滩涂浅海渔业资源，进一步加大养殖品种结构调整力度，继续增加优质高效养殖品种比例，从而提高养殖生产经济效益。建设一批无公害养殖基地和水产品出口原料基地，充分发挥各地区位及资源优势，打造品牌渔业。

（二）水产品精深加工和流通业

重点发展水产品精深加工业，提高产品附加值水平，挖掘海洋资源潜力，发展合成产品、海洋医药、功能保健产品及美容产品；实施品牌战略，培育一批具有自主品牌的国家级、省级品牌产品和拥有著名商标、有机食品标志、绿色食品标志、无公害食品标志的水产品；加大基地与市场对接互动，培育区域性水产品物流配送中心，鼓励多种形式的产品营销，加快建设并开通水产品流通绿色通道，构建高效的现代水产品流通网络。

（三）休闲渔业

充分发挥地域资源优势，注重体现海洋文化和地方特色，创新经营模式，集中各种社会资源，开发建设一批集养殖、观赏、垂钓、餐饮、旅游、住宿和疗养等为一体的综合休闲渔业景区，逐步形成产业规模。加强技术培训，提高从业人员素质。开发过程中坚持保护生态环境与休闲渔业开发协调一致。

（四）海洋牧场建设

加快建设完善大连地区长山群岛海洋生态经济区和辽西海域海洋牧场

示范区，积极探索海洋牧场建设的新技术、新模式，结合各海域自然条件，统筹规划，科学布局，在沿海地区全面推广海洋牧场建设。同时，积极开发先进的生态优化技术、水产生物苗种增殖放流及跟踪技术、苗种培育及选优等技术，为海洋牧场建设提供科技支持。

四、海洋战略新兴产业

辽宁省横跨渤海与黄海，海洋资源丰富，海洋战略性新兴产业是"十三五"时期辽宁省值得关注的产业发展方向。其中，海洋工程装备制造基地、海洋生物医药基地、海洋新能源基地和海水综合利用基地是未来辽宁省海洋战略性新兴产业发展的战略重点。

（一）海水综合利用业

辽宁省目前面临着"淡水资源不足"这一大问题。通过发展海水直接利用、海水淡化、海水利用技术和装备制造、海水化学资源综合利用等产业，将海水资源进行综合利用，是缓解辽宁省淡水资源不足这一困境的有效途径。建设大连海水综合利用技术研发中心，打造葫芦岛海水利用膜技术装备制造基地，培育大连海水化工产业园和营口海水化工产业园建设等，为辽宁省沿海和海岛经济可持续发展提供水资源保障。

（二）海洋生物制药业

建设海洋生物医药基地，加快发展海洋生物医药业。加大海洋生物技术人才的引进和培养利用现有海洋科技研发资源及产业化资源优势，加快海洋科技资源整合和移动，重点建设大连海洋生物医药基地，形成以海洋生物工程、海洋功能保健食品、海洋生物制药等为主的产业格局，把大连建设成为国家海洋生物制药产业化基地，吸引配套企业、服务业的集聚，形成产业集群，拉动沿海各区域海洋生物制药业的快速发展。

（三）海洋新能源产业

建立低碳新型海洋经济体系，需要对海洋资源进行充分利用。辽宁省应依托现有海上风电项目，发挥自然优势条件，通过技术开发和配套基础设施，加速海上风电的开发和布局，同时推进海上风电及其他海洋再生能源基地建设。如构建丹东海上风电基地、葫芦岛海洋再生能源基地和建设大连近海及海岛风电项目，提高产业集中度，扩大相应规模和示范效应，从而加大对海洋新能源的开发和利用。

（四）海洋区域性金融服务业

金融作为现代经济的核心，在海洋新兴产业发展中起着至关重要的作用。针对辽宁省海洋新兴产业中金融发展存在的问题，建立适合辽宁省海洋新兴产业发展的金融机制，使金融机构贷款方面知识产权评估标准化，推出更贴合海洋新兴产业发展特点的金融产品。提升大连在东北亚国际航运中心和物流中心的核心枢纽和带头作用，建设星海湾金融商务区，健全现代金融组织和服务机制，逐步形成区域性金融中心，从而拉动东北亚区域海洋新兴产业的快速发展。

第三节　辽宁省构建现代海洋产业体系的政策与建议

构建完善的现代海洋产业体系，助推辽宁海洋产业崛起，就要提出并实施一系列具有前瞻性、战略性的建议和措施。为此，有以下建议。

一、统筹规划，注重海域资源保护与产业开发协同发展

首先，坚持海陆统筹。提高海域资源的开发利用效率，减少资源浪费，调整岸线生产布局，注重环境保护，改善海洋岸线生态调节功能。大力发展高效益、低污染、低能耗的海洋产业，推进节能减排技术的改造，构建海岸生态保护和发展现代绿色的海洋生产方式。其次，坚持尊重生态优先原则。控制盲目开发、过度开发、无序开发及分散开发，在保障海洋生态安全的前提下，按照辽宁省海洋开发管理的要求进行开发，因地制宜发展资源环境可承载的海洋特色产业。

二、优化海洋产业结构，促进产业转型升级

首先，培育壮大海洋战略性新兴产业，鼓励发展海洋高端服务业。加

快新旧动能转换，推动海洋传统产业转型升级。降低第一产业比重，增加产品研发等能力相对薄弱的产业环节，大力发展大连、丹东等城市的滨海旅游业，积极推进新兴海洋产业发展。其次，海洋产业结构优化，要根据海洋产业的发展及其结构的现状与未来变化的趋势进行改变和调整。辽宁省现在处于"三、二、一"的海洋产业结构发展模式，但第一产业与二、三产业占比结构仍需调整改进。近几年来辽宁第三产业发展速度较快，有着良好的发展前景；第二产业发展动力不足，有待加强。

三、加大科技创新投入力度，提升海洋产业核心竞争力

提高现代海洋意识，增加海洋科技创新资金、人才投入，为现代海洋产业发展注入新活力，发展高附加值、高技术含量、节约环保和可持续发展的海洋产业，注重各个海洋产业内部的联系，推进产业聚集发展，完善新型海洋产业链。整合国内外历史研究文献和创新技术，充分利用现有资源，完善海洋科技成果交易和转化的公共服务平台，提升海洋科技成果转化率和覆盖度，优化辽宁省海洋第二产业中的支柱性产业结构，发展临海钢铁机械、造船技术等"霸主"制造业，壮大辽宁省海洋优势产业链条和具有国际竞争力的海洋产业集群。

四、积极促进涉海金融服务业与现代海洋产业发展相结合，助力产业加速发展

金融在海洋新兴产业中发挥着至关重要的作用，以现代金融助推辽宁海洋经济转型，打造海洋产业投融资公共服务平台：完善普惠金融服务，重点解决融资难、融资贵等问题，鼓励辽宁省金融机构开发海域使用权抵押、海洋资源资产收益等创新金融产品，完善风险分摊机制。海洋领域金融业的发展需要一个良好的信息服务平台，因此，建立蓝色金融信息服务平台也是促进辽宁省现代海洋产业发展的重要措施之一。

| 参考文献 |

［1］赵宗金．人海关系与现代海洋意识建构［J］．中国海洋大学学报（社会科学版），
     2011（1）：25－30.

［2］杨娟．现代海洋产业体系内涵及发展路径研究［J］．商业研究，2013（4）：
     48－51.

［3］曲亚囷，刘一祎．东北亚共同体视阈下辽宁海洋经济高质量发展的法治化路径研
     究［J］．海洋开发与管理，2020，37（3）：54－61.

［4］孙建富，韩绍祖，王一夫．辽宁省海洋渔业发展的瓶颈与对策建议［J］．中国渔
     业经济，2013，31（5）：25－30.

［5］孟洪钰，张丽．辽宁加快发展海洋产业的思路与对策［J］．辽宁经济，2012
     （4）：71－73.

［6］于会娟．现代海洋产业体系发展路径研究——基于产业结构演化的视角［J］．山东
     大学学报（哲学社会科学版），2015（3）：28－35.

［7］王泽宇，崔正丹，韩增林，孙才志，刘桂春，刘楷．中国现代海洋产业体系成熟
     度时空格局演变［J］．经济地理，2016，36（3）：99－108.

［8］徐杰．建设现代海洋产业体系 推动区域海洋经济发展［A］．海南省自然资源和
     规划厅、三亚市人民政府、海南热带海洋学院、中国海洋大学、宁波大学、中国
     海洋学会．2019中国海洋经济论坛论文集［C］．海南省自然资源和规划厅、三亚
     市人民政府、海南热带海洋学院、中国海洋大学、宁波大学、中国海洋学会：《海
     洋开发与管理》杂志社有限公司，2019：5.

第八章

辽宁省沿海经济带发展研究

辽宁沿海经济带是在辽宁沿海地区划分的经济发展区域。辽宁沿海经济带以海岸线为发展轴线，西起葫芦岛市绥中县、东至丹东东港市，在岸线 60～80 千米的半径内，以大连为中心，包括丹东、营口、盘锦、锦州和葫芦岛等 6 座沿海市所辖的 21 个市区和 12 个沿海县市（庄河市、普兰店区、瓦房店市、长海县、东港市、凌海市、盖州市、大石桥市、大洼区、盘山县、兴城市、绥中县），以全长 1443 千米的滨海公路相连。土地面积约占全省的 1/4，人口约占 1/3，地区生产总值占近一半，2010 年地区产值密度为 1608.3 万元/平方千米，高出全省平均水平 354 元。

目前，辽宁沿海经济带在发展过程中目标明确，路径清晰，坚持陆海统筹、推动区域协调发展、利用区域优势大力发展海洋经济、积极优化海洋经济布局等等，这一系列发展举措在极大程度上促进了辽宁省整体的经济发展，未来辽宁省的海洋经济发展前景十分可观。

第一节　陆海统筹，区域协调发展

一、构建协调发展新格局，推动东北地区振兴

东北地区的振兴是国家一系列重大战略举措的有力支撑，而实现振兴，使其重振雄风，需要立足于大视野和大境界来谋划全局。

习近平总书记曾指出，"要实施科学、全面、正确的战略，构建协调发展新格局。"[1] 因此，辽宁省全省自觉把辽宁振兴发展摆在党的总体规划和国家战略上推进，把区域协调发展作为辽宁振兴的重点，加快构建多极

---

[1]　陈求发. 谱写新时代全面振兴全方位振兴新篇章［N］. 学习时报，2018 - 11 - 21（A1 - A2）.

活力、多点支撑的区域发展新格局。党的十九大报告也提出要注重协调发展，通过将区域、城乡、陆海统筹规划和总体部署纳入国家战略层面，促进区域互动、城乡联动、陆海统筹，从而优化空间结构，进一步建设现代化经济体系。

近些年，辽宁省在区域协调发展中取得了显著成就，但与总书记和党中央关于区域协调发展的需要相比，在思想、理论研究和行动举措上仍旧存在着一定的差距。差距是机遇，同时也是动力，辽宁省应以总书记重要讲话精神为依据，坚持问题导向、目标导向相一致，积极落实、转变思路、集中统一行动，为辽宁省维护国家大局作出该作的贡献。

面向全省，要培育和发展现代都市圈。辽宁省拥有沈阳和大连两个副省级城市，沈阳和大连在辽宁经济发展中的主导作用十分突出，但在自身发展的同时，也逐渐扩大了与其他城市和地区的发展差距。注重统筹协调是十分必要的，努力构建要素有序自由流动的区域发展新格局，在有效的核心工作中，基本公共服务是平等的，资源和环境是可以承受的。应深入实施以沈阳为核心的"五大区域发展战略"，推动沈阳经济区转型升级，以大连为龙头发展沿海经济带和开放型经济带，实现全省各个地区协调发展。

从东北来看，东北地区应形成共同开放合作的新局面。辽宁省作为东北地区经济规模最大的省份，应担负起重任，积极加强与兄弟省份在重点领域的合作。以辽宁省探索建设"一带一路"综合试验区为机遇，共建"东北亚经济走廊"，为东北地区高水平开放、高质量发展贡献自己的力量。在全国范围内，辽宁省应深入推进与国家重大战略的对接、交流与合作。目前，辽宁与京津冀、长江经济带、粤港澳合作还不够紧密，交流合作空间巨大。应巩固扩大与东部地区对口合作的成果，借此积极对接京津冀协同发展、长江经济带发展、粤港澳大湾区建设三大国家战略，积极参与南北互动，着力推进体制机制创新、产业合作、人才交流和平台载体建设，借助国家重大战略引领发展新动力，推动辽宁发展。

二、陆海统筹，实现良性互动

坚持陆海统筹，按照沿海经济强省建设的要求，强化海洋意识，加快辽宁沿海经济带开发建设，充分考虑海洋资源和环境承载能力，实现陆地开发与海洋发展协调，形成沿海与内陆地区互联互通、相互支撑、良性互动的发展格局。

三、大连发挥辐射功能，促进区域经济协调发展

在中国城市化的进程中，作为"东北之窗"的大连要坚持陆海统筹，努力带动东北老工业基地实现全面振兴，也为国家区域经济协调发展发挥其辐射功能。

打造世界海洋城市总部。据相关统计，全球70%以上的财富都掌握在沿海城市的手中。在这样的国际市场发展趋势中，大连作为"东北之窗"和"东方明珠"打造"世界海洋城市总部"的要求一直受到人们的关注，是众望所归的结果。所以，大连应以利用国内巨大的市场和辽宁沿海经济带为战略，联系涉海大型企业、高端沿海城市代表和民间人才，积极打造世界海洋城市总部。世界海洋城市总部的基本职能是加强世界海洋城市之间的深入合作，为世界海洋文化建设旅游胜地，加快人才、企业和资金流动的和谐融合，进一步创造市场经济效益。建设世界海洋城市总部，以大连市为基地，逐步整合全球海洋经济资源，为国家发展海洋经济奠定了坚实的基础。

积极创办世界海洋博览会。中国是一个海洋强国，辽宁省应积极追随时代步伐，加入海洋革命的潮流之中。随着辽宁沿海经济带开发上升为国家战略，大连要抓住机遇，努力树立辽宁沿海经济带开发的国家战略形象，为国家海洋经济的可持续发展提供引擎和动力支撑。因此，大连市应在成功举办夏季达沃斯论坛的基础上，积极打造世界海洋博览会，多方位发展，扩大发展规模。

建设现代化海洋牧场。国内现有的沿海旅游业呈现"南重北轻"的格局，而海南国际旅游岛开发规划上升成为国家战略使得这种格局更加清晰，为了使我国沿海旅游经济发展的不平衡状况得到改善，东北唯一的海岛县，即大连长海县应积极建设"长海国际旅游群岛"，这样不仅可以打造中国第一个群岛型国际旅游休闲度假区，还可以为我国海洋经济和旅游业的全局发展提供示范作用。长海县具有独特的海洋资源优势，同时具备

建设"海洋牧场"的种种客观条件，因此，应及时抓住机遇，积极为国家海岛县域经济发展做出表率。大连市需要充分发挥其综合优势，致力于打造高标准的现代化海洋牧场品牌。

大力实施海水西调工程。党和国家发布了相关的战略部署，提倡加强水利、林业、草原建设，加强荒漠化石漠化治理，旨在有效促进生态修复，而辽宁省应积极配合国家的战略方针，大力推进"辽东湾北顶部海水西调 创建跨区域生态经济带"的战略性工程。这一战略性工程是西部大开发的基础性工程，可以有效解决我国当前所面临的一系列能源问题和生态问题，最重要的是能够为京津地区建立起一道防风治沙的绿色生态安全屏障。同时，大连作为辽宁省一座重要的城市，对于这项国家的重大战略性工程应当予以积极响应和配合，逐步形成以辽宁省兴城沿海区域为起点、以内蒙古锡林郭勒盟为节点、以新疆吐鲁番盆地为终点的跨区域生态经济带，促进我国实现进一步的可持续发展。

加大北黄海沿岸经济带的建设力度。目前，辽宁沿海经济带呈现"一核、一轴、两翼"的总体布局框架，而其中的"两翼"即渤海翼和黄海翼。具体来讲，黄海翼是指北黄海沿岸经济带，该区域对于东北地区开展国际合作具有重大意义。但当前的情况是，沿北黄海一线的地区呈现相对落后的态势，这不仅阻碍了辽宁沿海经济带的开发建设，也限制了环黄海经济圈国际合作开发的力度。因此，一方面，北黄海沿岸经济带要强化大连、丹东的增长极功能，进一步有效地带动周边地区的发展，明确自身的战略方向；另一方面，大连要主动发挥其效应，为区域开发谋划布局，明确区域的发展方向和区域系统的结构及功能，为中国参与环黄海经济圈国际合作开发奠定坚实的基础。

建设东北腹地综合性服务功能区。在深化改革开放、加速经济发展方式转变的关键时期，认清国内外基本形势，抓住并把握好重要战略机遇，进一步促进沿海与腹地的联动发展，致力于在大连建设一个东北腹地综合性服务功能区，并充分发挥其带动及示范效应。自2003年实施东北振兴战略以来，国家向东北地区，特别是向大连的战略投放十分充裕。显而易见，大连在东北老工业基地全面振兴中的地位举足轻重，因此，大连更具有义务主动承担区域使命和现实任务，带头创建东北腹地综合服务功能区，为东北老工业基地全面振兴提供巨大动力和支撑。

第二节　注重依托区域优势，发展海洋经济

一、充分发挥优势，提供新的经济增长点

加快辽宁沿海经济带的发展具有重大的战略意义，甚至影响到国家的整体发展。在极大程度上发挥辽宁沿海经济带的地理、资源和产业优势，为环渤海地区提供新的经济增长点，可以进一步带动北方沿海地区的发展，促进东北地区与环渤海地区的发展实现一体化，促进东北老工业基地振兴。还可以发挥港口优势，发展重点产业项目，推动港口产业集群化，增强产业竞争力。利用海岸线和土地资源的优势来开发废弃盐碱地和荒滩等，从而达到提高资源利用率的目的。完善生态建设，为可持续发展提供动力源泉。通过沿海地区交通、能源、供水、城市等基础设施建设，加强沿海城市之间合作。强化辽宁沿海经济带的服务和带动功能，促进辽宁省和东北地区提升整体的经济实力，通过振兴东北老工业基地推动全国区域实现协调发展。

二、发展海洋经济，加快开发辽宁沿海经济带

虽然从早期来看，辽宁沿海经济带的开发建设在空间布局和产业选择等方面并未显现出鲜明的海洋经济特征，但是，在辽宁沿海经济带的发展规划中发展海洋经济的方向十分明确。在辽宁沿海经济带的战略定位中尽管没有明确提出发展海洋经济，可是其中提到了建设成为东北地区对外开放的重要平台、东北亚重要的国际航运中心等，这些实质上就是在鼓励大力发展海洋经济。同时，规划布局的造船、临港重化工业、滨海旅游等产业也是 2011 年国务院批复的三个发展海洋经济试点省产业选择的重点。由此可见，辽宁沿海经济带的开发建设离不开海洋经济的发展。

第三节 优化海洋经济布局，突出特色经济带

一、重点规划海洋产业布局

将规划的重点放在产业布局上，进一步推动海洋经济整体的发展。优化海洋经济布局是辽宁省亟待解决的问题。首先，要主动与"一带一路"倡议实现有效对接，加快陆海统筹发展的步伐。科学规划，确定好海洋主体功能区，合理开发和利用海洋资源，大力发展新兴海洋产业，使其变为沿海经济发展的新增长点。其次，海洋服务业、海洋交通运输、滨海旅游和文化产业等的发展同样不容忽视，而大力发展涉海金融服务业和公共服务业也十分必要。最后，构建海洋经济监测和核算体系，完善海洋经济普查的相关准备工作。

二、建设特色产业园区，坚持创新驱动

建设辽宁省沿海经济带特色产业园区，首先要以规划定位为导向，以项目建设为支持，以推进城镇化为动力，以软硬环境优良为必要条件，将特色产业集群和聚集区的初步形成作为目标，在考虑城市自身实力、市场发展水平、资源条件和环境承载力的基础上，把建设特色产业园区和区域经济发展进行有效融合，把工作思路的重心从重点企业转向重点产业，努力将特色产业打造成支柱产业。因此，综上所述，坚持规划先行，结合实际情况进一步优化园区产业定位。应着眼于全省的角度上，全面考虑沿海经济带产业园区的发展，与现有产业园区进行区分，以保证充分体现规划的权威性、前瞻性和透明度。根据区域经济的长远发展战略和园区的产业定位，选择主导产业和支柱产业。在确定园区特色产业后，政府相关部门应加大产业指导力度。从实际出发，对市场的需求和风险进行考虑和预测，不能盲目投资。

共同推进项目建设和城镇化的进程，促进特色产业园区的建设和升

级。要严格遵循规划的方向，将大型项目作为目标，加快形成园区企业集聚和特色产业集群。结合园区产业的定位，在推进城镇化的时候要把握优良时机，主动大力引进市场前景好、产业潜力大的国内外投资项目。在引进大项目时，上下游产业要积极配合跟进，促进优势产业集群的形成。项目建设要与城镇化齐头并进，城镇化的有效实现可以对园区的居住条件和环境进行完善，还可以提高园区的知名度和吸引力，引进更多的大型项目。招商方式也需要进一步创新，制定合理、完善的招商考核标准。此外，中小园区及配套园区的发展也不能忽视，加大优良中小企业、民营企业入驻园的机遇和力度，而且还可以因地制宜地建设有特色的农产品加工产业园和文化创意产业园。

要坚持创新驱动，提高对培育和发展新兴产业的重视程度；对园区的政策扶持力度应该要持续加大，建立良好的金融服务平台；合理规划和利用土地资源，致力于解决好用地不足和审批难等棘手的问题；鼓励生产性服务业和园区主导产业之间进行良性互动，实现保税物流的融合发展；对园区的软环境进行完善，通过制定相关政策达到吸引人才的目的；采取切实可行的措施完善管理体制，解决园区软环境的相关问题。

三、进一步将特色产业园区打造为新的经济增长点

特色产业园区不仅是沿海经济带进行新一轮开发建设的重要载体，还是实现科技创新的重要平台，在促进产业结构调整、提升区域竞争力方面发挥着重要作用。

事实证明，大力建设特色产业园区有利于促进辽宁沿海经济带的开放和发展。以锦州特色产业园区为例，该园区的良好发展代表着辽宁省特色产业园区的建设已经具有一定的规模，而且未来的发展态势十分可观。自从实施辽宁沿海经济带开放战略，由锦州港、滨海新区、龙栖湾新区、大有经济区和建业经济区组成的"五大板块"就陆续成为辽宁省沿海经济带开放的重点建设区域。在坚持特色、集聚和集约的发展理念下，"五大板块"的发展取得了显著成效。一方面，园区实现了合理的规划布局，拥有了完善的功能配套；另一方面，特色产业的发展达到了一定的规模，形成

了初步的产业集群。在渤海大道、滨海大道、滨东大道建成通车以及锦州湾国际机场、城际快速铁路开工建设的背景下，特色产业园区对于经济所起到的带动作用不言而喻，逐步成为辽宁省新的经济增长点。

第四节　打造海洋经济成为沿海经济带新的经济增长点

在经济全球化的背景下，辽宁沿海产业的集聚化日益显著，导致区域竞争力不断提高。在产业集聚的过程中，辽宁沿海地区逐渐具备了一定的沿海优势。辽宁沿海产业以沿海优势为导向，在专业化的市场和产业转移机制的驱动下，从内陆地区向沿海地区集中分布，形成了以大连为主导的沿海经济带。在辽宁省近 3000 千米的海岸线上，无论是从先进装备制造业到新材料和新能源产业，还是从高新技术产业到金融服务业，都聚集了一大批大型项目和集群，优化了辽宁省的产业结构，并对周边地区的发展起到了辐射和带动作用，许多沿海产业都极大程度地促进了辽宁省的经济发展。

同时，各个重点支持产业园区积极整合区域资源，完善区域功能，加强各功能之间的互补性，优化区域产业结构，使得跨区域龙头企业的规模不断扩大，特色产业能够在发展的过程中充分发挥自身的优势，形成包罗万象的产业集群。辽宁沿海产业集群的特点是高度开放，全球要素流动、产业转移并集聚生成了辽宁沿海产业集群的集聚机制。沿海产业集聚对于辽宁省来说是一个新的发展黄金期，同时也为其带来了制度创新的机遇。一系列相关的规划实施后，产业集群的形式实现了合作性和竞争性的有效融合，通过创造地区产业带的竞争优势来加强整个辽宁省的竞争力，并进一步推动其经济实现完善和升级。

一、大连沿海重点园区成为推动区域经济发展的强大引擎

2015 年，大连市 19 个沿海经济带重点园区完成固定资产投资 2840.9

亿元，占全省 45 个重点园区的 67.5%，占全市的 62.3%；实现公共财政预算收入 217 亿元，占全省 45 个重点园区的 66%，占全市的 37.4%；实际利用外资 10 亿美元，占全省 45 个重点园区的 71.6%，占全市的 37%。这 19 个沿海重点园区的各个主要经济指标在大连市甚至是辽宁省所有沿海重点园区中的占比优势都十分明显，由此可见，沿海重点园区已经为大连市发展开放型经济、提升城市核心竞争力创造了良好的开端。

二、营口市开始大力发展沿海经济

营口市内拥有 3 个港口和 1 个国家级经济开发区。近年来，营口港积极推进港口功能，在沈阳、长春、哈尔滨等地陆续建立了陆路口岸，将海铁联运扩展至东北地区甚至是东北亚腹地，转变了发展模式，不断扩大港口规模。在辽宁沿海经济带和沈阳经济区两个国家战略的作用下，营口市具有绝对的优势，同时，强大的腹地支撑会使营口港在今后的发展中竞争力逐渐超越大连港，前景十分可观。首先，营口港拥有非常丰富的货物吞吐量。沈阳汽车产业的上下游每年可以为营口港带来五千万吨的吞吐量，而且营口港周围的企业，例如鞍钢、中国五矿等每年可以为营口港提供一亿吨的吞吐量。其次，目前营口港的总资产为 320 亿元，与大连港 220 亿元的总资产相比拥有了绝对的优势。除此之外，在物流成本方面营口港也比大连港要低很多，比如集装箱营口港每箱可以节省约 1000 元，其他散货营口港每吨可以节省约 20 元。最后，营口港也承载着东北亚航运中心的使命。在这样的发展背景下，营口港的条件已经基本符合大型化、深水化、信息化和现代化的特征。聚集在营口港附近的龙头企业发挥了产业集聚效应，许多海内外资金、项目和人才纷纷被吸引进来，营口市的发展格局也产生了一定的转变。

三、盘锦市由"辽河时代"向"海洋时代"迈进

118 千米的海岸线是盘锦市向"海洋时代"迈进的发展领域，辽滨沿海经济区作为先导，支持盘锦市进一步开拓拥有新型产业以及新型城市的产业带、旅游带等，打造以新型产业为支撑的产业主体，例如石油化工、

石油装备以及新材料、农产品加工等新型产业，都是独具特色且具有巨大发展潜力的。盘锦市临港产业带上的各类园区已经发展到了一定的规模，盘锦市要想调整优化石油产业结构，就要积极打造"石油装备制造基地"，现有的将近300家的石油装备制造企业已经创造了近百亿元的年产值，由此可见，产业集聚效应正在一步步显现。

四、葫芦岛市"一线七区"成为辽宁省重点支持区域

一个不落地抓好招商引资、基础设施、项目建设三条主线，形成临港工业、港口物流、滨海旅游业以及特色农业融为一体的沿海经济带，致力于打造经济密集区和核心增长极。

第五节　发挥滨海大道的联动功能，
促进区域经济一体化

辽宁滨海大道于2009年9月27日正式通车，滨海大道按照"V"字形的路线依次连接丹东、大连、营口、盘锦、锦州和葫芦岛这六座重要城市。该地带集工业开发、港口运输、观光旅游和农业产业化为一体，创立了新兴城区。辽宁沿海经济带的建设以点、线、面的协调布局为基准，按照一体化的原则实施推进，利用滨海大道的联动功能使得沿海经济带上的产业园区能够紧密联合，大力推进重点区域的开发，积极建立并且完善区域协调互动机制，形成优势互补、良性互动的发展局面。加强地区间各方面的深入交流以保证地区间实现和谐发展、错位发展，促进区域经济一体化的形成和发展。

滨海大道的建成对于辽宁省老工业基地的振兴具有重大的意义和作用，有利于沿海经济带进行产业结构的调整以及产业布局的升级优化。一方面，滨海大道能够推动临港工业和特色规模工业园区的第二产业建设；另一方面，也能够促进以现代化农业和渔业为代表的集约化园区建设。加大旅游资源的开发力度，进一步打造临港产业集聚带、资源开发产业带以

及旅游观光产业带等等，发挥中心城市的辐射带动作用，提升周边地区的发展水平，实现海陆互动、对外开放的良好局面。

在辽宁省滨海大道的总里程中，大连市滨海大道占据了 59%。随着滨海大道通车，沿线附近闲置土地资源开发建设成为工业园区、面向港口的工业区、水产养殖区以及风景旅游区等经济产业园区。

滨海大道在营口段的实际里程为 80.8 千米，营口段滨海大道不论是为沿海港口建设，还是临港工业发展都提供了便利的交通基础设施。营口沿海产业基地区域的滨海大道在 2006 年就已经基本实现了通车，它促进了该基地区域和营口市及附近港口之间的互动融合，进一步体现了优越的地理区位优势。此外，目前如富士康科技集团营口科技园、中国五矿集团营口沿海产业园、华能营口沿海热电厂、辽宁环保产业园等机构都积极入驻了营口沿海产业基地，使得港口运输业初具规模，临港工业的竞争力不断提升。

葫芦岛段滨海大道在 2007 年竣工，实现通车，该段实际里程为 173.5 千米。葫芦岛在建成滨海大道的基础上，先后形成了五大临海产业基地，分别为北港工业区、高新技术开发区、打渔山园区、兴城临海产业区以及绥中滨海经济区，并且出现了一大批形形色色的产业集群。同时，滨海大道也为运输提供了便利条件，海洋养殖、捕捞及矿藏资源的开发利用这一便利不仅保证了市场上水产品的鲜活度，而且可以吸引渔业投资，促进外向渔业经济的发展。

锦州段滨海大道实际里程为 70.4 千米，锦州作为辽西区域中心城市，滨海大道的建成使其极大程度地发挥了自身的价值，同时滨海大道对于锦州经济和社会事业发展的推动作用是不容忽视的。其中，经济技术开发区境内滨海大道全长达 16.7 千米，目前该区拥有 42 家规模以上工业企业。

盘锦段滨海大道实际里程为 89.3 千米，而辽滨船舶修造产业园区段滨海大道里程为 27.8 千米，作为产业园区内的主要干道，滨海大道为园区内项目的顺利建设奠定了坚实的基础。园区的 80 个入驻项目中，6 户为船舶制造类企业，31 户为船舶配套机械加工类企业，26 户为石化类企业，剩余 17 户为其他类企业。

丹东段滨海大道实际里程为 152.8 千米，贯穿整个丹东临港产业园区，是园区交通的生命线。临港工业园区段滨海大道于 2008 年已经全面建成通车，目前园区大力引进了多个投资项目，整体发展态势良好。

第六节　辽宁省沿海经济带海洋经济发展前景广阔

一、耕海牧渔，使海洋渔业达到一个新的水平

"海洋经济"在振兴辽宁老工业基地方面具有重大的历史使命。海洋渔业实现快速发展对于提升国民经济的增长水平、满足社会的食品结构和生活质量具有重要意义和作用。海洋资源的有效开发能够为重要化工原料基地的建设带来取之不尽的持续资源。因此，积极实施辽宁省"渔业倍增"发展规划、集中精力发展水产养殖业以及重点抓好水产品加工业都是十分必要的举措。同时，利用大力引进国内外资金、设备和管理经验的手段来优化辽宁省水产品加工的技术，从而实现水产品的二次增值。此外，积极发展"两头在外"的水产品加工业，对于产品档次的提升严格把关，将重点放在半成品和成品加工上，提高市场占有率，力争将水产品加工业打造为渔业的支柱产业，提升城镇化水平。

二、依托港口大力发展临港产业

在经济全球化的背景下，许多港口城市都将"以港兴市，以港兴工"作为自身的长远发展战略，摒弃了之前以农业滩涂开发为主的方式，转变成了以港口开发和工业园区建设带动的发展模式。中国在日本京滨工业带、美国墨西哥湾等的成功示范下，将辽宁老工业基地的港口建设与发展重化工业实现了有机结合，进一步完成了临港工业区、出口加工基地的建设，借助港口壮大临港产业，实现港区联动的新格局，带动辽宁老工业基地实现跨越式发展。不仅要主动接受辽宁内陆地区的产业外迁，而且要把握全球新一轮产业条件，接受全球经济转移。港区要坚持"产业强市、工

业先行"的发展思路,积极带动临港产业,打造特色港口经济。

三、发展滨海旅游业

滨海景观具有较高的游览性和参与性,因此,滨海旅游业可以成为推动经济发展的一个热门方式。世界旅游组织的相关统计显示,滨海旅游业收入可以达到 2500 亿美元,在全球旅游业总收入中占比将近一半。2019年我国滨海旅游业持续较快增长,发展模式呈现生态化和多元化,全年实现增加值 18086 亿元,比上年增长 9.3%。目前来看,滨海旅游业的发展前景是十分可观的,此时必须要把握机遇,不仅要利用好辽宁东北老工业基地内的旅游资源,还要充分开发滨海旅游资源,大力拓展像休闲渔业、渔家风情游这样的新型特色项目。此外,还要注重提升发展水平,加大投资力度,努力打造成为我国甚至世界的海洋旅游品牌。

四、增强海洋区域的物流功能

现代物流代表的不仅仅是物品的流动,还是经济和资金的流动与融通。在全球经济飞速发展的背景下,世界物流中心也就是世界贸易中心,在物流方面抢占先机十分重要,所以致力于将辽宁省沿海地区打造成北方物流中心,一方面有利于增强区域的物流集散功能,另一方面能够加大城市的知名度,提高城市整体的发展水平。海运在世界贸易往来中是必不可少的,相应地,港口在物流中的作用也是不言而喻的,因此必须要进一步提升港口物流业在物流中心的地位。在大连建设东北亚国际航运中心的绝佳机遇下,扩大港口的吞吐量、增强海洋区域的物流功能成为当下刻不容缓的任务。

五、大力建设海洋经济创新主体

当前,辽宁省涉海企业整体呈现数量多、规模小的特征,缺乏竞争力和市场覆盖度,应集中精力培育一批经济规模大、竞争力强、科技含量高并且具有市场覆盖度的开发主体。积极建设一批像大连港集团、獐子岛渔业集团这样具有明显竞争优势的大企业,同时大力组建一批集渔业、水产加工、船舶修造、海洋装备制造、海洋药物、旅游等产业为一体，并且经济总量达到 10 亿元以上的大型企业集团。当然，也不能忽视民营企业、股份制企业的海洋开发能力，应积极鼓励并提供机会和途径。

六、坚持科技兴海战略

科技是第一生产力，站在发展战略的高度上来看，在海洋经济建设中科学技术的作用和地位是不言而喻的。首先，需要制定相关的科技政策和措施，鼓励高科技向现实生产力转化，在财政税收、融资等方面出台一些倾斜政策，做好服务配套的工作，打造一批拥有高端技术的产业群体，提升辽宁省海洋经济的竞争力。然后，在以企业为主体、市场为导向、产学研相结合的前提下进一步优化完善技术创新体系，致力于打造一批重点实验室、工程研究中心和企业技术中心，鼓励大中型企业进行创新研发，培育一批拥有较强国际竞争力的大型企业集团，并充分发挥其辐射带动能力。此外，还可以建立有效的科技推广机制、建立各种类型的科技示范园发挥示范效应等等。

| 参考文献 |

[1] 宋艳波. 第三届辽宁沿海经济带发展高层论坛在锦州举办 [J]. 经济研究参考，2014 (38)：2.

[2] 李艳阳. 辽宁沿海经济带生态环境可持续发展研究 [D]. 渤海大学，2013.

[3] 赵战伟. 辽宁省港航业与沿海经济带协调发展研究 [D]. 大连海事大学，2010.

[4] 徐江. 辽宁沿海经济带产业结构优化研究 [D]. 武汉理工大学，2009.

[5] 薛锋. 辽宁沿海经济带发展研究 [D]. 辽宁师范大学，2009.

[6] 吕炜，肖兴志，王晓玲，曹志来，郭晓丹，刘畅，吕怀涛，高学武. 辽宁省"五点一线"沿海经济带产业布局与腹地经济的互动发展研究 [A]. 辽宁省委宣传部、辽宁省教育厅、辽宁省委党校、辽宁社会科学院、辽宁省社会科学界联合会. 繁荣·和谐·振兴——辽宁省哲学社会科学首届学术年会获奖成果文集 [C]. 辽宁省委宣传部、辽宁省教育厅、辽宁省委党校、辽宁社会科学院、辽宁省社会科学界联合会，2007：7.

第九章

辽宁省海洋资源环境研究

人们对于海洋资源的理解是随着科学技术的不断进步以及对海洋认识的不断深入而发展的。海洋资源是蕴藏在海洋中人类可能利用的一切物质和能量统称。海洋资源的定义有狭义和广义两种说法。狭义上，海洋资源是指与海水水体本身有着直接关系的物质和能量。广义上，所有在一定时间内，能够产生经济价值以提高当前和未来福利的海洋自然环境因素都称作海洋资源。本章对辽宁省海洋资源环境的研究，主要从海洋空间资源、港口航道资源、生物资源以及海洋油气矿产资源四个方面进行详细介绍。

第一节　海洋空间资源

海洋空间资源是指与海洋开发利用有关的沿海、近海和海底地理区域的总称。利用海面、海洋和海底空间作为运输、生产、储存，用于军事、居住和娱乐的资源。包括航运、海岸工程、海洋工程、沿海工业用地、近海机场、重型基地、海上运动、旅游、休闲娱乐等。

传统意义上的海洋空间资源是指海洋港口与海洋运输。新型海洋空间资源是指海上桥梁、海底隧道、人工岛、海洋机场、海上工厂、海上城市、海洋旅游、海洋军事基地等。

一、海洋空间资源涵盖的资源细分

（一）岸线资源

辽宁省海岸线长 2878.5 千米，大陆海岸线 2110 千米，海岛海岸线 700.2 千米。辽宁六大沿海城市大陆海岸线分别长：丹东市 125 千米，大连市 1371 千米，营口市 122 千米，盘锦市 107 千米，锦州市 124 千米，葫芦岛市 261 千米。

（二）滩涂资源

辽宁省拥有滩涂资源 1696 平方千米，主要分布在黄海沿岸和辽东湾沿岸，占全国的 9.7%，居全国第六位。浅海面积约 34990 平方千米，其中 50 米以上的面积为 8069 平方千米，20～50 米的面积为 13964 平方千米，10～20 米的面积为 5901 平方千米，5～10 米的面积为 3475 平方千米，2～5 米的面积为 2317 平方千米，0～2 米的面积为 1265 平方千米。

（三）海域资源

辽宁面对渤海和黄海，面积约 5.34 万平方千米（一说为 6.8 万平方千米），其中辽东湾 2.72 万平方千米，黄海北部 2.62 万平方千米，分别占 51% 和 49%。40 米水深范围内水域面积为 4.33 万平方千米，0～15 米水深范围为 1.4 万平方千米，0～10 米水深范围为 0.773 万平方千米。

（四）海岛资源

辽宁省共有岛、坨、礁 506 个，总面积为 189.21 平方千米。其中，有人居住的岛屿共 33 个。辽宁海岛 95% 是陆缘岛，绝大多数靠近大陆，或孤独或成群地散布在多山近海地带。

（五）湿地资源

辽宁省湿地总面积约 2132 平方千米，主要分布在沿海的河口区。其中，辽河三角洲滨海湿地和鸭绿江口滨海湿地是辽宁省最重要的两个湿地区域。

辽河三角洲原始湿地面积约 2230 平方千米。它拥有亚洲最大、世界第二大的苇田，具有极高的经济和生态环境价值。

鸭绿江口滨海湿地位于丹东，距中朝边境以西约 80 千米。湿地总面积 217.3 平方千米。它是生物多样性的基因库，其中鸟类 240 种，国家一、二级保护鸟类 30 余种。

二、辽宁海洋空间资源发展存在的问题

辽宁省海洋资源经过多年的开发利用，已经取得了显著的成就。其中，辽河三角洲已建成"三田"开发为中心的辽宁省重要的农业生产基

地，但在资源开发利用的同时也出现了很多的问题。主要表现在：①海洋空间资源储备不足；②海洋经济发展缺乏指导，没有统一的规划，海洋综合管理机制不够完善；③近海海域生态环境进一步变坏，海洋渔业等资源枯竭；④传统产业优势日益弱化，现代化交通并没有形成模式；⑤海岛管理滞后，基础设施薄弱；⑥海洋法规有待完善。

表 9 – 1 为 2017 年我国沿海地区各类海洋空间资源的投入和经济产出情况。从表中可以看出，辽宁省最大用海面积为 10679.48 平方千米，但辽宁省海洋经济空间利用经济效益最低，达到 – 22.65% 。因此，辽宁省迫切需要优化用海结构。

表 9 – 1　2017 年我国沿海各海洋空间资源投入与经济产出

省份	用海面积（km²）	2017 年产业用海经济价值（亿元）	用海面积所占比（%）	2017 年产业用海经济价值所占比（%）	经济产出占比减去面积占比（%）
辽宁	10679.48	6777.74	44.01	21.36	– 22.65
河北	881.23	2042.39	3.63	6.44	2.80
天津	322.90	1633.54	1.33	5.15	3.82
山东	7147.89	6549.61	29.46	20.64	– 8.82
江苏	2430.62	1424.54	10.02	4.49	– 5.53
上海	68.97	311.77	0.28	0.98	0.70
浙江	618.28	2352.51	2.55	7.41	4.87
福建	766.99	2236.58	3.16	7.05	3.89
广东	562.44	3782.92	2.32	11.92	9.60
广西	328.48	839.07	1.35	2.64	1.29
海南	365.07	3126.86	1.50	9.85	8.35
远海	91.75	655.46	0.38	2.07	1.69
合计	24264.09	31733.00	100.00	100.00	/

注：远海为省（区、市）近岸管辖海域以外。

三、海洋空间资源开发利用对策措施

（一）提高对海洋空间资源重要性的认识

海洋空间资源的开发意义重大，全社会应提高海洋空间资源意识，树立正确的海洋空间资源观念，促进海洋空间资源的合理开发利用。建议成立沿海各市海洋空间资源开发利用工作领导小组，由副市长为组长带领市海洋渔业局、市农委、市发展改革委、市经委、市交通局、市规划局、市国土房管局、市旅游局、市科技局等单位组成小组，对其下面的单位进行分工，将工作细分给各个部门，在领导小组的统一指导下，沿海各部门要相互配合、协调配合，促进海洋空间资源合理有序开发利用。

（二）制定辽宁省海洋空间资源开发利用总体规划，加强统筹管理

总体规划海洋空间资源的开发和利用，对现有资源尽快制定明确的目标，以符合规划海洋经济和海洋渔业的发展。统筹海洋环境保护工作，加强海洋空间资源开发的综合管理，实现资源利用效率和环境效益的最大化。

（三）加大投入，形成多元化投融资发展格局

海洋空间资源的开发需要大量的资金投入，尤其是新场址、海底隧道、跨海通道等重大项目的建设需要大量资金的投入。所以，要尽早形成多元化的投融资格局。资金的来源：一是增加政府投资，二是吸引民间资本注入，三是银行贷款，四是吸引外资，五是通过 BOD 和 BOT 等方式融资。总之，通过多元化投融资，促进海洋空间资源的开发利用。

（四）制定海洋空间资源开发利用的政策及相关条例

制定海洋空间资源开发利用的优惠政策，在税收、人才、财政补贴、海域使用等方面给予优惠和便利，鼓励和支持企业与个人合理开发利用海洋空间资源。制定海洋空间资源开发利用条例，规范和管理海洋空间开发利用。

（五）实施环境保护战略，加强海洋环境保护

在开发海洋空间资源的过程中，必须加强环境保护，使资源开发与环境保护相辅相成。所有海洋空间项目都必须经过环境评估，不符合要求的项目不得实施。对已实施对环境造成污染的项目，要坚决取缔或者整改。通过加强环境保护，实现人与自然可以和谐共处。

（六）实施人才战略，培养和引进一批从事海洋空间资源研究的专业人才

一方面要向我国沿海发达地区宣传海洋知识，直接对优秀人才进行培养。另一方面要引进国外的海洋工程技术人员。最后还要发挥高校和科研院所的资源优势，培养海洋科技人才。要充分利用辽宁省科研院所现有资源，特别是大连理工大学、大连海事大学、大连海洋大学、大连工业大学等科研资源优势，加大海洋空间资源开发和海洋工程技术人才培养。通过引进和培养，为大连造就了一支高素质的专业人才队伍。

第二节　港口航道资源

辽宁省海岸线漫长曲折，港口建设条件良好。全省已形成以大连、营口港为核心，丹东、锦州、葫芦岛港为辅，连通沿海中小港口的综合性海上运输体系。该系统还有 40 多条海上通道。核心大连港、营口港和锦州港分别与世界 100 多个国家和地区建立了完善的海上贸易网络。

一、辽宁港口物流服务供应链发展的基本情况

目前辽宁港口主要以辽宁港口集团有限公司为主要经营主体，其经营着辽宁最重要、影响力最大的两个港口。虽然其他经营者也在不断壮大，增强各自港口实力，但是相比于其他经营主体，辽宁港口集团的基础实力处于领先地位。锦州港、盘锦港、葫芦岛港、丹东港也在各自经济腹地和不同物流运输服务商的带动下，逐步完善港口物流服务基础设施，不断提升港口国际性运作，完善港口职能，推进辽宁省港口物流服务供应链的整

辽宁省海洋经济发展战略研究

体布局。辽宁省沿海各港口运营情况、物流服务基础设施情况如表9－2、表9－3所示。

表9－2　辽宁省港口的运营情况

港口	运营主体	主要运营港区
大连港	辽宁港口集团有限公司	大窑湾港区、长兴岛港区、太平湾港区
营口港		鲅鱼圈港区、营口港区、仙人岛港区
锦州港	锦州港股份有限公司	笔架山港区、龙栖湾港区
盘锦港	盘锦港集团有限公司	荣兴港区
葫芦岛港	葫芦岛港集团有限公司	柳条沟港区
	绥中港集团有限公司	绥中港区
丹东港	丹东港集团有限公司	大东港区、浪头港区

数据来源：辽宁港口集团、锦州港、葫芦岛港、丹东港相关网站。

表9－3　辽宁省港口物流服务设施情况

基础设施数据	大连港	营口港	丹东港	锦州港	盘锦港	葫芦岛港
航道水深（米）	17.8	15.5	17.9	13.5	12.6	14.5
码头岸线长度（米）	44642	19709	6274	7626	1437	2647
万吨级以上码头泊位数（个）	103	54	21	25	18	6

数据来源：2018年《中国港口年鉴》。

港口物流服务供应链涉及多个参与者，港口企业是主要参与者，其物流服务设施对供应链有着巨大的影响。辽宁省港口是中国北方的海上门户码头，拥有超大型原油码头、运输型矿石码头、转运式集装箱码头、国际性汽车滚装码头，具有世界的领先地位。但是各港口发展基础、功能定位、港口自然条件及发展历程均有很大的差异。辽宁港口吞吐量总体稳定增长，区域间增幅变化各异。

166

二、港口航道发展问题

（一）港口定位与发展目标冲突

大连港以大窑湾保税港区为核心，打造东北亚国际航运中心、重要的国际枢纽港和港口产业综合运营商。营口港定位为区域性枢纽港和沈阳经济区的主要出海口。锦州港定位是北方区域性枢纽港、欧亚大陆桥的主航道、东北亚多功能国际综合物流节点（国际商港）。丹东港定位为东北主要物流通道、东北亚区域性物流枢纽、东北经济区东部出海最便捷的港口。《全国沿海港口布局规划》明确指出："辽宁沿海港口群主要由大连东北亚国际航运中心和营口港组成，其中包括丹东、锦州等港口，主要服务东北三省和内蒙古东部地区。"在没有统一规划的前提下，港口之间缺乏协调，再加上国家港口规划的制约，直接导致了港口"竞争性开放"的现象。

表 9-4　辽宁沿海各港口功能定位

大连港	沿海主要港口，东北亚国际航运中心，重要国际性枢纽港，临港产业综合运营商，服务于东三省和蒙东地区以及东北亚近邻国家
营口港	沿海主要港口，区域性重点枢纽港口，沈阳经济区主要的出海口，主要服务于沈阳经济区和东北部分腹地
丹东港	地区性重要港口，东北经济区东部及东北亚区域性物流中心，东北腹地便捷出海口，服务于辽宁、吉林和黑龙江三省东部地区
锦州港	地区性重要港口，中国北方区域性、多功能的重要枢纽港口，服务于内蒙古东北部、吉林和黑龙江两省西部部分地区
葫芦岛港	辽宁沿海一般性港口，作为区域性多功能、综合性港口，服务于辽西和蒙东地区
盘锦港	辽宁沿海一般性港口，服务于盘锦市及辽宁中部地区

数据来源：辽宁沿海港口规划布局。

（二）"条块分割"的沿海港口物流体系

辽宁沿海六市的物流业涉及铁路运输、公路运输、管道运输、航空运输、水运等领域。每个领域都有独立完整的物流运营体系，由不同的部门管理。口岸直属各市管理，没有统一的管理机构。这种封闭式自主治理的物流管理体制，必然带来基础设施的重复建设、物流资源的不合理匹配、物资的严重浪费。所以要求各城市港口物流业开展跨区域、跨行业的联动协同作业。

（三）港口自然资源与作业货物不匹配

综观辽宁沿海港口，自然形成的滨水线深浅不一，深水岸线少见。一些港口存在"深水浅用""浅水深用"等不合理现象，港口资源与经营货物不匹配。高质量港口资源低质量输出等非科学性港口资源滥用，或低质量港口高投入改扩建后低质量资源输出。葫芦岛港区面积 2 平方千米，天然水深 7～9 米，水域宽广深，夏季避风浪，冬季冰薄，是中国北方理想的天然不冻港。但它是一个以运输石化产品、粮食、建材为主的杂货港，是典型的"深水浅用"港口。相比之下，锦州港虽然自然条件略显不足，但经过后天持续疏浚航道，航道水深达到 11.5～17.9 米，是典型的"浅水深用"型港口。辽宁省沿海港口与航道水深对比见表 9-5。

表 9-5 辽宁省沿海港口航道水深（m）

大连港	营口港	丹东港	锦州港	葫芦岛港	盘锦港
9～17.5	9～17	6～9.1	11.5～17.9	7～14.1	6～14.5

（四）港口产能结构性过剩

随着辽宁沿海经济带发展上升为国家战略，也是辽宁省三大重点开发区之一。"九五"至"十二五"期间，由于各种投资因素的作用，以及一味追求港口吞吐量排名，各港口都在不断加大基础设施建设。港口投资集中导致港口产能增速远大于货源增速，这在"十一五"期间已经开始显现，"十二五"期间辽宁港口运力结构性过剩已经很明显了。

表9-6 "十二五"期间辽宁沿海港口规划建设项目

大连港	①构建全程物流服务体系,实施物流整合工程;②构建商品交易平台,实施创造市场工程;③加强战略合作,实施多方联盟工程;④拓展物流金融业务,实施金融支撑工程;⑤建设三个核心港区,实施港区共建工程;⑥全面招商引资,实施临港产业工程;⑦加强科技创新,实施智能港口工程;⑧完善港口集疏运网络,实施港口畅通工程;⑨构建全港安全体系,实施安全港口工程;⑩全面推进企业改革,实施大港品牌工程
营口港	十一项重点工程:①重点建设鲅鱼圈港区A港池煤炭物流工程;②鲅鱼圈港区68~71#钢杂泊位工程;③鲅鱼圈港区72~75#多用途泊位工程;④鲅鱼圈港区南部外防波堤工程;⑤鲅鱼圈港区集疏运改造工程;⑥仙人岛港区一港池3#、4#成品油码头工程;⑦仙人岛港区二港池通用泊位及多用途泊位工程;⑧仙人岛港区二港池成品油码头工程;⑨仙人岛港区疏港铁路工程;⑩仙人岛港区疏港公路工程;⑪仙人岛港区120万立方米原油储罐工程等
丹东港	建设大型深水泊位60余个,港口吞吐量可达2亿吨以上;大力发展以石化、钢铁、造船等为核心的综合现代临港产业和以港口为依托的现代服务产业
锦州港	建设计划投资200亿元,重点建设三港池5个煤炭泊位工程、302油品化工泊位工程、25万吨级航道工程、原油罐区工程及内陆园区场站工程。港口计划新增泊位13个,新增通过能力1亿吨。"十二五"末期,锦州港泊位预计达到34个,港口吞吐能力达到1.7亿吨。至2015年,锦州港将实现吞吐量超亿吨,在全国沿海港口排名进入前18名;集装箱吞吐量超过150万箱,在我国沿海港口排名进入前15名
葫芦岛港	建设柳条沟、绥中、北港、兴城四大港区。到2015年,全市港口吞吐能力达到1.2亿吨
盘锦港	加快推进盘锦港二、三期工程建设,论证建设25万吨级原油码头及航道工程,促进亿吨海港建设

数据来源:辽宁沿海六市"十二五"规划纲要。

三、辽宁沿海经济带港口物流的联动发展策略

（一）建立辽宁港口物流联动机制

辽宁港口物流联动机制是指建立辽宁港口物流系统联动的系统规划机制和辽宁沿海重大物流项目协调机制。建议成立辽宁省港口物流管理委员会专门管理。建立联动机制时，统筹考虑辽宁沿海港口物流体系，同时，需要考察港口规划项目对物流系统或经济系统中其他子系统的影响，以及对整个港口财产的影响。对于重大港口物流项目，从技术和经济的角度系统地分析，通常采用 PSDBOME 方法进行全过程决策指导，即计划（Plan）、研究（Study）、设计（Design）、施工（Build）、运营（Operate）、维护（Maintain）、评价（Evaluate）。同时要统筹考虑不同物流项目的建设工期和建设时间，然后进行协调建设，最大限度地发挥辽宁沿海港口物流的综合效益。

（二）统一编制港口物流联动行动计划

在辽宁省港口发展规划指导下，辽宁港口物流管理机构要尽快组织相关专家、学者和专业技术人员，编制具有前瞻性的港口物流联动系列行动计划。主要从两个方面考虑：一是在国家战略层面，充分认识辽宁沿海港口物流体系与国内其他港口体系的关联性、协调性和系统性，在国家港口物流总体规划框架内进行设计，构建辽宁沿海综合物流体系。二是在国家港口总体规划和辽宁省经济社会发展规划双目标体系中，立足实际，着眼长远，着力突破重点难点，编制切合实际的港口物流联动行动计划。

（三）加快推进辽宁沿海物流信息港的建设

建设辽宁沿海公共综合物流信息服务平台，并逐步与海关信息平台、口岸 EDI 信息平台、口岸电子信息平台三大公共物流信息平台有效对接和整合，主要包括信息共享、票据交付、操作流程、全程跟踪监控等物流信息的无缝对接，真正实现一票多式联运（海铁/海空/海公），使物流服务链条不断拓展延伸，为客户提供一站式综合物流服务。信息港建设要结合辽宁沿海港口物流实际，探索切实可行的经营模式，打造具有海洋特色的

品牌，实现与全球主要物流信息网络的互联互通。

（四）构建综合运输网络体系，提升港口物流的集散能力

建设辽宁省滨海大道（连接港口的主干线）、城市沿海支线（滨海路或港口与腹地的连接线）、连接滨海的高速公路（G15 沈海、G1 京哈、G11 鹤大、G16 丹锡、G25 阜锦、S21 营盘、S23 大窑湾疏港路等）、省际干线（G102、G101、S101 等）和省内或省际铁路（沈山、沈大、沈丹、丹大、丹通等），构成多层次的综合交通系统。加快建设"一线 + 多支"（"一线"是指辽宁沿海公路，"多支"是指连接城市与沿海公路的支线）辽宁沿海公路主要骨架网，多节点（主要指沿海城市经济区/工业区）连接港区新建支线铁路。拓展国际集装箱全球远洋航线网络体系，开辟以集装箱运输为基础的海铁联运，全面吸引东北、蒙东经济腹地多元化国际集装箱客源。

（五）优化港口集疏运网络，提升物流快速通达能力

新形势下，辽宁省要定期就地调整路网规划，新建或扩建城市至港口的道路，解决港口集疏运快捷通道不畅等问题。各市要加大与沈阳铁路局的合作，完善海铁联运运输的广度和深度，加强进港支线中转站的货物装卸能力，在港区建设配套的铁路集装箱港前集散站。大力发展国际国内中转和国内支线航运服务，尽量在合适的港口（如大连港）提高海运中转多式联运占比，减轻港口对腹地集散需求的压力。同时，港口企业要根据实际情况，不断优化航线（如增、扩、撤、并、转），尽量减少短距离港区（如锦州港—大连港）中转集装箱换装，协调不同运输方式的运力，尽量减少港口辐射腹地运输通道的交通压力。

第三节　生物资源

辽宁的海洋生物种类繁多。目前已构成资源并开发利用的经济物种有80 多种，其中鱼类 30 种，海珍品 3 种，虾蟹 9 种，底栖贝类 20 多种，海

蜇 2 种，有 10 多种海藻和大约 10 种其他物种，总资源量约 103 万吨。

一、海洋生物资源种类细分

（一）鱼类资源

辽宁海域主要鱼类有 30 多种，总资源量约 52 万吨。其中有黄鲫、鳀鱼、鲆鲽鱼、鲈鱼、绿鳍马面鲀、狮子鱼、蓝点马鲛、梅童鱼等万吨以上。传统重要经济鱼类如小黄鱼、带鱼、银鲳等鱼类资源量已很少。

（二）海珍品资源

辽宁海域自然生长的海珍品有海参、鲍鱼和扇贝（海湾扇贝、栉孔扇贝和虾夷扇贝）。其中海参 0.6 万吨，皱纹盘鲍和栉孔扇贝的资源量不足，栉孔扇贝 0.2 万吨，鲍鱼约 200 吨。

（三）虾蟹类资源

辽宁海域共有虾类 20 余种，蟹类 10 多种。虾类中具有较高经济价值的有中国对虾、中国毛虾、鹰爪虾、虾蛄、脊尾白虾和褐虾。经济价值较高的蟹类有三疣梭子蟹、日本鲟和河蟹（中华绒螯蟹）。虾蟹类资源量共计约 5 万吨，其中虾类 4 万吨，蟹类 1 万余吨。辽东湾对虾、鹰爪虾、虾蛄、梭子蟹和日本鲟合计资源量 2 万余吨。毛虾和河蟹是辽东湾的特产，毛虾资源量约 2 万吨，河蟹仅 1 万~2 万吨。该湾对虾、毛虾分布较广，以湾顶最多。

（四）贝类资源

辽宁海域贝类资源总量约 43 万吨，按其栖息地域可分为潮间带贝类和浅海底栖贝类两类。潮间带经济贝类 50 余种，资源现存量 35.2 万吨。其中蛤仔、四角蛤蜊、文蛤、褶牡蛎均在万吨以上，共 33 万多吨，占潮间带贝类总资源量的 95％左右。其他贝类如蓝蛤、青蛤、镜蛤、螺类等，资源量较少，合计不足 2 万吨，仅占总量的 4％。本区浅海底栖贝类也较丰富，但种类较少，共 30 余种，资源量 8 万多吨，主要经济品种有毛蚶、魁蚶、脉红螺、密鳞牡蛎、香螺等。其他如紫口玉螺、扁玉螺、福氏玉螺、毛顶偏蛤、紫贻贝、大连湾牡蛎等资源量不大。

（五）其他资源

海蜇：辽宁海域海蜇资源较丰富，有海蜇（面蜇）和口冠水母（沙蜇）两种。近10多年来，海蜇产量波动很大，反映其资源量很不稳定。辽东湾和黄海北部海域均有海蜇分布，但以辽东湾数量最多，是我国海蜇的重要产地。

海藻：辽宁海域的海藻至少有60多种，主要经济品种有海带、裙带菜、紫菜、浒苔、礁膜、海刺松、马尾藻、石莼、鸡毛菜等。自然生长的海藻分散，资源量不清。大规模开发利用依靠人工养殖，海藻主要分布在基岩海岸的潮间带中、低潮区及潮下带，大连市区黄海沿岸及长海县是其主要的生长繁殖地。

海兽：辽宁海域海兽资源比较丰富，开发利用已有多年历史，现已停止捕捞，加以保护。辽东湾以海豹、海豚最多，每年游来辽东湾的海豹有一两百头。黄海北部以鲸类居多，仅小膃鲸从1955—1976年就捕获188头。

二、海洋生物资源与生态环境存在的问题

海洋生物资源和生态环境不容乐观，存在诸多问题。突出的问题是环境恶化、资源破坏和生物多样性的下降。随着沿海工业的发展和人口的增加，海洋开发活动加快。人们在向海洋索取的同时，也在破坏海洋环境。每年，各种污染物通过排放"三废"、沿海工程建设、海洋船舶、石油勘探开发、海洋倾倒等方式进入沿海水域。海洋污染滞留能力和自净能力已超过平衡临界值，导致生态环境严重退化，赤潮频发。宏观调控物种的变化，缺乏科学指导，过度捕捞和滥用沿海生态系统使海洋生产力下降，基本种群遭到破坏，出现生物资源质量严重下降的连锁反应，所有水域的渔业都一直在捕捞，远远超过估算的最大可持续捕获量。渔业产品中，食物链短、营养水平低的中上层鱼类产量增加，而底层鱼类产量则明显下降。环境污染和过度捕捞导致生物资源的减少和崩溃，许多物种处于灭绝的边缘。此外，由于沿海水体富营养化加剧，养殖区水质恶化，养殖病害问题

日益严重。不合理的围海、砍伐，使得一些独特的海洋生态系统，如珊瑚礁、红树林等典型海洋生态系统遭到严重破坏。这些条件导致了海洋生物多样性的减少、生物群落结构的变化和生态平衡的失衡，严重影响了海洋生物资源的开发利用。如何保护海洋生物资源和生态环境，科学、合理、可持续地开发利用海洋生物资源，是关系到我国社会经济长远发展的重要战略问题。

三、海洋生物资源与生态环境保护

现在的人们认识到了，只有遵循自然发展规律，维护海洋生态系统的良性循环，合理开发利用海洋生物资源，才能实现海洋资源、海洋环境和海洋经济的协调发展。

海洋生态环境综合治理和海洋生物资源有效保护关系到国家和世界经济社会发展，是我国重点解决的重大问题。工作重点有两个方面：（1）建立和加强海洋环境资源监测体系，对海洋物理、化学、生物、气象、污染、灾害等环境因素进行全面、系统、长期的观测，为海洋环境治理和资源保护提供可靠的信息数据。（2）加强海洋法规建设，建立完善的海洋管理体系，增强全民海洋意识和环境保护意识，建立海洋生物资源管理和开发协调机制，规范沿海工业和影响环境的各种经济活动，从源头上限制和防止工业发展与人类活动对环境的污染及破坏。特别是赤潮现象在全球近海频繁发生，已成为严重的全球海洋灾害，对海洋生态系统、海洋经济和公众健康构成严重威胁。对赤潮进行科学有效的治理和控制，已成为全球亟待解决的重大问题。赤潮防治技术，特别是生物防治技术将是未来研究的重点。此外，保护现有资源特别是濒危物种资源的任务也十分艰巨。在各项保护措施中，基因库的建设尤为重要。应重点研究濒危、种群稀少、难以收集或难以保存、具有重要经济价值的海洋生物的基因组学。永久保存这些生物的基因和种质，为后续研发提供长期的战略资源保障。

第四节　海洋油气矿产资源

一、沿海和海底矿产资源细分

辽宁省海域海洋矿产资源主要有石油、天然气、重砂矿、沙砾石料等。目前，资源量尚不明确，尤其是勘探程度较低的北黄海地区，浅海和潮间带。

（一）海上油气资源

辽东湾油气地质条件良好，位于辽河与渤海中坳陷之间。据预测，辽东湾地区的石油资源量为 6 亿~7.5 亿吨，天然气 1000 亿立方米；目前已探明油气田 3 处，其中探明储量 12550 万吨，凝析油 3327 万吨，天然气 135.4 亿立方米。

（二）沿海砂矿资源

在辽东半岛和辽西沿海地区，迄今已发现的主要矿物有金刚石、沙金、锆石、独居石、石榴子石、异型砂、沙砾石等。其中，金刚石和沙金具有较大的经济价值。

（三）潮汐能资源

辽宁有许多港口和岛屿。沿海较大的海湾包括大连湾、青堆子湾、大窑湾、金州湾和葫芦山湾、太平湾、塔山湾、连山湾等。主要岛屿有大长山岛、小长山岛、海洋岛、广鹿岛、菊花岛。这些海湾和岛屿都具备建设潮汐电站的条件。许多地区潮差大、潮汐流急，潮汐能资源较为丰富，可开发建设潮汐电站。辽宁省直接入海的大小河流有 60 多条，部分入海河流也具备建设潮汐电站的自然条件。据调查，装机容量在 500 千瓦以上的潮汐能点有 49 个，但均未低于一、二类标准。其中三类资源有 5 处，四类资源有 19 处。装机容量约 51.2 万千瓦，可开发潮汐发电 14.1 亿千瓦时。其中，三类资源点装机容量 1.76 万千瓦，年可发电量 4900 万千瓦时；四类资源点可装机容量 49.44 万千瓦，年可发电量 13.6 亿千瓦时。

二、辽宁海洋矿产资源及开发利用现状

辽宁省优越的地理位置，形成了丰富的海洋矿产资源，全省主要分布有石油、天然气以及其他砂矿资源，储量非常丰富，也有相当广阔的发展前景，在已探明的砂矿资源中，金刚石的产量位居全国前列。但是在矿产资源开发的过程中主要存在以下不足：

（一）不合理开发导致海洋环境污染严重

近年来，辽宁省在开发利用海洋资源方面出台的政策相对比较宽松，这虽在一定程度上促进了海洋经济的快速发展，但是由于科学技术水平落后，也造成了粗放式开采，造成资源的大量浪费，也对海洋环境构成了威胁。

（二）勘探开采技术落后

辽宁省目前对海洋矿产资源的勘探开采技术研发尚存在不足，对矿产资源的勘探范围与规模还不能满足需求，再加上现在资源开发利用规模较小，政府的资金投入也不够，因此，增强勘探力度对辽宁海洋矿产资源的开发利用至关重要。

三、辽宁海洋油气产业发展的现状

海上油气产业是新兴的海洋产业。我国海洋油气生产基地主要分布在广东省、天津市、辽宁省和山东省。与其他省份相比，辽宁的天然气产量不在我国前列。但辽东湾和渤海湾油气资源丰富。渤海油田是我国最早的海上油田，已有 30 多年的开发历史。目前，辽东湾已发现绥中 36 - 1 油田、锦州 20 - 2 油气田和锦州 9 - 3 油田，石油储量达 2 亿吨。辽宁省海洋油气产业也初现端倪，产值持续攀升。

四、海洋矿产资源压力

（一）总体规模小，技术发展落后，国际竞争力弱

海洋矿业在海洋经济中所占比重不大，例如，海上油气产业主要集中

在渤海等近海水域，产量仅占海洋油气产量的 2%，而沿海采砂则更小，仅占海洋经济总产值的 0.04% 。此外，海洋矿产资源开发的绝对产量仍然很低，增长速度也很缓慢。

（二）总体开发粗放，无序开发与环境污染现象仍然严重

长期以来，海洋矿产资源的开发一直处于粗放开发的状态，经历了一个从不充分开发到局部开发、从单一开发到综合开发的过程。与此同时，海洋环境从污染少到污染逐渐加剧。以沿海采矿业为例：第一，我国已开采的沿海砂矿约有 30 个，均属小规模开采。开采、选矿技术水平普遍不高，明显落后于发达国家。第二，无序、过度开采对海洋环境有一定影响。第三，海洋产权界定不清，缺乏规范管理，经常导致部门之间发生冲突。在开采过程中，由于开采不当，经营者与当地渔业部门、旅游部门、海岸带管理部门之间经常发生冲突。因此，迫切需要完善海域使用管理制度，加强执法监督，规范沿海砂矿开采行为。

五、海洋油气矿产资源可持续发展的建议

（一）海洋油气矿产资源的科技需求

首先，海洋矿产资源的科技需求。目前，海洋传感技术主要是应用于海底矿藏勘探、海洋潮汐检测以及海底地形地貌探测等领域，但不容忽视的一点是，海洋传感技术对于海洋矿产资源的开发利用也具有重大意义，今后的海洋传感技术应该更多地向海洋矿产资源的开发利用方面靠拢，充分发挥该技术的最大化效益。

其次，海洋油气资源的科技需求。油气资源在海洋资源中占有重要的比例，所以要重视研发海洋油气资源的勘探开发技术，从对油气资源的勘探到油气资源的开采全过程，都需要科技的支撑。随着现代科技的发展，今后海洋油气勘探开发技术将趋向于电子化、数字化、自动化，在海洋四维地震勘探技术、海洋遥测地震探测技术、海洋数字漂浮电缆技术、多频海底探测技术、深海钻探技术、海底探测数据自动传输技术、深潜和遥控运载器技术、深水钻井技术、采矿系统组合技术、水下自航式海洋观测平台

技术等方面将取得重大进展。

（二）海洋油气矿产资源的建议

实现海洋油气矿产资源可持续利用的物质基础，不断提高海洋资源开发利用与环境保护水平，对人类社会的可持续发展具有重要意义。

制定海洋油气矿产资源开发利用规划，继续加强海洋矿产资源管理。在对我国海域矿产资源进行调查的基础上，应尽快制定海洋矿产资源开发利用规划。要根据国民经济的发展，保护我国海域的优势矿产资源，合理安排各种矿产资源的开发利用。此外，对海洋矿产资源的管理应加强补偿。加强海洋矿产资源开发利用的宏观调控和政策引导。我国海洋矿业是一个新兴产业，除海洋油气开发规模略大外，海洋固体矿产的勘探开发还有待深化。政府部门应加强矿业宏观调控政策的引导、鼓励和促进行业的发展。

| 参考文献 |

[1] 唐启升. 中国海洋工程与科技发展战略研究：海洋生物资源卷［M］. 北京：海洋出版社，2014.

[2] 中华人民共和国农业部渔业局. 中国渔业统计年鉴2012［M］. 北京：中国农业出版社，2012.

[3] 周莹. 加快广西现代海洋渔业发展研究［J］. 中国水产，2012（9）.

[4] 温文华. 港口与城市协同发展机理研究［D］. 大连海事大学，2016.

[5] 王立超，钱金戈，王明辉. 中央企业在地方港口整合中的股权转让运作实践分析［J］. 现代商贸工业，2018，39（21）：110－111.

[6] 司增绰. 港口基础设施与港口城市经济互动发展［J］. 管理评论，2015，27（11）：33－43.

[7] 李治国，李振玉. 我国港口资源整合经验对辽宁省港口资源整合的启示［J］. 水运管理，2015，37（7）：10－12.

[8] 孙钰，王坤岩，姚晓东. 城市公共基础设施社会效益评价［J］. 经济社会体制比较，2015（5）：164－175.

[9] 孙宏英. 辽宁省港口资源整合和港口企业兼并重组研究［J］. 交通财会，2016（6）：59－64.

［10］刘云，郝雪．辽宁沿海港口物流的地域差异研究［J］．经济研究导刊，2011（4）：159－160.

［11］苟露峰，高强，史磊．我国海洋产业分类发凡［J］．重庆社会科学，2015（7）：20－25.

［12］刘锴，宋婷婷．辽宁省海洋产业结构特征与优化分析［J］．生态经济，2017，33（11）：82－87.

［13］吕彩霞．论我国海域使用管理及其法律制度［D］．中国海洋大学，2003.

［14］韩立民，都晓岩．海洋产业布局若干理论问题研究［J］．中国海洋大学学报（社会科学版），2007（3）：1－4.

［15］于少强，王星婷．船舶大型化下辽宁港口群竞合关系研究［J］．中国水运（下半月），2019，19（3）：27－28.

［16］何建中．推动海运业更高水平对外开放，着力打造高质量发展海运强国［N］．中国交通报，2018（11）.

［17］张耀光，刘锴．辽宁港口优化组合在东北老工业基地振兴中的作用与前景分析［J］．海洋开发与管理，2005（4）：79－85.

［18］李新然，荆莉娜．辽宁港口及港口物流产业集群的协调发展研究［J］．物流科技，2012，35（8）：15－17.

［19］李大庆．"一带一路"环境下辽宁港口物流与城市协同发展探讨［J］．商业经济研究，2017（22）：163－165.

第十章

辽宁省海洋生态环境建设研究

海洋是地球的第二大生态系统，也是人类赖以生存的重要基础，如果海洋的生态系统失衡，那么也将导致陆地的生态失衡。因此，海洋生态环境的健康发展是现代社会必须重视的问题，应当加大海洋生态环境的建设，坚持走可持续发展道路。分析辽宁省生态环境与可持续发展现状，为建设海洋生态环境加大海洋生态环境力度，恢复岸线生态功能；对海洋生态文明建设高度重视，以生态文明建设为核心，提升可持续发展能力。

第一节　海洋生态环境现状

海洋生态环境是沿海地区人类社会生存和发展的基本条件，随着生态文明建设和生态环境保护的发展，政府部门、学者及民众越来越关注海洋生态环境保护等问题。党的十八大以来，我国对生态环境保护空前重视，党的十九大报告首次提出建设"富强、民主、文明、和谐、美丽"的社会主义现代化强国目标，也明确提出加快海洋强国建设的战略举措。保护海洋生态环境事关海洋强国建设，事关民族生存发展和国家兴衰安危，事关经济高质量发展，事关人类共同命运，因此加强海洋生态环境保护成为当前生态文明建设和海洋工作的重要任务。

辽宁省海洋与渔业厅依据《中华人民共和国海洋环境保护法》《辽宁省海洋环境保护办法》及省人民政府赋予的职责，组织沿海各级海洋环境监测机构，开展了省辖海域海洋生态环境、陆源入海污染源、海洋功能区、主要开发海域、海洋垃圾和海洋生态环境灾害等监测与评价工作。依照《中华人民共和国环境保护法》的规定，定期发布辽宁省海洋生态环境状况公报，为辽宁省海洋生态环境文明建设和可持续发展提供决策背景及依据。

一、海洋水质

据统计，截止到 2020 年底，辽宁省所辖的海域一类、二类海水面积达到了 38125 平方千米，约占辽宁省所辖海域面积的 94%，比上一年度提高了 1.5%。这其中，一类的海水面积为 33042 平方千米、二类的海水面积为 5085 平方千米、三类的海水面积为 1125 平方千米、四类的海水面积为 828 平方千米，然而劣于四类水质的海水面积约为 1152 平方千米，约占比为 3.0%，这种海水主要分布在盘锦市和营口市附近海域，无机氮是其主要的污染成分。

表 10 - 1　海水水质分类标准

分类标准	第一类	第二类	第三类	第四类
海域的不同使用功能和保护目标	适用于海洋渔业水域、海上自然保护区和珍稀濒危海洋生物保护区	适用于水产养殖区、海水浴场、人体直接接触海水的海上运动或娱乐区，以及与人类食用直接有关的工业用水区	适用于一般工业用水区、滨海风景旅游区	适用于海洋港口水域、海洋开发作业区

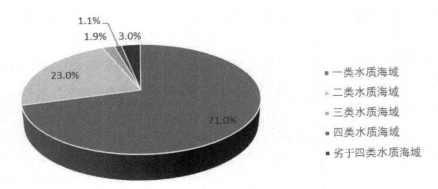

图 10 - 1　2020 年辽宁省辖海域各类水质面积比例

二、海洋垃圾

2020 年内监测到九种海洋垃圾，这其中较 2019 年海洋垃圾的种类增加了两种，塑料类垃圾是海洋垃圾的主体。同时监测到海面漂浮大块、特大块垃圾两种，平均密度约达到 19.3 个/平方千米；监测到小块垃圾、中块垃圾共四种，平均密度约为 174.5 个/平方千米；监测到海滩垃圾九种，平均密度为 11423.2 个/平方千米；监测到海底垃圾三种，平均密度为 354.3 个/平方千米。

三、海水浴场

据调查了解到，旅游区和保护区的环境状况比较好，总体情况符合海洋环境保护质量的要求。在 2020 年夏季时间，大连海水浴场、葫芦岛海水浴场等水质监测结果显示均为"优"或"良"。根据海域水域质量监测结果可知，适宜开展休闲娱乐活动的海域是葫芦岛海水浴场；大连地区的海水浴场监测到个别水域的水温比较低，大肠菌群数值偏高。

四、海洋生态系统健康情况

据了解，长山群岛附近海域的生态系统为健康状态，辽河口、锦州湾附近海域的生态系统为亚健康的状态，具体见表 10 - 2。

表 10 - 2　2020 年辽宁省海洋生态系统健康情况

生态监控区名称	水环境	沉积物环境	生物群落	生物质量	栖息地	生态系统
长山群岛	健康	健康	健康	健康	健康	健康
健康指数	14.5	10.0	37.0	10.0	15.0	86.5
辽河口 – 大辽河口	健康	健康	不健康	健康	健康	亚健康
健康指数	12.6	9.3	16.2	8.0	15.0	61.1
锦州湾	健康	健康	不健康	亚健康	健康	亚健康
健康指数	13.3	9.8	13.0	6.3	15.0	57.4

注：采用《HY/T087 – 2005 近岸海洋生态健康评价指南》中的评价方法。

五、陆源污染排放情况

在 2020 年监测三个重点的排污口海域环境状况，累计监测了 57 次，所监测海洋水域水质达标次数占总次数的 89.4%。并且，分析可知这其中活性磷酸盐和石油类成为主要的污染元素。

第二节　加大海洋生态环境建设力度，
恢复岸线生态功能

目前，经济发展的现状已经严重影响了生态环境的平衡，虽然海洋产业的快速发展极大地推动了我国经济的进步，但是海洋环境问题也逐渐显现，影响岸线的生态功能，打破生态平衡，阻碍海洋经济的可持续发展。应当加大海洋生态环境建设力度，恢复岸线生态功能。

一、完善发展我国海洋生态环境保护法

自中华人民共和国成立至今，我国的海洋事业发展蒸蒸日上，统一监督与分部门管理的综合型管理体制已经逐步地形成和完善，在这基础之上，海洋生态环境保护管理也得到了发展。

（一）海洋生态环境保护管理的发展阶段

在中华人民共和国刚刚成立后，这一阶段是国民经济的恢复过渡期，海洋环境保护方面的管理细则在当时并没有具体性的规定，但是相关的海洋管理法规推动了保护海洋环境的工作进程。1964 年 7 月，第二届全国人民代表大会常务委员会设立了国家海洋局，我国的海洋生态环境保护进入了专业化管理的阶段。刚刚建立的国家海洋局是一个综合性的海洋管理机构，主要以分散管理为主，其归属于海军管理。1974 年批准的《中华人民共和国防止沿海水域污染暂行规定》是我国海洋环境保护第一个规范性文件，对中国海洋生态环境保护管理的发展具有十分重要的意义。

（二）海洋生态环境保护法的平稳发展阶段

在国内，1982 年 8 月，第五届全国人民代表大会常务委员会审议通过了《中华人民共和国海洋环境保护法》，是我国第一部保护海洋环境的法律，同时形成了我国海洋环境保护法律的体系。并且，国家发布了一系列

相关海洋环境保护的法规，例如《海水水质标准》《船舶污染物排放标准》等，为《中华人民共和国海洋环境保护法》提供了有效的保障。

在国际上，我国积极参加海洋环境保护法制活动，签订了许多协议和公约。其中大多数是防止船只污染和规范海洋倾倒等海洋环境保护相关规定。如，我国在 1983 年加入了《1973 年国际防止船舶造成污染公约 1978 年议定书》；在 1990 年加入了《1969 年国际干预公海油污事故公约》等，由此反映出了我国的全球环保意识增强。根据第九届全国人大通过的《关于国务院机构改革的决定》，国家海洋局归属国土资源部进行管理，明确了国家海洋局的根本工作职责。

（三）海洋生态环境保护法的完善阶段

通过海洋生态环境保护法的发展可以看出，随着社会的进步与发展，人类对于海洋的需求和利用越来越多，同时也加强了对海洋环境的保护。随着社会的不断发展和进步，我国的海洋环境保护法也在进行不断的完善，1999 年 12 月对《中华人民共和国海洋环境保护法》进行完善，初步形成了海洋生态环境的管理模式。随后，分别在 2013 年、2016 年、2017 年对《中华人民共和国海洋环境保护法》进行完善，进一步地维护了海洋生态平衡，更好地实施了海洋环境的保护和管理，更全面地防治污染损害，维护了现代社会的可持续发展。

《中华人民共和国海域使用管理法》于 2001 年由全国人民代表大会审议通过，此法案规定了海洋功能区划、海域使用权、海洋监督检查等内容，此法案的成立说明中国海域使用制度的成立；于 2006 年出台了《防治海洋工程建设项目污染损害海洋环境管理条例》，于 2007 年对《中华人民共和国防治海岸工程建设项目污染损害海洋环境管理条例》进行了修改完善，并且根据海洋发展情况确定实施了海洋工程环境评价制度，严格审查相关海洋环境部门和规范海洋环境报告书的内容，对海洋污染物的排放进行严格管控，对污染物的处理的预防和处理有了更完善的管理要求等。我国于 2009 年出台了《中华人民共和国海岛保护法》，颁布了《防治船舶污染海洋环境管理条例》，进一步完善了海洋环境保护的规定，加强了海洋环境管理相关部门的工作职能。

经过近几十年的发展，海洋生态环境情况发生了明显变化，因此海洋环境的防控管理也越发困难，这同时也推动了我国海洋生态环境保护工作的进步，国家各项政策的出台也体现了我国对于海洋环境保护方面的高度重视和治理信心。

二、推动海洋生态环境保护规划工作

"十四五"规划中关于海洋生态环境保护的编制提出，要坚持"结果导向、目标导向和问题导向"，着重突出"科学治污、精准治污和依法治污"，确保规划的"管用、好用和解决问题"。

其内容主要为：一是要大力搞好"美丽海湾"的建设工作，稳步推动沿海各市海湾水质改善和修复工作。二是要谋划具体的目标体系，注重生态的组成元素，形成和完善合理的指标体系。三是要进一步地加强分工落实责任。沿海各市政府要加强组织领导、切实履行规划编制的主体责任，相关的组织单位要协调配合，形成工作中的合力。四是沿海各市生态环境局和技术工作组等，要帮助各地市开展工作。五是要进行实地调查。各沿海城市要组织相关部门，深入到工作一线进行调查，获取调查资料，最后针对突出问题进行分析。六是要采纳公众的建议。各沿海地区要充分地采纳民众的建议，从而调动社会民众对于海洋环境保护的积极性。

三、保护管理海岸线

贯彻落实党中央、国务院确立的《关于加快推进生态文明建设的意见》和《关于印发水污染防治行动计划的通知》要求，需大力保护海洋环境，加强海岸线的管理工作，构建科学合理的海岸线新格局，详细制定《海岸线保护与利用管理办法》。由中共中央总书记、国家主席、中央军委主席习近平同志主持和召开了中央全面深化改革领导小组第二十九次会议，此会议通过了《海岸线保护与利用管理办法》。此管理办法是我国针对海岸线管理的第一部规范性的管理文件，其完善了我国在海岸线管理方面的不足。

在此办法中，自然岸线是指由海洋和陆地相互作用后形成的海岸线，其包含淤泥岸线、砂质岸线、基岩岸线等海岸线。海岸线是陆地和海洋的分界线，同时也是重要的过渡带，是现代社会海洋开发利用活动的主要活动场所。

现代海岸线的保护和管理，遵循节约利用、保护优先、绿色共享的主要原则，严格保护自然岸线，整治和修复受损的海岸线，进而实现海岸线保护和管理的经济效益和社会效益相统一。

国家海洋局负责全国海岸线的保护和管理工作的监管和协调，国务院相关部门做好海岸线保护和管理的相关工作，国家海洋局完善海岸线协调机制，统筹海岸线的开发利用，从而做好利用和开发海岸线保护的工作。

沿海各地区政府负责各自管理区域内的海岸线保护和管理，积极落实自然岸线的管控目标，建立和完善自然岸线的管理责任制度。截止到 2020 年末，全国的自然岸线保有率不低于 36%。国家规定了沿海地区自然岸线保有率管理的目标，这其中辽宁省的自然岸线保有率管理目标不少于 35%。国家海洋局进行制定相关海岸线的调查规范，沿海各地区的行政部门实施海岸线的资源管理和统计工作，并且组织海岸线的修缮和测量工作，修测的结果由人民政府批准后进行公布。

表 10-3 沿海省、自治区、直辖市自然岸线保有率管控目标（2020 年）

省份	河北	天津	山东	江苏	上海	浙江	福建	广东	广西	海南
保有率	≥35%	≥5%	≥40%	≥35%	≥12%	≥35%	≥37%	≥35%	≥35%	≥55%

（一）海岸线保护

依据海岸线的自然条件和社会因素，我国对海岸线实施了分类保护的策略。具体为以下三种。

第一种，有效保护海岸线。

沿海地区各省级政府根据自然因素和社会因素，进行合理要求，严格管控，设立明显的保护标志。重点保护海岸线区域内的沙滩、湿地和珊瑚礁等。严令禁止构建永久性的建筑物，同时开设排污口等。

第二种，管理开发海岸线。

限制开发岸线指自然形态保持基本完整、生态功能与资源价值较好、开发利用程度较低的海岸线。限制开发岸线严格控制改变海岸自然形态的活动，以及影响海岸生态功能的开发利用活动，为未来的发展预留足够空间，严格海域使用审批。

第三种，合理利用海岸线。

沿海地区依据各地区的发展情况，优化和开发条件好的海岸线，优化利用岸线的相关建设项目，严格地把控项目开发占用的区域大小，同时提高海岸线的利用效率，从而完善和促进了海岸线的发展新格局。

国家海洋局和相关的管理部门合力制定出海岸线保护的严格规则，对海岸线的利用工作进行监察。各省级相关海洋负责部门制定海岸线的保护规划，报送政府机关审批后实施。同时，针对特殊地区的海岸线，如与军事设施相关的海岸线，应满足相关部门的意见，进一步落实海岸线保有率的管理细则要求。

（二）海岸线优化利用

各沿海地区的海洋保护相关部门根据海岸线的保护和利用、海岸线的开发现状制定详细的海岸线保护规定。通过规定严格的管控占用海岸线的问题，并且在规定中详细具体地描述出合理利用海岸线的重要性和优化海岸线环境的必要性。

相关职能部门应严格执行用海的管理标准，占用海岸线的项目运行应采取有限开发人工岛等模式，从而增加岸线的长度，减少外部条件对海岸线附近水域环境的影响，积极促进海岸线的生态化。

相关管理部门进行合理布局，并且运用合适的渠道向公众进行开放。休闲娱乐区、风景区等公共的区域海岸线，未经各级政府和部门的审批，不可以改变其经济本质。

（三）海岸线修缮

国家海洋局负责制订相关海岸线的修缮和管理计划，同时建立起全国海岸线整治的管理体系；各地区政府和海洋职能部门落实和完善相关海岸线的修缮计划。国家海洋局依据自然条件和社会发展条件规定海岸线的修缮标准，并且将修缮的工作重心设定为沙滩的养护、近岸淤泥的疏通和湿地植被的恢复等项目。

沿海各级政府应建立和完善海岸线修缮的资金利用机制，积极吸引社会资金的投入。

（四）监察管理

国家海洋局首先进行海岸线监察工作，从而准确地了解到海岸线的最新信息。各沿海地区的海洋职能部门也应重视对于海岸线保护的监察工作，及时获取海岸线最新的消息。其次可以开展有针对性的专项监察活动，严格管控海岸线上的违法行为，严肃处理违规、违法的破坏性行为。最后，可以针对沿海各区域负责的政府职能工作情况进行监察，对工作不力和执行政策不到位的部门，应进行严肃管理。利用考核的形式对相关的职能部门进行监察和管理，对侵害了海岸线的开发项目进行严肃整改活动，并且追究相关工作人员的责任。

第三节　坚持生态文明建设，提升可持续发展能力

生态文明建设的主体是人与自然和谐发展。生态文明建设符合可持续发展战略，可以很好地解决环境污染、生态系统紊乱等问题，对促进人与自然的和谐发展具有积极的影响作用。

一、核心内容

生态文明建设的本质是人与自然和谐发展。党中央、国务院十分重视生态文明建设这一举措，出台了大量相关的政策要求。然而，生态文明建设的总体水平较低，环境污染也较为严重，这些情况成了社会可持续发展所面临的主要问题。

海洋的生态文明建设是我国生态文明建设的一个重要分支，其本质在于

完善人和海洋的和谐发展。海洋不可能完全按照人类的社会需求进行发展，海洋的发展必须是要完善和构建人类社会和海洋体系之间和谐的发展机制。

海洋生态文明建设对于海洋资源开发和人类社会的进步具有积极的意义和重要的作用，完善海洋生态文明建设可以很好地推动人类社会产业结构的和谐发展，促进人类社会的经济进步。根据现在的海洋经济发展情况分析可知，海洋生态文明建设是未来海洋资源开发的一种主要发展趋势。所以，维持海洋的生态稳定，坚持海洋生态文明建设，是海洋开发和利用实现可持续发展的必要因素。

二、首要任务

针对海洋生态文明建设，我国进行了细致且合理的体制改革，于2015年审议通过了《生态文明体制改革总体方案》。确定了想要实施海洋生态文明的体制改革，首要任务就是要确立尊重自然、保护生态的正确思想；同时建立健全社会经济市场的合理运行机制；坚持生态文明建设，从而逐步地实现治理法制化、发展合理化、运行制度化。

三、坚持可持续发展

海洋在人类社会的生产和生活中占据着重要的地位，人类社会的发展和进步都离不开海洋资源。自20世纪90年代至今，对于海洋资源的过度开发和污染物的排放使得全世界的海洋生态环境问题越发严重。现今，海洋已经成为人类发展和生存的必需品，我国也将从海洋大国发展成为海洋强国。以习近平同志为核心的党中央审时度势，及时作出建设海洋生态文明、实现可持续发展决策。海洋生态文明建设对于资源的可持续利用、保护生态环境、维持生态平衡、促进社会发展等方面具有十分重要的促进作用。

（一）推进整治养护，统一陆域开发

积极促进和完善海洋产业的整治和养护工作，增强海洋资源保护的强度，建立健全相关自然保护区，完善和推动海洋生态保护制度的实施。

严格把控海洋资源生态红线的制度，建立完善的排污准则，制定合理的陆源入海管理规定，积极地促进海洋的可持续发展。

（二）深化机制改革，加强管理

各相关职能部门应加强海洋的监察职能，有效地保护海洋环境。建立健全完善的执法体系，秉承严格执法的理念，严肃整治破坏海洋环境的一切违法行为，进而提高海洋生态环境的可持续发展能力。

国家海洋相关管理部门重视重点保护区域海洋环境的监察工作，从而确保海洋生态环境的可持续发展能力。相关职能部门应不断地完善管理机制，以海洋生态环境为发展的基础，建立健全长治久安的管理机制，从而保证海洋生态环境的可持续发展。

（三）完善法规

各级政府不断完善法规，进而从法律的角度管理开发海洋的项目。同时，依据海洋环境的发展现状，制定相关海洋资源利用的法规，并且及时地根据实际发展情况进行调整和完善，确保法律制度的严谨性，坚持与海洋资源的可持续性作用，在实践操作中严格遵守相关的法律和政策。

| 参考文献 |

[1] 可娜. 辽宁省海洋经济可持续发展的经济学分析 [D]. 辽宁师范大学，2004.

[2] 王丹. 辽宁省海洋经济发展布局及沿海经济带构建 [D]. 辽宁师范大学，2008.

[3] 王文翰，杨坤，王冬. 辽宁海洋环境保护与海洋经济可持续发展 [J]. 中国人口·资源与环境，2001（S1）：57 – 59.

[4] 辽宁省生态环境状况公报 [N]. 辽宁日报，2021 – 06 – 05（007）.

[5] 张潇. 基于 SWOT 分析的辽宁海洋经济可持续发展研究 [J]. 海洋开发与管理，2009，26（1）：76 – 80.

[6] 狄乾斌，韩增林，孙迎. 海洋经济可持续发展能力评价及其在辽宁省的应用 [J]. 资源科学，2009，31（2）：288 – 294.

[7] 刘东元，狄乾斌. 基于主成分分析的辽宁省海洋经济可持续发展实证分析 [J]. 海洋开发与管理，2010，27（11）：81 – 84.

第十一章

辽宁省海洋经济可持续发展研究

辽宁省海洋领域发展的基础是海洋的可持续发展。海洋可持续发展应当合理运用各类技术，节约使用海洋资源，综合利用海洋资源，在开发利用的同时循环再生，防止生态环境的恶化，辽宁省海洋经济可持续发展不仅仅是海洋经济的可持续，还应当兼顾海洋生态环境和社会发展的可持续。

了解海洋经济可持续发展的内容、对辽宁省海洋经济可持续发展进行 SWOT 分析并寻找辽宁省海洋经济可持续发展战略重点，为辽宁省海洋经济可持续发展提供强有力帮助。

第一节　海洋经济可持续发展的内容

21 世纪是人们全面认识海洋，充分开发利用海洋资源，有效保卫海洋的新世纪，许多沿海国家已将经济发展转向海洋。发展海洋经济，意味着不仅少不了海洋资源的消耗，还将面临污染物的排放问题，对海洋资源开发利用的同时，应当统筹生态平衡。

海洋经济可持续发展是指开发、利用和保护海洋的各类产业活动，以及与之相关联活动的过程中，重视海洋资源利用的可持续性和海洋良好生态环境的重要性，利用科学技术手段，选择具有合理性的开发利用模式，培养海洋经济长期持续发展的能力，满足当代人及后代人对海洋产品需求的发展模式；是通过协调海洋资源、海洋生态环境、海洋经济以及人口和社会之间的关系提高海洋经济可持续发展能力，通过社会进步、科技创新来提高海洋系统的承载能力。

第二节　辽宁省海洋经济可持续发展 SWOT 分析

20 世纪 80 年代初由旧金山大学的管理学教授提出来的 SWOT 分析法即态势分析法，成为战略管理中常用的分析工具。采用 SWOT 分析方法，将与辽宁省海洋经济可持续发展相关的各种主要的内部优势、劣势、机会和威胁，通过较为全面、系统的划分和分析，得出一系列相应的结论，结论通常具有一定的决策性。

一、优势分析（Strength）

（一）海洋生物资源丰富

辽宁省海域拥有黄海北部海洋生态系、辽东湾重要渔业资源区，丰富的海洋生物资源为辽宁的海洋经济发展提供了重要载体，海洋经济已成为我省国民经济发展的重要产业。

辽宁省陆地与海洋交接的地带和离陆地较近海域的海洋生物资源丰富，海洋生物多达 520 种，已开发利用海洋生物 80 余种。其中渤海辽东湾和黄海北部存在的生物多为海洋浮游生物，超过 107 种；海洋底栖生物 280 多种，该生物一般栖于海洋基底表面或沉积物中。

鱼类资源种类 30 多种，资源总量约 52 万吨。海鱼主要有 30 多种，其中万吨以上的有黄鲫、鳀鱼和绿鳍马面等。而传统的重要经济鱼类资源量已经很少，如小黄鱼、带鱼和鲚鱼等。辽宁海域主要以类似黄鲫这类体格小、生命周期短、种群结合简单且易获的低质鱼类为优势资源，夏季资源量可达到 30 万吨以上。

虾蟹类资源量共计约 5 万吨。其中虾类 4 万吨，包括具有较高经济价值的中国对虾、中国毛虾和褐虾等。蟹类资源 1 万多吨，包括经济价值较高的三疣梭子蟹、日本鲟和河蟹。

辽宁省主要通过发展海水养殖业，进一步开发海洋生物资源，养殖种类较多，养殖产量、产值逐年增加。水产养殖种类主要有贻贝、扇贝、海带、裙带菜和紫菜，并正向海珍品人工养殖转移，重视人工养殖的技术，提高浅海生物开发利用的科技水平，朝海洋水产养殖现代化目标前进。

（二）海洋可利用资源多

海洋矿产资源。辽宁省近海水域拥有丰富的海底石油、天然气和滨海砂矿。辽东湾蕴藏海洋油气资源居多，据测算，近海海域有石油储量约7.5亿吨，天然气储量约1000亿立方米；沿海砂矿品种多，蕴藏量丰富，其中金刚石储量达15万克拉，居全国首位，沉积型锆英石储量居全国前列，玻璃用石英砂储量也位居全国首位。

海洋能资源。辽宁省海洋能的蕴藏量约为700万千瓦，其中，潮汐能约为193.6万千瓦，波浪能约为152万千瓦，海流能约有100万千瓦，均具有可再生性和不污染环境等优点。

（三）海洋空间资源齐全

辽宁省海岸和滩涂类型齐全。近海海域面积6.8万平方千米。辽宁省海岛总面积501.3平方千米。辽宁省直接入海河流60余条。沿海滩涂面积2070平方千米，沿岸滩涂资源约1817万公顷。

（四）海洋旅游资源丰富

辽宁省沿海地区具有得天独厚的自然条件，旅游资源丰富，气候温和，风景独特。天然海水浴场83处，有大小岛屿266个，典型海岸地质景观80多处。海蚀景观资源、海滨湿地景观资源、海岸线上海滨城市适宜发展旅游事业。辽宁省凭借这些独有的旅游资源，建设了具有地方特色的旅游风景区以及海滨浴场，使沿海旅游业迅速发展。

二、劣势分析（Weakness）

（一）资源利用率低，资源开发利用不合理

资源利用率低，产业保护不够。较低的海洋资源利用率和综合开发科技含量，使得产值较高的海洋产品无法物尽其用，多为附加值低的产品。一些盲目开发利用海域的做法导致了海域利用效率低下的问题。

近海渔业过度捕捞导致渔业资源锐减，不合理的海洋资源开发与利用使得一些海洋珍稀物种濒临灭绝。由于很多海事部门只是根据各自发展的需要来实施规划，但各项工作之间没有强有力的协调机制，导致近岸海域的过度开发利用，海域的开发秩序混乱，海域之间的矛盾进一步凸显。

（二）海洋科研投入水平较低

辽宁省在海洋研究方面的科技资源整合不足，导致科技资源分散，大型科研项目难以开展。海洋科研与海洋产业之间的协同度不高，海洋新技术与海洋产业发展进程缓慢，海洋科技成果转化率低，海洋药物开发利用、海洋生物技术开发和海水综合利用尚处于起步阶段。

辽宁省海洋科研投入总体水平较低，海洋技术和设备相对落后，大多数技术设备依赖外国进口，缺乏独立的海洋技术和设备产业，难以提高海洋经济发展的整体水平。

（三）辽宁省海洋环境监测机构不健全

预防海洋环境恶化需要海洋的环境监测、预报和信息服务系统，但是目前辽宁省海洋环境监测机构不够健全，海洋灾害监测不够迅速，预警预报和管理能力薄弱，对海洋自然灾害的发生、灾害的演化过程与预测评估理论研究不够，缺乏对海洋突发事件的快速监测、预警预报、处理和防护体系。

三、机会分析（Opportunity）

（一）海洋环境污染减缓

辽宁省使用立体监视、监测网络技术对海洋生态环境要素进行监测、评估，加强海洋环境的保护，并及时发布监测预报信息，提前采取相应措施，使得海洋环境污染趋势有所减缓。

（二）辽宁省区位优势凸显

辽宁省濒临黄、渤二海，位于中国大陆海岸线最北端，是环渤海地区和东北亚经济圈的重要组成部分。辽宁省海岸线全长 2920 千米，海洋国土总面积 6.8 万平方千米；潮间带滩涂面积 310 万亩；岛屿总面积 28.7 万亩。辽宁省良好的自然条件推动海洋经济的发展，发展前景广阔。

（三）国家大力发展海洋经济

进入 21 世纪，从发展传统产业，如海洋捕捞业、海洋交通运输业和海盐业等，到发展新兴产业，如海洋生物医药业、海水养殖业和海洋石油业等，我国海洋经济产业已成为能够带动国民经济进步的新兴产业，海洋经济发展在社会发展中的地位越来越重要。

《2020 年中国海洋经济统计公报》显示，2020 年，全国海洋生产总值80010 亿元。其中，海洋第一产业增加值 3896 亿元，第二产业增加值26741 亿元，第三产业增加值 49373 亿元。

表 11－1 2020 年海洋三个产业增加值及占比

	第一产业	第二产业	第三产业
增加值（亿元）	3896	26741	49373
占全国海洋生产总值（%）	4.9	33.4	61.7

分产业来看，海洋第三产业占据较大比重。

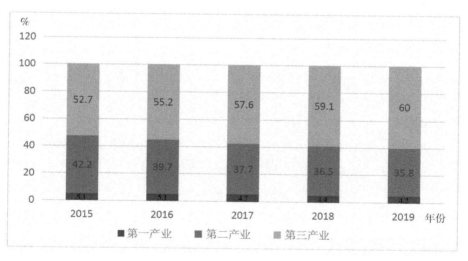

图 11－1 2015—2019 年海洋三次产业增加值占海洋生产总值比重

国家倡导大力发展海洋经济，从提出"实施海洋开发"战略、"发展海洋产业"战略再到提出"建设海洋强国"战略，足以体现国家对发展海洋经济的重视。

2020 年，海洋经济发展逐季恢复，结构持续优化，表现出较强韧性，海洋经济高质量发展态势得到进一步巩固。

（四）辽宁省相关政策法规的有力支撑

2003 年通过《辽宁省海洋渔业安全管理条例》，明确提出海洋渔业作业、渔业港口和渔业船舶的安全管理要求，规范海上救助、事故处理，并且划分法律责任；2005 年《辽宁省海域使用管理办法》公布并实施，明确了各海域使用办法及负责部门；2006 年《辽宁省海洋环境保护办法》的颁布，促进了经济社会的可持续发展，均为辽宁省海洋经济发展提供了良好的保障。

辽宁作为东北唯一的沿海省份具有自然优势，地理位置优越，海洋资源丰富。因此，在新时代背景下，凭借振兴东北老工业基地的战略，辽宁省应当大力发展海洋经济，捷足先登，推动辽宁省海洋经济的发展。

四、威胁分析（Threat）

（一）沿海生态环境恶化

海洋环境保护不足，海洋生态环境压力依然存在。2020 年，劣于四类海水水质主要出现于盘锦、营口海域，面积达 1239 平方千米，主要污染要素为无机氮。累计监测 56 次 4 个重点排污口邻近海域的环境状况，所在海洋功能区水质达标次数占监测总次数的 89.3%。2020 年共监测到 9 类海洋垃圾，海洋垃圾种类较上年增加 2 类，各类海洋垃圾均以塑料类为主。

表 11-2　2020 年各类海水水质面积及占比

	一类	二类	三类	四类	劣于四类
海水水质面积（平方千米）	33040	5080	1115	826	1239
占省辖海域面积（%）	80	12.3	2.7	2	3

20 世纪 80 年代以来，辽宁省各沿海城市加强了废水、废气和废物的综合治理，城市生态环境有了很大改善也归功于废水、废气和废物的综合

治理，但城市废水、废气和废物的排放量仍然逐年递增，近岸海域生态环境遭到破坏，不利于海洋产业的健康发展。

表 11 -3　废水、废气、废物主要类别

	主要类别
废水	城市生活污水和工业废水
废气	工业生产和生活锅炉排放的烟尘、粉尘、二氧化碳、二氧化硫等
废物	工业废渣、城市垃圾、重金属石油等

（二）沿海海域污染

随着运输业的进步，船舶进出频繁，造成燃油污染，影响了海水水质，进而影响鱼类生存环境；而近海海域垃圾岛的出现，也影响了沿海地区的海洋旅游景观。

第三节　辽宁省海洋经济可持续发展总体战略

一、海洋经济可持续发展指导思想

以可持续发展理念为基础，遵循资源再循环的原则，高效利用海洋资源，减少污染排放，从源头解决经济发展与环境污染之间的问题。率先实现全面振兴东北老工业基地的目标，在振兴东北、促进全国区域协调发展以及对外开放全局中发挥重要作用。

二、海洋经济可持续发展原则

坚持统筹兼顾、协调发展原则，坚持良性互动、共同发展原则，坚持发挥优势、集约发展原则，坚持保护环境、持续发展原则。

三、海洋经济可持续发展的空间布局

进一步提升大连核心地位，强化大连—营口—盘锦主轴，壮大渤海翼

（盘锦—锦州—葫芦岛渤海沿岸）和黄海翼（大连—丹东黄海沿岸及主要岛屿），强化核心、主轴、两翼之间的有机联系，形成"一核、一轴、两翼"的总体布局框架。

第四节 辽宁省海洋经济可持续发展对策

辽宁省区位优势明显，海洋资源丰富，是我国东北地区唯一一个既沿边又沿海的省份，海洋经济发展潜力极大。海洋与人类的生活有着千丝万缕的关系，海洋对人类社会的生存和进步具有重要意义，但海洋资源并非取之不尽、用之不竭，辽宁对海洋资源的利用需有度，走海洋经济可持续发展的道路。

一、加强海洋环境的保护

保护和改善海洋环境，可从改变传统的工业发展模式开始，从源头治理污染。研究人口与环境和资源之间的矛盾并采取一系列平衡措施，保持生态平衡，促进海洋经济可持续发展。

预防海洋环境恶化需要海洋的环境监测、预报和信息服务系统，辽宁省使用立体监视、监测网络技术对海洋生态环境要素进行监测、评估，加强海洋环境的保护，需完善对海洋突发事件的快速监测、预警预报、处理和防护体系，及时发布监测预报信息，提前采取相应措施，使得海洋环境污染趋势有所减缓。

二、提高海洋经济质量

推动辽宁省的海洋经济高质量发展，应在现阶段，加强海洋科研技术的研发，调整海洋产业结构，构建现代海洋产业体系，建设陆海治理体系，加强海洋综合开发，开拓海洋国际合作，构建海洋经济可持续体系，使得经济质量得到进一步的提高。

三、重视海洋科技发展

整合辽宁省在海洋研究方面的科技资源，建立海洋高新技术平台，提高海洋科技创新能力；增加海洋科研与海洋产业之间的协同度，提高海洋科技成果转化率；建立多元化投入机制，建立发展海洋科技专项基金，增加海洋科技投入，创造有自主知识产权的海洋技术和设备，提高海洋经济发展的整体水平。

四、充分发挥政府组织领导职能

海洋经济的发展对于社会来说是一种综合性的发展，必然涉及各种社会机构和政府涉海部门，各部门各司其职的同时，需要以政府为主导来调动各机构、各部门的积极性，设计规划具有科学合理性的秩序，明确各部门职责，加强部门之间的合作，严格按照法定规划，指导和推动海洋产业发展。

| 参考文献 |

[1] 可娜. 辽宁省海洋经济可持续发展的经济学分析 [D]. 辽宁师范大学，2004.

[2] 王丹. 辽宁省海洋经济发展布局及沿海经济带构建 [D]. 辽宁师范大学，2008.

[3] 王文翰，杨坤，王冬. 辽宁海洋环境保护与海洋经济可持续发展 [J]. 中国人口·资源与环境，2001（S1）：57 – 59.

[4] 辽宁省生态环境状况公报 [N]. 辽宁日报，2021 – 06 – 05（007）.

[5] 张潇. 基于 SWOT 分析的辽宁海洋经济可持续发展研究 [J]. 海洋开发与管理，2009，26（1）：76 – 80.

[6] 狄乾斌，韩增林，孙迎. 海洋经济可持续发展能力评价及其在辽宁省的应用[J]. 资源科学，2009，31（2）：288 – 294.

[7] 刘东元，狄乾斌. 基于主成分分析的辽宁省海洋经济可持续发展实证分析 [J]. 海洋开发与管理，2010，27（11）：81 – 84.

第十二章

辽宁省海洋经济科技创新与能力建设

近些年来，我国的海洋经济发展领域包括从可行性研究到运行管理、从基础性研究到技术开发性研究，这些都是自主创新的过程，从整体上代表了我国海洋经济领域的较高水平，是促进海洋科技创新体系建设的主体内容。建设海洋经济强国是实现中华民族伟大复兴中国梦的重要方略，海洋经济的科技创新与能力建设对海洋经济的发展具有引领性的作用，是促进创新型海洋经济科技的重要机制，对于推动海洋科技创新、海洋事业的发展具有重要的意义。因此，在未来辽宁省的海洋经济科技创新与能力建设应明确目标、加强交流、提升能力，主要从海洋科学技术开发、提升科技创新能力、优化科技创新机制与体制几个方面进行完善和提升，为海洋经济科技创新与能力的建设提供全面的保障。

第一节　海洋科学技术开发

海洋科学技术开发是海洋技术发展的一个重要分支，是现代人类社会获取海洋价值手段的总称，它包含海洋资源开发技术、海洋产业核心技术、海洋环保和探测核心技术等方面，开发利用海洋科学技术，为海洋产业的发展创造了有利的发展条件，促进了海洋产业的系统性发展，使其适应现如今的海洋特殊发展环境。

一、海洋资源开发技术

（一）建设海洋强国

海洋强国是指在管控海洋、开发利用海洋、保护海洋方面具有强大综合实力的国家。其主要特征应包括：海洋经济发达，各海洋产业经济总量在整个国家经济总量中占较大比例；海洋科技创新强劲，创新人才不断涌现，具有强大的海洋产业发展支撑能力；海洋生态环境优美，海洋资源开发利用科学、适度，人海和谐；海防力量强大，能有效捍卫国家主权和海洋权益，在维护人类海洋和平、促进国际海洋事务发展中发挥重要作用。我们坚持走依海富国、以海强国，人海和谐、合作共赢的发展道路，通过和平、发展、合作、共赢方式，实现建设海洋强国的目标，使海洋成为世界各国的合作之海、友谊之海。建设海洋强国是一项长期、艰巨的历史任务，必须统筹规划、分步推进。从长远来看，建设海洋强国应是在认知海洋、利用海洋、生态海洋、管控海洋、和谐海洋等方面见成效。

（二）海洋强国前景

我们认为，到 2020 年辽宁省全面建成小康社会之际，应立足实现若干目标，为实现建成海洋强国奠定良好的基础。到 2049 年前后中华人民共和国成立 100 周年建成中等发达国家时，跻身世界海洋强国行列，成为世界上主要的海洋强国。在全面建成小康社会之际，我们立足实现，海洋经济可持续发展能力显著增强；海洋科技自主创新能力和产业化水平大幅提升，对海洋产业发展的贡献率显著加大；海洋法律法规体系日益健全，海洋开发空间布局全面优化，陆源污染得到有效治理，近海生态环境恶化趋势得到根本扭转，海洋生态安全格局基本建立，海洋防灾减灾能力显著提升；海洋综合管理体系趋于完善，海洋事务统筹协调、快速应对、公共服务能力显著增强；参与国际海洋事务能力和影响力显著提高，国际海域与极地科学考察活动不断拓展，深海资源开发能力显著提高；海洋教育水平进一步提升，全社会海洋意识普遍增强，海洋人才队伍进一步壮大；国家海洋权益、海洋安全得到有效维护和保障，为实现建成海洋强国奠定良好基础。

（三）地区政策前景

辽宁是海洋大省之一，面向渤海和黄海，海域面积广阔，海洋资源丰富，区位条件优越。改革开放以来，辽宁充分发挥沿海地理优势，大力开发海洋资源，不仅使传统海洋产业得到了迅猛发展，而且大力发展了新兴的海洋产业。然而，在辽宁海洋经济发展的同时，辽宁省拥有蜿蜒绵长的海岸线，众多的港口，丰富的海洋资源，多种海底矿产。辽宁省的海洋产业已经发展了多年，形成了六大支柱产业，包括海洋渔业、海洋油气、海洋交通、海洋盐化工业、海洋造船和海洋旅游。辽宁省近几年来的海洋产业发展较为迅速，因海洋产业形成的海洋经济成为经济新的增长点。辽宁沿海地区人民的生活水平有了很大的提高，社会生产力和综合经济实力也有了飞跃性的发展，辽宁省海洋综合实力有了显著提高。作为沿海省份，随着海洋经济的不断发展，辽宁各种海洋产业的产出量，尤其是造船、海洋运输、滨海旅游等产业飞速增长。

近年来，大连贯彻实行《全国科技兴海规划纲要》，并制定《大连市海洋功能区划》等，通过整合大连海事大学、大连工业大学等高校院所的优势创新资源，参与企业的技术改造和开发，形成一批如大连海洋渔业集团等拥有自主知识产权和科技创新能力的高端技术龙头海洋企业。中国（辽宁）自由贸易试验区成为引领东北全面振兴的重要基石，是"一带一路"的重要节点和国际联运的重要枢纽。辽宁省的海洋产业结构调整趋向合理，第三产业所占比重不断上升。海洋战略新兴产业、海洋高端装备制造业增加值逐年上升，深远海探测技术水平不断提高。海洋产业基础设施建设更加完善，大连的国际运输中心地位不断巩固，高铁直通城市不断延伸，形成海陆联动发展重要动脉。

（四）海洋资源开发能力建设

1. 强化实施创新驱动发展战略

完善海洋产业科技创新激励体制，重点强调企业在创新中的主体作用，加强产学研公共服务平台建设；创新海洋技术开放合作模式，畅通海洋技术合作渠道，完善合作服务体系，扩大东北亚海洋产业科技合作平台规模，充分利用创新的开放合作模式赢得海洋科技进步的资源。完善现代海洋产业体系。以海洋产业供给侧结构性改革为主线，把海洋实体产业作为发展的重心，重点提升海洋装备制造业技术的发展水平，做大、做强海洋高端装备制造业；加快对海洋生物医药、海洋服务业等海洋产业审批，培育壮大海洋战略新兴产业。

2. 统筹整合海洋产业技术创新资源

建立海洋产业创新成果展示平台，依托大连等较为完善的信息技术产业，以完善的海洋产业信息采集与传输体系为基础，构建自主安全可控的海洋环境为支撑，充分利用工业大数据和互联网大数据技术，实现海洋产业技术资源共享，使工业化与信息化在海洋产业科技创新领域深度融合，实现从数字海洋到智慧海洋质的飞跃，达到充分整合海洋产业技术资源的目的。

3. 完善技术人才机制

深入实施"育、引、用、留"四位一体的人才长效机制。加快培育高端海洋科技应用型和技能型人才，以重人才、促成果为依托，建立优势突出的人才防流失机制；围绕海洋科技重点领域人才缺失状况，拓宽人才引进渠道，确保人才流动的便利性。

二、海洋产业核心技术

（一）海洋产业核心技术发展状况

辽宁省海洋产业核心技术经过多年的不懈努力取得了进展，尤其是在海洋能专项和国家自然科学基金等的持续支持下，在海洋能的基础科学研究、关键技术研发，包括利用潮汐能、潮流能、波浪能等方面取得成果。

1. 潮汐能

经过50余年的发展与实践，我国先后建设多个潮汐电站，其中小型潮汐发电技术已十分成熟，在规划设计、装备制造和施工运营等各环节积累了丰富的经验，具备开发潮汐电站的技术条件。在海洋能专项的支持下，完成多个潮汐电站工作；完成潮汐发电设备的优化升级和研制；完成动态潮汐能技术和潮波相位差发电技术等潮汐能新技术的研发。

2. 潮流能

我国潮流能技术研发起步于20世纪80年代，近年来在国家科技支撑计划和海洋能专项的支持下快速发展，先后研制一批水平轴和垂直轴潮流能发电装置，并构建模块化潮流能发电机组，研发约30个潮流能装置，主要潮流能技术已进入全面海试阶段。通过自主创新结合引进、消化和吸收，实现兆瓦级潮流能发电机组的开发和并网运行。与此同时，现研发的潮流能发电装置仍存在运行时间短、转换效率低和易损坏等问题，在实海况条件下运行的可靠性、稳定性和功率特性有待进一步突破。现阶段我国潮流能技术的研发重点是提高转换效率、降低发电成本以及提高可靠性和可维护性等，并在现有大型潮流发电机组的基础上开展规模化开发应用，极大地促进了潮流能发电技术的研发进程。

3. 波浪能

经过多年的发展，我国波浪能技术立足自主创新，先后研制各类型波浪能装置40余个，装机容量可达千瓦级（如国家海洋技术中心的摆式波浪能装置等），并建立一批波浪能示范电站，在波浪能发电的关键技术研究方面取得重大突破。从总体上看，我国波浪能发电装置已逐渐由近岸、小功率和单一化向漂浮式、大功率和阵列化发展，但从海试的情况来看，发电装置的转换效率以及在实海况条件下运行的可靠性、稳定性和功率特性有待进一步提高。

4. 温差能等其他海洋能

我国海洋温差能研究尚处于原理样机阶段，先后开展多项小型温差能技术研发，如水下滑翔器等。其中研制小型温差能发电原理样机并开展海试运行，有效吸收和转化海洋温差能，成功为海洋观测平台供电，大大推动了海洋产业核心技术的发展进程。

（二）海洋产业核心技术发展前景

1. 国际的发展趋势

目前全球能源格局已发生巨大变化，新一轮的能源转型聚焦清洁、低碳、智能和高效的可再生能源。海洋能是以海水为介质，由潮汐、波浪和海流等物理海洋过程、河口海域水体的盐度差以及表层与深层海水间的温度差等产生的能量，具有储量大和可持续等优势，越来越受到沿海国家的重视，并将其作为战略资源进行技术储备。欧盟蓝色增长计划提出，到

2035 年海洋能行业将创造近 4 万个职位，并将发展海洋能视为彰显海洋实力的重要指标；英国某项研究预计，全球海洋能装备市场每年最高可实现290 亿英镑的产值。

2. 国内的发展趋势

我国海岸线长并且岛屿多，发展海洋能是解决沿海地区、海岛和海洋工程装备用电需求的有效途径，对促进我国海洋环境保护、海洋经济发展和海洋权益维护具有重要的战略意义，海洋能的开发利用潜力巨大。因此，发展海洋能成为国际竞争的战略制高点，我国近海海洋能的潜在量达6.97 亿千瓦，据估算可减排温室气体超过 50 吨/年，随着我国海洋能开发利用技术研发与应用的逐渐成熟，海洋能产业将促进我国海洋经济新的增长。

(三) 完善海洋产业核心技术

1. 加强顶层设计

通过加强海洋能发展顶层设计和制定海洋能发展规划，提出海洋能发展的阶段性目标任务，促进海洋能产业化发展。国家出台海洋能中长期发展规划，制定海洋能长期发展路线图，辽宁省研究出台配套的产业激励政策。建设协同创新团队，突破关键核心技术，瞄准国际海洋能技术的前沿和关键核心领域，加强对优秀学科带头人和创新团队的培育与支持，构建开放式和多学科融合的创新型平台。

2. 研究海洋能发电的新原理

突破发电装置转换效率、可靠性、测试和评估的关键技术，提升发电装置的技术成熟度，推动海洋能技术产品化。推进公共服务平台和标准体系建设，共享研发环境和经验，降低成本和风险，有效提升海洋能技术研发水平和技术成熟度。建立海洋能发电装置检测认证体系，对发电装置的综合性能和技术成熟度进行科学评估，提高产业化水平。

3. 推进海洋能标准体系建设

规范海洋能技术研发过程的各环节，因地制宜开展海洋能技术应用，是我国海洋能技术产业化的重要途径。在海岛开展海洋能多能互补电站示范，有利于满足有居民海岛的用电需求、提升海岛居民的生活水平，以及促进海岛资源的有效开发。在我国利用丰富的温差能和波浪能资源，持续、稳定和可靠地为深远海的海洋观测仪器设备提供电力补充，保障其长期和稳定运行，有利于海洋防灾减灾和海洋权益维护。

4. 激励社会资本投入

由于海洋能技术研发的周期长、成本高、风险大和投资回报率低，目前主要以项目资助和补贴为主。应促进技术成果转化并同时出台适宜的财税优惠和风险投资等政策，以装备制造奖励和电价补贴等方式，引导社会资本投入，激励企业自主创新，建立成果转化基地，推进海洋能产业化进程。

5. 加强国际交流合作

推动海洋能技术输出与海洋能技术发达地区的交流合作，促进实施海洋能国际科技合作项目，引进国际前沿技术，提升海洋能技术水平，形成适应我国海域特点的技术优势。加强与"一带一路"沿线国家的技术交流合作，制造适应沿线国家海域特点的海洋能技术装备，实现技术输出，并形成示范效应，为我国海洋能技术与产业"走出去"奠定基础。

三、海洋环保和探测核心技术

（一）海水污染状况

根据海岸带污染调查显示，铅、锆、有机氯农药的最高含量未超过一类海水水质标准，化学耗氧量、铜、锌的最高含量超过一类海水水质标准，油的最高含量超过二类海水水质标准，汞的最高含量超过三类海水水质标准。浅海石油的超标率为23.38%；汞潮间带超标率为10.5%；铜、锌浅海超标率分别为8.27%和5.26%。潮间带铜、锌的平均浓度分别是浅海水域的2.4倍和2.5倍。水质中铜、铅、锌等已造成一定程度的污染，其趋势是辽东湾比黄海沿岸严重，潮间带比浅海水域严重。港湾、河口和大中城市附近海域，已受到一定程度的污染。大连湾、锦州湾、辽河口等处，污染已很严重。究其原因在于沿岸人口多，工业发达，生产和生活污水量大，废弃物种类多，排放入海后首先污染损害沿岸海域和资源。

（二）海水污染对策

面对人口增长、耕地减少、资源短缺、能源紧张的严峻形势，如何保护海洋环境，科学使用和管理辽宁海岸带，使海洋资源可持续利用，特提出以下建议。

（1）海岸带开发利用与海洋环境保护是对立统一的。要正确处理发展与保护的关系，既不因保护海洋生态环境而限制海洋经济的发展，也不因发展海洋经济而损害海洋生态环境，采取海洋开发利用与海洋环境保护同步规划、协调发展。这需要省内各产业部门的协调，防止各自为政。建议成立辽宁省海洋开发与管理委员会，负责组织协调海洋开发利用与海洋环境保护的协调发展工作，加强海洋综合管理职能。

（2）在合理开发和有效利用资源的同时，加强生态环境保护和跟踪治理。对重点海域进行治理和规划，按不同标准实施对污染物排放总量的控制，使污染海域的环境质量逐步改善和恢复。维护物种多样性，促进可再生资源的繁殖，实现生态与经济、社会的协调发展。建议设环境保护与改善基金，重视海岸带开发利用中的环境保护工作。

（3）建立和完善海岸带地方法规体系。可着手制定海岸带管理条例、技术规范、近岸海域环境功能区划标准等。

（4）选择辽河口、大连附近海域为海岸带及其近海资源可持续利用与海洋环境保护示范区，研究建立海洋环境质量与经济发展间关系的管理模式。

（5）对开发海洋水产资源的海域，为预防营养盐、有机物等污染，定期监测监视，预防赤潮的发生，保护海洋渔业资源，促使可再生资源的持续发展。

（三）探测核心技术

所谓海洋化学探测核心技术，是指利用化学传感器或化学分析器直接在海洋中样品采集点对样品进行分析的技术。这些传感器或分析器通常以海底三脚架、水下自治机器人等为承载体，信号通过无线或有线系统进行实时传送。化学传感器或化学分析器是海洋原位探测系统中的核心技术，在材料科学和信息科学的带动下，当今海洋原位化学探测技术得到了飞速发展。目前，为原位化学探测所研制的传感器和分析器可以监测海水中的溶解气体、营养盐和有机物等一批化学物质。美国和日本等国均将海洋原位化学探测系统的研制作为本国海洋领域优先扶持的高科技发展项目。

1. 水下声学定位技术

高精度的水下声学定位技术是实现水下探测系统精确定位和海底高精度探测的基础。水下声学定位主要测定海底探测系统或下潜器，相对于调查船或下潜器母船的位置，海底探测系统主要有：海底照相系统、海底摄像系统等，将探测系统相对于母船或调查船的位置与水面船只的全球定位数据相结合，就可将海底探测系统和探测点的准确位置归算到大地坐标系上。水下声学定位系统主要有超短基线定位系统（USBL）、短基线定位系统（SBL）、长基线定位系统（LBL）。

2. 全海洋测量技术

多波束系统现已能适用于河道测量、港湾测量、浅海测量、深海测量等，并出现全海洋多波束系统。

3. 发展高精度测量技术

采用振幅和相位联合检测技术保证测量扇面内波束测量精度的大体一致；应用等角和等面积的多种发射模式，设计新型多波束系统，使中央波束测点面积与边缘波束基本一致，保证中央波束和边缘波束分辨率的一致性；后处理校正从横摇－纵倾实时校正技术，发展到偏航（YAW）实时校正技术；海水温度实时传感器的应用改进了声速校正的精度。

4. 多波束系统

多波束系统是计算机技术、导航定位技术以及数字化传感器技术等多种技术的高度组合。高精度的光纤陀螺系统、DGPS、运动传感器等系统的集成提高了系统测量的精度和实时性。体积集成，向小巧便携式发展，便于与 AUV、ROV 等系统的工程化集成，开发可供 AUV、ROV 的深水多波束系统。

5. 数据图像处理技术

引入三维立体显示和虚拟现实技术提高成图质量，结合声速校正与滤波技术发展精细图像处理技术。

6. 反向散射技术

反向散射是多波束系统可识别海底底质类型的重要参数，多波束数字信息和声呐图像信息的融合可在得到海底地形的同时获得海底沉积物的特征信息。

作为对传统海洋化学研究方法的一次重大突破，以化学传感器和化学分析器为核心的原位化学探测技术近年来取得了长足进展。电化学传感器是目前常规使用的海洋原位化学探测设备，微电极化是近年来其主要发展趋势。与电化学传感器相比，光纤化学传感器因其使用寿命长、易操作、耐盐腐蚀，不受电或电磁信号干扰而日益受到重视，光纤化学传感技术将有可能取代电化学传感技术而成为海洋原位探测技术的主要手段。通过多步反应使原位探测更具选择性，但系统的复杂性也相应增加，系统的集成化、小型化应是其今后主要发展方向，海洋原位化学探测技术已成为辽宁省亟待发展的海洋高新技术之一。

第二节　提升科技创新能力

一、科技创新能力现状

随着经济全球化进程加快，信息、技术和人才等要素在全球范围内的流动更加普遍，科技水平和创新能力的竞争日益成为竞争的焦点，科技创新能力特别是自主创新能力成为一个地区竞争力的决定性因素。近年来，辽宁省在政策、资金、体制体系建设等方面加大了扶持力度，总体来看，已创建了一个有利于企业发展的创新环境和氛围。

二、提升科技创新能力建议

（一）加大创新资金投入

近年来，辽宁省科研经费投入向"集中目标，突出重点"转变，占本省科技计划经费总额的72%，其中支持企业的经费占本省科技计划经费总量的64%。支持强度在100万元以上的项目有100余项，支持力度最大的项目可以获得1000万元的经费支持；设立科技成果转化专项资金，对科技成果转化项目给予一定的资助或贷款贴息。根据《中共辽宁省委、辽宁省人民政府关于加快推进科技创新的若干意见》精神，全省共有750户企业被认定为创新型中小企业，在省创新型中小企业每年每户100万元专项资金扶持中，省政府每年每户给予20万元，其余由市、县（市、区）补助，连续支持5年。

（二）建立以企业为主体的技术创新体系

辽宁省攻克制约产业发展的关键性技术，开发智能机器人等国际一流、领先的重大产品，产业技术创新平台达到90多个。沈阳市被评为"中国创新能力优秀城市"，大连市荣获"国家知识产权示范城市创建市"称号；大连作为国家制造业信息化科技工程示范城市建设全面启动；沈阳加强沈阳材料与制造国家实验室、沈阳工业技术创新研究院等各创新平台建设，加快建设东北科技研发创新中心。建议借鉴南方海洋研究中心的做法，由教育部门、各涉海部门和院校、研究单位及社会力量共同组建辽宁海洋研究中心，形成"共同建设、共同支持、共同管理"的新体制。

（三）创新海洋经济发展协调机制

专家层面，建议设立中国海洋事务管理委员会；地方层面，成立辽宁省海洋事务管理委员会，赋予其综合协调管理职能，明确指定一名领导亲自牵头主持辽宁省海洋科技创新和海洋产业发展工作，明确各涉海部门在海洋管理中的工作职责，加强海洋协调管理。统一进行海洋产业布局、海洋产学研结合工作，进一步整合海洋科研力量。建议由教育局、财政局等部门根据"海洋强市"发展规划目标，联合组织编制，不断制订和完善科技兴海计划。整合提升辽宁涉海科技力量，建议经信委、科委、教委等共同建设海洋新兴产业中试平台、公共支撑与产业服务平台，形成一批具有自主知识产权的项目。

第三节　优化科技创新机制与体制

学习美国和澳大利亚等世界主要海洋国家，制定海洋发展规划、海洋研究和创新战略，从保持海洋科技国内领先地位的战略高度出发，建立辽宁省海洋研究与创新体系，明确我省海洋研究与开发的总体目标。同时，要按照海洋科技创新体系建设和海洋技术产业化的要求，根据情况的变化适时对规划进行调整和修改，以指导海洋科学技术健康发展。

一、建立完善的海洋科技创新体制

优化科研资源配置，会聚各学科人才和有限的研发资金，充分发挥相关科研机构和各类海洋企业技术研发中心的优势，提高自主创新能力。整合各涉海管理的行政部门，深化海洋科技项目评审制度改革，改进科技重大专项项目管理方法，严格组织、调控经费的划拨与使用。促进蓝色经济孵化器、生产力促进中心、海洋科技信息咨询等中介机构健康发展，为科技自主创新提供精品服务。

二、加大对海洋科技的投入力度

构建多层次多元化的投融资体系。增加省和市一级的经费投入，在财政预算中设立自主创新专项资金，用于重点工程、基础研究、高新技术发展。健全风险投融资机制，设立科技型中小企业投资基金，利用担保、贴息、发行企业债券等金融工具，培育适应高新技术创新需求的资本市场。实施积极的税收优惠政策，采取税前抵扣、税收减免和加速折旧等多种方式降低自主研发开支，推动海洋科技的持续创新和发展。

三、加快海洋科技研发和成果转化应用

（一）深化科技成果体系改革

以产业科技需求确定高校和科研院所的研究方向，重视科技成果转化业绩的评价效能，鼓励科研机构开展实用技术研发，鼓励科研人员深入生产一线参与企业创新活动。加快建设海洋科技成果中试基地和成果转化基地，组织实施一批高技术产业化示范工程，择优建设海洋高技术产业基地。完善海洋科技信息、技术等服务网络，规划建设相关海洋技术服务与推广中心。引导企业制定知识产权发展战略，促进海洋新技术、新成果加快向现实生产力转化。

（二）人才为本

人才资源已成为最重要的战略资源。对海洋人才的培养，要处理好数量与质量等的关系。面对现今海洋产业建设的新形势，争取努力塑造一支在国际海洋科技领域有影响的专业人才队伍，构建我省海洋科技创新雄厚的人力基础。坚持以海洋经济区建设和海洋科技创新需求为导向，合理开设海洋学科专业，大力发展与海洋产业密切相关的高新技术类专业和海洋领域应用型专业，开展产学研教育，培养海洋创新型专业人才，尽快引入培养准入制度和专业教育评估制度，引导海洋专业人才培养，保证海洋科技创新人才的长期需求。积极加强与国内外海洋科技力量的联合协作，引进海洋科技专家，参与到我省的海洋产业建设工作中。

（三）构建技术平台

加强沿海主要城市的技术协作、统筹发展，最大限度地提升竞争力和发挥优势。首先，组建统一的领导机构，积极协调省内相关科技机构和专家开展科技创新技术攻关，收集有关海洋科技信息，检查海洋科技项目的实施。其次，建立海洋科技专家咨询委员会，负责对我省海洋科技创新工作的技术工作进行指导，协助制订海洋科技创新计划。最后，加强宏观管理，把海洋科技创新纳入经济和社会发展的全局范围，成立海洋科技创新协调组，组织各科研单位、高等院校与海洋开发相关的学

科专业，发挥多学科专业联合的优势，开展海洋科技创新重大技术的联合攻关。

（四）依靠科技兴海，增加科技投入

健全科研队伍，加强海洋科学研究。对于海洋基础设施的建设和科学技术能力的培养方面要加大其投入的力度。要重点支持在海洋环境保护方面的投入、海洋资源的有效利用和开发方面的资金投入及重大海洋科研项目方面的技术与资金投入，建立专门的投放资金项目。从高等院校和专门的科研单位中组织专门人员，为专门的项目进行技术攻关，提高科技创新的研究能力，利用和充分发挥自身的优势，提高海洋经济的集体竞争力；并要推动各部门之间的结合，实现从海洋部门到科研单位以及企业的一体化，逐步加快转化科研成果的脚步。

（五）依靠科学技术，完善海洋服务体系

对于在海洋开发利用过程中的重要领域，要加大高新科技的投入力度。一是以滩涂海水增殖养殖增加资源为重点的海洋生物技术，要有所突破，使未来的海洋资源丰富；二是对于海洋新兴产业有着尤为重要作用的离岸水下工程；三是要注重海盐化工、海水淡化、海洋能力新技术的应用，提高海水综合的利用效率；四是完善以灾害预报为重点的海洋环境预报和以环境保护为重点的信息化服务。

四、加强宏观调控

规范政府行为，完善宏观环境，加大宣传，提高海洋意识。政府应以提高全民海洋意识为中心，加大力度宣传海洋管理的方针政策和法律法规，利用视频、音频等传播媒介，宣传海洋发展在国内以及国外的形式及趋势，明确我们所面临的紧迫感。普及海洋科学知识，增强海洋环境保护和经济意识。不断完善海洋管理法律、法规体系，坚持依法审批海域，确保在法制范围内用海。对于技术开发项目方面，要从海洋资源的可持续发展的角度，严格进行环境审批。不得审批达不到标准的项目，各地政府更不得越权审批；审批的用海项目，要由各市的主管领导签字，再由海洋与渔业厅把关，且要保证申报材料的真实性、完整性；在强化综合管理方面，要不断强化海洋环境监管力度，逐渐建成调控机制以及分类管理制度。

五、加大海洋环境保护力度

保护海洋环境的重点是控制陆源排污。一是在使生活垃圾的无害化处理和城市污水排放方面，要逐步实现垃圾的合理化、无害化的处理和生活污水达标化的排放。二是对于临海工业污染的排放方面，不仅要控制其排放数量，还要严格把关企业排放污染的达标情况，使其走循环发展经济的道路。三是加大力度整顿滩涂养殖业，加强废水排放的监督，加强养殖技术。加强治理沿海地区水土流失问题，对于生态养殖业要加大发展力度。

开发与保护并重。开发利用海洋资源的同时，注重发展规模和发展速度要与环境资源和环境的承载力相适应，走现代化新型的海洋产业道路，加快经济增长方式的转变，使海洋资源得到合理、循环、有序的利用，逐步实现资源和经济的可持续化发展。对于海上的排污要及时控制，船舶、海上石油平台防污设备的配备率要逐渐提高，充分保证海上石油平台、倾废等带来的污染呈缩小趋势。对于近岸重点海域的污染防治要加强，如大连湾、辽河口、锦州湾等，开展区域间的防治工作，将城市环境综合整治与海域污染防治有机结合起来。对重点污染海域，要严格控制进入海域内的污染物总量，逐步恢复污染海域的功能区划指标、生态指标。

可持续发展与人类的命运息息相关，中国将加快脚步与世界各国齐心协力，使人与自然和经济与社会都和谐的社会早日到来。根据辽宁省的情况，辽宁省的可持续发展在很大程度上依赖于海洋资源的开发和利用。人类可持续发展以海洋为依托，解决人类当前所面对的环境恶化、资源短缺、增长不合理等相关问题，合理开发和利用海洋资源尤为重要。可持续发展一定要以保护环境为前提，逐步实现海洋资源的可持续利用，进而实现人类环境的可持续发展。辽宁省在开发利用海洋资源的同时，需要推进

辽宁省海洋经济发展战略研究

海洋资源立法来强化海洋管理，推进立法、协调立法，并且还要协调海洋各种资源之间、资源再生与开发利用之间的关系，在充分利用海洋资源的同时，保证可持续发展的海洋资源和海洋环境。"渔盐之利，舟楫之便"已不能满足辽宁省海洋产业未来发展的需求，我们要时时关注市场的发展动向和方向，及时调整辽宁省发展目标。

积极发展海洋水产业，增加科技投入，延长产业链，采取科技创新体系，增加对外出口等措施，安全有效地拉动辽宁省海洋经济发展。充分利用辽宁省独特的地理位置和丰富的海洋资源全力打造沿海强省，使辽宁省的海洋经济发展进一步提高；外部条件的引导，再加上内部结构的调整，必能促进辽宁省海洋产业结构的优化和升级。着力发展临海型经济，开辟沿海经济带，造就临港工业区，构建海陆相连的经济发展模式，展现经济发展新格局和对外开放新格局。

| 参考文献 |

[1] 王项南，贾宁，薛彩霞，王冀，麻常雷. 关于我国海洋可再生能源产业化发展的思考 [J]. 海洋开发与管理，2019，36（12）：14 - 18.

[2] 高端船舶和海洋工程装备关键技术产业化实施方案 [J]. 中国战略新兴产业，2018（5）：84 - 87.

[3] 单亦石，毛可佳. 我国海洋工程的发展现状及远景展望 [J/OL]. 海洋开发与管理：1 - 13 [2021 - 08 - 05].

[4] 王举颖，李浩. 中国海洋生态文明与海洋科技创新复合系统协同状态时空演变研究 [J]. 科技管理研究，2021，41（9）：212 - 222.

[5] 盛朝迅，任继球，徐建伟. 构建完善的现代海洋产业体系的思路和对策研究 [J]. 经济纵横，2021（4）：71 - 78.

[6] 杨继超，曾渤然，袁持平. 海洋产业科技创新：省域空间差异、原因及对策 [J]. 四川轻化工大学学报（社会科学版），2021，36（1）：57 - 76.

[7] 孙久文，高宇杰. 中国海洋经济发展研究 [J]. 区域经济评论，2021（1）：38 - 47.

[8] 王春娟，刘大海，王玺茜，赵倩. 国家海洋创新能力与海洋经济协调关系测度研究 [J]. 科技进步与对策，2020，37（14）：39 - 46.

［9］刘畅，盖美，王秀琪，韦文杰．大连市海洋科技创新对海洋经济发展的影响［J］．
现代商贸工业，2020，41（22）：4－5.

［10］夏德仁．以科技创新为引领　加快推进辽宁海洋经济转型升级［J］．中国政协，
2019（24）：30－31.

第十三章

辽宁省海洋经济发展金融支持策略

近些年，为推动海洋经济的发展，辽宁省在开发海洋经济方面采取了许多措施，其中，金融类服务机构在其过程中发挥了重要作用。

第一节　辽宁省金融支持海洋经济发展现状

一、辽宁省金融支持海洋经济现状

2015 年，辽宁省全面推动产业金融发展。根据省政府的若干金融意见，指出在海洋战略新兴产业方面，全省各类金融机构将围绕促进其快速发展、中小微企业融资难、融资贵等问题提供特色化、专业化服务；推进金融产品与金融工具建设，紧密结合辽宁省海洋新兴产业发展需要，开创新产品、新工具，增加对海洋战略性新兴产业的金融支持。

2016 年，大连首个金融支持海洋经济发展的指导意见正式发布；2018 年，辽宁省政府又出台了《辽宁沿海经济带建设补助资金管理办法》。自该政策出台以来，辽宁省已拨付资金 1.4 亿元，对辽宁省沿海经济带 12 个战略性新兴产业项目给予支持，带动固定资产投资 93.9 亿元。

2020 年，我国北部海洋经济生产总值达到 23386 亿元，同比增长 5.6%，辽宁省通过不断创新海洋管理模式，促进结构改革，扩大融资需求，使得海洋产业健康发展；通过巩固和增加产量，稳定第一产业发展，完善第二产业，大力发展第三产业，促进三大产业一体化；同时，优化海洋渔业资源综合管理系统，减少近海捕捞。辽宁省经济形势表明，海洋产业结构日趋合理，为海洋产业结构升级奠定了良好基础。

辽宁省的绿色金融处于初始阶段。围绕辽宁省海洋新兴产业战略发展的重点，辽宁省各家银行积极推行绿色信贷政策，对金融制度改革和市场制度建设起了较大的作用，但辽宁省的绿色金融发展尚不完善。

当下辽宁省政府要积极推行海洋新型产业的扶持和优惠政策，落实国家风力发电增值税优惠政策，研究制定支持太阳能、生物质能等新能源产业发展的财税优惠政策，努力建立科技兴海多元资金投入机制。

二、各类金融服务机构现状

（一）证券公司在海洋领域的发展

证券公司是进行有价证券买卖的法人企业，一个地区的证券公司总数能够反映当地证券市场的活跃程度和证券投资情况。据统计，辽宁省证券公司数量不多，最近 10 年期间，证券公司不多，未有新的证券公司落户于辽宁，证券公司分公司数量有所增长，但增长速度比较缓慢。由此看出，辽宁省证券行业在新兴海洋产业领域发展不理想，数量少且增长速度缓慢，融资阻力也较大，海洋产业资本市场情况有待改善。

（二）银行融资发展趋势

银行贷款是银行业的主要业务，同样也是融资的一条重要途径。银行储户在银行存款，银行再把钱贷给其他公司机构。由此，银行的存贷款余额变化可以代表该银行的融资规模。本书统计了 2011—2020 年辽宁省本外币存贷款余额变化，并通过统计粗略估算出辽宁省内银行融资的大致规模作为参考。

表 13-1 2011—2020 年辽宁省本外币存贷款余额变化　　单位：亿元

年份	2011	2012	2013	2014	2015	2016	2017	2018	2019	2020
年末存款余额	30832.4	35303.5	39418	42053.1	47758.2	51692.5	54249	59016	65408	71563
年末贷款余额	22831	26306.5	29722	33023.5	36282.8	38685.6	41278.7	44983	47567	53268

观察数据可见，2011 年到 2020 年，辽宁省银行金融机构本外币存款余额和贷款余额总量持续增长，银行业近年来发展势头良好，金融机构存贷款余额逐年提高，银行融资规模也在不断扩大，银行业对新兴海洋产业的信贷支持力度不断提高。

2020 年，辽宁省社会融资规模趋势实现了合理增长，利率波动较小，信贷规模不断增加，金融建设和改革稳步推进。据统计，至 2020 年末，辽宁省银行业金融机构资产总额达 71563 亿元，比上年增加 9.4%，累计实现利润达 18295 亿元，比上年同期增长了 2.5%。以银行信贷为主要形式的间接融资仍是辽宁海洋产业发展的主要融资渠道。

第二节　辽宁省金融支持海洋经济存在问题

虽然辽宁省海洋经济取得了较大发展，但是在金融支持方面依然存在问题：比如缺乏与发展海洋产业相关的法制环境、海洋产业融资改革相对滞后、海洋产业金融创新不足以及政府财政投入不足等，这些问题的存在都制约了辽宁省海洋经济的进一步发展。

一、缺乏良好的海洋产业金融服务法制环境

辽宁省海洋金融服务业的健康发展，不仅需要信贷机构的有效支持，还需要有利于海洋经济发展的良好金融体系环境，这种体系环境可以引导整个海洋经济产业部门的有序发展。

在辽宁省已颁布的一些有关海洋的法律政策中，关于金融服务的法律政策很少，这将导致金融服务无法保护新兴海洋产业的投资权，同时也减少了金融机构在海洋产业的投资。在制定相关法律法规时，因角色和擅长的方向不同，以及缺乏沟通或分工不明确，使得一些法规应用范围狭窄，金融服务和海洋产业的法律法规不够全面，因此需要进一步完善法律制度环境。

二、海洋产业投资和融资体制改革相对滞后

当前的海洋产业金融服务体系，更多是依靠商业性金融支持，真正的合作性金融比较少，缺乏持续有效的中长期资金供应融资渠道，以及很少有政策性金融的支持。除了银行体系之外，依靠正规资本市场的支持模式

还没有充分发展起来。同时，保险、担保等非银行金融支持，也远远满足不了辽宁省新兴海洋产业发展的需求。

三、海洋产业金融机构创新不足

从目前来看，辽宁对海洋经济的资金支持仍相对保守、缺乏创新，以上主要体现在金融机构方面，传统金融已经无法适应海洋经济的金融需求。辽宁对海洋经济的支持主要来自银行、证券、保险等传统金融机构，而近年来这类金融机构的数量虽有增加但行进趋缓，整体的活跃度不高。对于海洋产业经济来说，一方面，绝大多数传统金融机构缺乏对海洋经济的深入了解，对海洋产业的特征和海洋经济的金融需求特征认识不足，因此无法提供满足海洋经济需求的有效财政支持。另一方面，部分金融机构尤其是政策性银行，虽然一直以来都十分支持辽宁省海洋经济的建设，但其所能提供的资金额度有限，并且受其自身业务范围的影响，它所能支持的项目范围有一定限制，项目也比较分散，无法形成较强的金融支持合力。

四、用于发展海洋产业的政府财政投入比较低

通过政府资本投资于重点基础设施建设，不仅能够对那些由于市场化机制而导致的较难解决的问题加以补充，还能极大地促进海洋经济的增长和海洋产业结构的改善。因此，在辽宁省海洋产业金融服务的开发过程中，必须加大政府投资比例。尽管辽宁省地理位置比较优越，沿海城市较多，但由于长期海洋意识的落后和海洋知识的缺乏，同时，由于缺乏对海洋经济优势的了解，辽宁省对海洋产业发展的看法仍处于被动发展阶段。虽然"海上辽宁""一带一路"倡议提出后，中央给予辽宁省沿海经济发展很多关注和投资，但是对于辽宁省海洋产业发展来说，新兴海洋产业的研发和投入仍然比较低。

第三节　辽宁省海洋经济发展金融支持策略

目前对于辽宁省发展海洋经济金融支持的战略，可以从政策性银行、商业银行以及资本市场、保险市场四个层面来分析。政策性银行方面要通过创新收益管理模式、发挥政策性银行的融资作用、优化银政企交流环境等进行改革；商业银行方面要通过明确营销重点、加大产品创新、扩大客户群体、引导金融业的资金支持等进行改革。以下为发展辽宁省海洋经济金融支持的战略。

一、政策性银行支持海洋经济发展战略

如何建设海洋金融发展的服务体系，明确政策性银行的支持重点和有效途径，发挥政策性银行在辽宁地区海洋新兴产业发展中的支持作用，是目前亟待解决的问题。

（一）创新风险收益管理模式

战略性新兴海洋产业是一个具有高风险性质的新兴产业，所以政策性银行应特别重视对战略性新兴海洋产业融资的风险管控。本书认为，政策性银行对辽宁地区战略性新兴海洋产业融资风险的管理应从风险预测、风险规避和风险保障三个方面入手。

首先，政策性银行要注重战略性新兴海洋产业团队的组建，成立战略性新兴海洋产业分析小组，全面追踪监测战略性新兴海洋产业的发展历史、现状和动态。广泛引进先进的评价方法，如压力测试和专家评分等，运用科学分类方法动态管理战略性新兴海洋产业的融资风险，在风险形成初期对融资风险进行预测，并根据预测结果及时调整融资决策和融资模式。

其次，政策性银行对战略性新兴海洋产业融资的风险规避。这种风险规避可从三个方面开始入手：一是有效的风险预测，拒绝向风险等级较高

和信用等级较低的企业发放贷款，增强风险识别和控制能力；二是利用银行财团或者银行与保险公司、中小型金融机构进行联合贷款、要求政府担保等形式将风险尽可能多地分散到更多的行为主体上，减少政策性银行对于战略性新兴海洋产业融资风险的承担比例；三是通过银行与企业之间的信息共享平台，了解企业的生产周期和总体经营路径，合理推算辽宁地区企业的资金需求量，避免造成过度融资和资源分配不均的现象。

最后，应积极探索为战略性新兴海洋产业提供贷款风险基金，用来弥补战略性新兴海洋产业向政策性银行融资所产生的风险。可通过辽宁地区政府出面为有发展前景和有实力的战略性新兴海洋企业进行担保来支持政策性银行的融资行为。如通过促进农发行与渔业互助保险协会等机构之间的合作，便利向渔民提供贷款；建立政府和农业政策性金融、融资担保机构的合作机制。

（二）充分发挥政策性银行间接融资的支持作用

充分发挥辽宁地区政策性银行间接融资的支持作用，做好中介服务工作。首先，积极创新金融服务方式和工具，以拓宽海洋产业的融资渠道；其次，加强海洋投融资公共服务，建立综合服务平台等。

1. 积极创新金融服务方式

一是完善利率定价机制，优化贷款期限设置。农发行立足于风险防控和业务可持续性发展的原则，从不同涉海企业的实际状况出发，建立符合监管要求的差异化定价机制。根据涉海项目的融资需求和现金流的分布，考虑到项目的周期和风险特征，科学合理地设置贷款期限。对于出现在辽宁地区海洋经济发展"十四五"规划中的重大工程项目、重点支持领域，在保证有效防控风险和财务可持续的前提下给予利率优惠，并视具体情况给予贷款期限适当延长的优惠条件。

二是积极创新海洋贷款模式，增强风险防范和控制能力。根据辽宁地区海洋类贷款特点，开发以海域使用权、海产品仓单等为质押担保的海洋专项贷款产品，建立健全海洋产权流转、评估和交易系统。通过政策性金融资金与财政资金的结合，探索支持海洋经济发展的新途径，与其他银行、保险公司等金融机构展开合作，通过转贷款和银团贷款等方式，拓宽战略性新兴海洋产业的融资渠道。

2. 提升海洋投融资公共服务动力，搭建综合服务平台

促进辽宁地区政府、政策性银行和海洋新兴企业之间的信息共享，海洋局联合农发行及其他相关单位共同建设海洋产业投融资综合服务平台，为海洋产业提供最新的政策发布、咨询接洽、行业交流等一系列综合服务，并建立项目数据库。鼓励地方海洋行政部门和农发行共同组织新兴海洋项目的政策、金融产品与服务的双向推介会，加强宣传导向，使农业政策性金融服务的功能和效率得到显著提升。

进出口银行还将继续履行政策性金融服务国家战略的职能和作用，将支持辽宁地区新兴海洋经济发展作为信贷投放的关键领域之一，继续加大新兴海洋经济全产业链建设、海洋产业"走出去"和"引进来"、扩大对外海洋贸易合作等方面的政策和资源倾斜力度，促进与海上丝绸之路沿线国家和地区的海上合作发展到更宽领域、更大规模、更高水平和更优结构。同时，进出口银行将加大对辽宁地区新兴海洋产业相关信贷额度配置的倾斜力度，优化金融服务配套体系，在做好风险防控的同时力争尽快发挥特色和优势，有效解决新兴海洋企业融资难、融资贵等问题。

（三）不断优化银政企交流环境，搭建银企间信息交流平台

信息不对称是阻碍战略性新兴海洋产业间接融资的重要因素，因此为解决战略性新兴海洋产业间接融资问题，辽宁地区应建立战略性新兴海洋产业的信息披露制度，包括以下三个方面：

一是银行与企业之间的信息披露制度。首先，该制度应包含政策性银行为战略性新兴海洋产业融资制定的全面政策、法规、规范和细则，银行每年拟向战略性新兴海洋产业提供贷款的资金总额和当前实施情况，以及对于违约行为的处罚措施；其次，还应当包括企业的注册资本和运营状况，企业所属行业的发展报告以及企业在行业中的排名等详细信息。

二是银行之间关于战略性新兴海洋产业融资的信息共享系统。长期以来，辽宁地区政策性银行与商业银行之间普遍缺少业务上的交流，更没有建立起信息共享平台，而大多数战略性新兴海洋产业仍处于初始和成长阶段，历史数据不足，很难从单个银行的数据量中获得有效的数据来分析和评估产业的风险性和违约率。由此，可以创建辽宁地区银行之间的信息共享平台，汇聚各银行的数据形成全国性的数据库，使政策性银行可以更好地了解和掌握辽宁地区新兴海洋产业的信息，从而更有力地支持产业的发展。

三是海洋企业之间的信息共享平台。战略性新兴海洋产业是发展潜力大、科技含量高的产业，无论是学术界还是产业本身，对于市场供求状况的研究都尚处于起步阶段，信息缺乏的风险规避和盲目的投资都会造成资源的浪费，最终将信贷风险传导给政策性银行。因此，应加强辽宁地区战略性新兴海洋企业与行业之间的信息交流共享，尤其是对于产业中企业的数量、规模、产能周期、供求等方面的定期分析和披露。

（四）提升政策性银行服务新兴海洋产业的内生动力

1. 优化银行信贷结构

从技术研发上看，重点支持安全、生态、深海的高新科技海洋领域；从海洋产业发展的角度出发，重点支持海洋新能源开发应用、大规模海水淡化应用、海洋装备制造等新兴产业发展，以及海洋信息服务、滨海旅游、沿海港口物流等辽宁地区海洋服务业的发展。

2. 提高综合服务水平

提高服务质量和效率，进一步完善政策性金融服务。政策性银行在防范信贷风险的同时，项目的审批周期也应进一步缩短，为海洋企业提供快速高效的金融服务。一是进一步简化内部业务流程，尽量缩短贷款审批时间；二是逐步建立起一套贷款审批专项标准；三是积极推进对外担保业务，给予企业一定额度的对外担保授信，积极为企业提供出口信贷、对外担保以及国际结算等综合配套的金融服务。

继续发挥辽宁地区进出口银行的整体优势，合理结合进口信贷、出口卖方信贷、买方信贷、对外担保、对外优惠贷款等业务品种，增强对新兴海洋出口企业的政策支持，为企业提供多维化的政策性金融服务。同时，充分利用海外市场信息多、渠道广、经验丰富等优势，为企业提供更方便的咨询和服务；利用辽宁地区给予的优惠政策规避企业项目风险，增强国际竞争力等。

3. 实施人才引进模式，鼓励产学研互相结合的发展模式

加强辽宁地区金融人才的引进和培育力度。人才是发展的保障，政策性银行通过与科研机构和相关高校的合作，大力引进高端金融人才，这些人才要了解金融专业知识，了解金融产品，熟悉国内外先进国家和地区成熟的金融体制，既能够充分掌握并利用政府相关政策，也能够利用金融市场机制汇集各种要素和资源，更好地促进金融创新，支持和服务战略性新兴海洋产业的发展。同时为培育金融人才投入资金，大力开展培训活动，强化银行工作人员的金融知识和能力，建立健全完善的金融人才培育机制，对于政策性银行支持战略性新兴海洋产业的发展至关重要。

二、商业银行支持海洋经济发展战略

商业银行作为金融体系的主体力量，支持战略性新兴海洋产业是时势所需。商业银行应根据辽宁地区政策导向，培育和提升支持战略性新兴海洋产业的能力，贯彻落实国家海陆统筹发展战略，创新涉海金融产品，稳健拓宽支持涉海产业的金融服务路径。

以国家发布的政策纲领和地方政府发布的特色区域具体规划为指导方针，重点加强辽宁地区金融产品种类创新，增加综合化金融服务方案，提高对战略性新兴海洋产业的金融服务能力，积极研究金融支持的新举措，带动战略性新兴海洋产业的发展，使海洋产业的客户、贷款、存款、中间业务有全面的增长。深入挖掘银行业务增长点，优化自身信贷结构，加强商业银行在各个方面的竞争力。

（一）明确营销重点，有效支持战略性新兴海洋产业

由于战略性新兴海洋产业涉及的范围大，商业银行不可能满足所有战略性新兴海洋产业链的整体需求，不可能为全部涉海企业提供金融服务。因此，商业银行在对辽宁地区进行投资时，应注重筛选，区分出重点行

业，为其提供资金。在拓展自身业务的同时必须确认有效提供服务的市场区划，选择部分行业作为营销重点，为重点营销行业提供个性化金融服务，逐步完善营销策略。在制定营销策略的基础上，关注战略性新兴海洋产业的行业内部对金融产品的个性化需求，区分不同的市场和客户，依据不同需求实施对应的营销组合策略，根据商业银行自身的战略定位，划分相应的市场组合，并积极研究与开发适合重点资金投放区域的金融产品，确定商业银行支持战略性新兴海洋产业相关业务的涵盖范围、客户、项目标准等一系列问题，将资金有效灵活地运用到战略性新兴海洋产业上，达到预期的营销效果。

（二）平衡大企业与中小企业的金融支持力度

由于银行的借贷意愿与真正的企业需求存在"错位"现象，大多数商业银行考虑到资金安全和自身风险控制能力，会与经济效益好的大企业建立信贷关系，而中小企业由于基础薄弱，风险性大，很难得到商业银行的资金支持，导致涉海企业融资结构性短缺。但由于大企业往往占有一定的市场份额，有扎实的产业基础和运营能力，加上效益良好，对资金的需求不大。而大量的中小企业由于规模小、经营时间短，对资金的需求迫切，所以相较于大企业，中小企业更有投资空间与发展空间。对于商业银行来说，在国家政策的引导下，加强对辽宁地区中小企业的金融支持力度，开发适合中小企业的金融产品，是一个拓展自身业务的机遇，也是能更好平衡商业银行对大企业与中小企业的金融支持力度的重要手段。

（三）挖掘政策红利，加大产品创新

商业银行应根据战略性新兴海洋产业的相关政策，挖掘政策红利，积极创新自身金融产品，拓展自身业务范围，提高对辽宁地区战略性新兴海洋产业在金融方面的支持力度。

第一，根据辽宁地区政策和地方政府的具体规划，尝试开发海域使用权抵押、海洋自然灾害保险和水产品运输保险等金融产品。开展涉海资产抵质押贷款业务。积极探索第三方海域使用权的合法有效性、价值评估合理性和风险控制能力。对于部分固定资产不多，但是拥有丰富的海洋知识产权、经营性物权的中小企业，尝试开发新型抵质押贷款业务，如海域、无居民海岛使用权抵押贷款、经营性物权抵押贷款、专利权抵押贷款等。

第二，向战略性新兴海洋产业发展较好的西方国家学习。在国家政策大力支持战略性新兴海洋产业的引导下，大力发展非信贷业务。对于刚刚起步的初创型涉海企业，建立或投资参与建立专门的海洋经济投资基金，加强对初创型企业和中小企业的金融支持力度，满足其发展需求；对于发展较好、经营管理能力较强的大型企业，通过创新投行业务，满足其收购、兼并、上市、发布债券等一系列大型企业的融资需求。

第三，积极探索新的信贷模式。商业银行应根据资金支持对象的变化，发展适合战略性新兴海洋产业发展的特色化、专业化信贷模式，根据涉海企业的资金需求，合理、灵活地确定贷款期限、利率以及偿还方式，同时采取多样化的贷款和还款方式，对不同需求的涉海企业提供不同的金融服务。

（四）沿产业链及产业聚集处群体营销，扩大客户群体

第一，挖掘优质客户。将市场进行细分之后，选出重点的航运企业、水产品加工企业、海洋旅游企业等经营效益高、经营模式成熟的大企业作为核心企业进行营销。还可以沿着战略性新兴海洋产业的供应链、生产链进行营销，确定产业链中的核心企业，调查核心企业的资金周转情况、经营模式、主营业务、结算方式等。提供相应配套的金融产品，说明与商业银行合作的盈利点，积极与核心企业展开金融合作，快速吸引客户，扩大客户群体。

第二，以辽宁省政策导向为基础，研究重点支持的建设项目，如沿海工业园区、现代化海洋产业聚集区、沿海基础工程建设等风险较小、资金需求量大的项目，以这些项目为中心，进行群体营销，创新金融产品，有针对性地加强这些项目的金融支持力度，不仅可以拓展商业银行的涉海项目，还可以增加银行业务的经济效益。

第三，积极开展产业链融资项目，挖掘与重点支持辽宁地区海洋产业合作的中小企业客户群体。在参与相关涉海企业的运作时，了解其产业链、客户流、现金流、信息流、物流等运作流程，挖掘合作机会，深入了解客户需求，为运作流程中的潜在客户提供优质、结构化、综合化的金融服务，不断扩大商业银行的业务覆盖面，最大限度地拓展自身业务范围。扩大客户群体，提高客户的满意程度，使资金的供需对等。

（五）加强银政企合作，提高市场影响力

辽宁地区地方分支机构要与当地政府积极沟通交流，获取相关政策信息，与合作的涉海企业积极探索更多创新合理的合作模式，并努力推动发展战略性新兴海洋产业的银政企信息共享平台以及重点支持项目的对接平台的建立。关注政府的相关政策信息和涉海企业的金融需求，制订有针对性的营销方案，明确对涉海企业的营销重点，有效地提高商业银行在战略性新兴海洋产业的市场影响力。根据自身优势打造特色品牌，在战略性新兴海洋产业中拓展相关业务范围。

（六）引导金融业的资金支持，充分发挥银行的资金聚集效应

商业银行应当充分发挥其资金聚集效应，面对资金需求量大、资金运转周期长、部分领域风险较高的战略性新兴海洋产业，在自身业务拓展充分的同时，应加强与外部银行、信托、租赁、保险、基金、风险投资、股票投资等金融同业机构合作，支持海洋产业项目建设。通过提供海洋产业信息咨询、综合性金融服务、融资方案策划等方式，协助有实力的民间资本和海外资本投资战略性新兴海洋产业，重点可放在海洋基础设施建设、海上交通运输以及其他核心项目上。商业银行通过引导同业资金、民间资本、海外资本，既可以为战略性新兴海洋产业拓宽金融支持路径、分散风险，又可以拓展中介业务，创新自身发展模式。此外，商业银行还应与保险公司合作研究海洋产业的保险产品，提供多元化的保险服务，有效发挥保险资金的融资功能，开发各类保单嵌入式的信贷产品，在一定程度上可以防范风险，也使外部投资者有充足的投资信心，使资金与产业实现更好的对接。

（七）形成专业的渔业合作组织，方便各银行的贷款发放

辽宁地区应建立相应的开发中心（或基地），由银行进行集中的发放贷款业务，利用产业优势、科技优势或地理优势，建立专业的渔业合作组织。由银行考察这些渔业合作组织的可抵押财产及偿债能力，进行统一规范的贷款发放，解决战略性新兴海洋产业的资金周转问题，从而推动产业形成规模效应，获得更好、更稳定长久的发展。在海洋经济发展的过程中，要推动海洋资源的科学开发，以可持续发展为目标，抓住海洋的战略机遇期，合理规划现代海洋产业体系，优化海洋生态合理布局。不断拓展海洋经济空间，加大对海洋污染产业的防治和管理，支持相关产业的更新迭代；培育海洋新兴产业，支持海洋经济发展示范区的建立，明确海洋产业发展的总体目标和主要任务；坚持"绿色发展、源头护海""顺应发展、生态管海"的开发原则，形成陆海联动的现代化、一体化的发展格局，转变传统的海洋发展方式，提高海洋经济产业的综合实力。

表 13 -2   国际渔业合作组织发展状况

主要国家	中国	日本	韩国	挪威
发展历史	10 多年	100 多年	50 多年	88 年
立法情况	2007 年《农民专业合作社法》	1947 年《水产业协同组合法》	1961 年《农业协同组合法》	1951 年《鲜鱼法》
覆盖面	少部分渔民	绝大多数渔民	大部分渔民	大部分渔民
政府扶持度	不足	较大	较大	较大
渔民可获利益	经济	经济和政治	经济和政治	经济和政治
分支机构网络	未建立	完备	完备	完备
科技服务能力	较弱	强	强	强

由表 13 -2 可见，我国对于渔业的扶持力度相对较弱，需要形成专业的渔业合作组织，方便政府部门的统一规划管理和各银行的贷款发放。

三、资本市场支持海洋经济的发展战略

第一，可以在确保股市稳定的前提下，相应地放宽辽宁地区战略性新

兴海洋产业的上市条件。证券市场的融资成本低、资金量大且期限长，因此企业可通过证券市场直接进行融资。通过证券市场进行融资能够很大程度上扩大企业的融资规模，解决经费问题。充足的经费是战略性新兴海洋产业发展的基础和必要条件，尤其是在产业起步发展的初期阶段。

第二，资本市场可以建立关于鼓励和支持辽宁地区战略性新兴海洋产业的专项基金。该基金专门用于投资在起步阶段的、有发展前景的、预计收益可观的战略性新兴海洋产业，当产业创造收益后，为投资该专项基金的机构投资者以及个人投资者发放红利，从而吸引更多的民间资本对战略性新兴海洋产业进行投资，确保该专项基金的平稳运作和发展壮大。

第三，健全多层次资本市场，满足不同生命周期企业的融资要求。结合战略性新兴海洋产业的实际情况，完善资本市场的支持体系，使得处在各生命周期的战略性新兴海洋产业都能够获得有效而持续的资金支持。放宽战略性新兴海洋产业的创业板准入条件，缓解辽宁地区起步阶段的中小型企业的融资困境。

四、保险市场支持海洋经济的发展战略

辽宁地区在新兴海洋产业方面的行业保险体系还有很大的发展空间，建立行业相关的保险体系能够转移新兴海洋产业的部分经营风险，吸引更多的机构和个人的资金支持，推进战略性新兴海洋产业的持续发展。

此外，还应坚持创新发展理念，推动海洋产业转化升级，加大自主创新技术的投资力度，实现科技成果的有效转化和利用。科技助推海洋经济的可持续发展，要把握好科技前沿动态，逐步突破创新科技的技术壁垒，淘汰高消耗、低产能的落后产业；构建合理的科研人才培养体系，重点依托先进的创新科学技术园区、海洋高技术产业基地，创建高技术人才培养基地，通过人才建设为战略性新兴海洋产业的经营提供坚实的后盾，为产业的发展承担相应的风险，为新兴海洋产业解决后顾之忧。

│ 参考文献 │

[1] 自然资源部海洋战略规划与经济司. 2018 年中国海洋经济统计公报, 2018 - 04.

[2] Tai - Yoo Kim, Jungwoo Shin, Yeonbae Kim, and Jeong - Dong Lee. The Relationship among Stock Markets, Banks, Economic Growth, and Industry Development. Economic Growth, 2014 . DOI: 10. 1007/978 - 3 - 642 - 40826 - 7_ 9.

[3] Madhu Sehrawat, A. K. Giri. The Impact of Financial Development on Economic Growth Evidence from SAARC Countries. International Journal of Emerging Markets. Vol. 11 No. 4, 2016: 569 - 583.

[4] José Ruiz - Vergara. Financial Development, Institutional Investors, and Economic Growth. International Review of Economics and Finance (2017). DOI: 10. 1016/ j. iref. 2017. 08. 009.

[5] 李萍. 海洋战略性新兴产业金融支持的路径选择与政策建议 [J]. 中国发展, 2018, 2 (1): 35 - 39.

[6] 张开成. 中国蓝色海洋带建设 [M]. 北京: 海洋出版社, 2017.

[7] 谷增军, 郭雪萌. 开发性金融支持山东半岛蓝色经济区海洋产业发展研究 [J]. 山东社会科学, 2016 (6): 151 - 156.

[8] 仲雯雯. 我国战略性海洋新兴产业发展政策研究 [D]. 中国海洋大学, 2011.

[9] 姜秉国. 海洋战略性新兴产业的概念内涵与发展趋势分析 [J]. 太平洋学报, 2011, 15 (19): 76 - 82.

[10] 孙志辉. 展望 2010 撑起海洋战略新产业 [N]. 人民日报, 2010 - 01 - 04 (20).

[11] 中国人民银行, 国家海洋局等. 关于改进和加强海洋经济发展金融服务的指导意见. http://www. gov. cn/xinwen/2018 - 01/26/content_ 5261079. htm.

第十四章

辽宁省海洋经济发展的支撑与保障措施

21 世纪是海洋世纪，海洋是人类社会可持续发展的宝贵财富，是具有战略意义的开发领域，开发海洋资源、发展海洋经济已成为国内外沿海地区实现振兴的重要举措。辽宁省是海洋大省，海洋资源开发潜力巨大。以下就加强海洋信息基础设施建设、强化人才支撑、改善投资环境以及完善海洋相关立法四部分进行详细的介绍。

第一节　加强海洋信息基础设施建设

一、海洋信息基础设施

新型基础设施建设是以 5G、人工智能、互联网、物联网等为代表的信息数字化的基础设施建设。长期以来，我国致力于以"铁公机"为主的传统基础设施建设，而作为新型基础设施的海洋信息技术设施则建设缓慢，我国海洋信息化水平整体落后于欧美发达国家。党的十九大以来，中共中央多次提出要加快新型基础设施建设进度。加强海洋信息新型基础设施建设，加快海洋信息化进程，构建具有数字化、智能化、服务型特点的海洋信息网络体系，助推海洋权益维护、海洋资源开发、海洋经济发展、海洋科技创新、海洋生态文明建设，是我国建设海洋强国的必由路径，也是新时代赋予的战略使命。

当前，我国的海洋信息化建设尚处于起步阶段，海洋信息化新型基础设施建设整体落后于欧美各海洋强国。从发展海洋经济、维护海洋安全、保护海洋环境等现实需求出发，我国亟须加强海洋信息新型基础设施建设，加快海洋信息化进程，统筹海陆发展，重铸海洋强国。

二、海洋信息化新型基础设施建设的功能与意义

全面开展海洋信息化新型基础设施建设，加快海洋信息化进程，是我国经济建设和社会发展过程中不可或缺的组成部分。"十二五"期间，我国启动"智慧海洋"工程建设，初步形成了集海洋科学认知、管理支撑、信息共享和智能服务于一体的国家海洋信息化体系。

（一）海洋信息化是维护国家海洋权益的重要手段

海权"操之在我则存，操之在人则亡"。信息时代，掌握海洋信息权是制海权的关键。当前我国海洋维权形势严峻、任重道远，亟须通过制信息权掌控制海权，实施近海防御和远海护卫，增强海洋维权的能力和水平。

（二）海洋信息化是海洋国土的重大基本建设任务

世界范围内海洋经济的发展趋势凸显为人口、经济和产业不断向沿海地区集中，全球60%以上的人口和近70%的大中城市位于沿海地区。海洋国土与陆地国土同等重要，以健全的海洋信息基础设施为支撑，感知和获取海洋国土各类信息态势及数据，能够全面提升认识海洋、利用海洋、保护海洋、管控海洋的综合能力，实施有效管理，促进海洋资源开发。

（三）海洋信息化是引领海洋信息科技创新的引擎

科技是第一生产力，创新是一个民族发展的灵魂。海洋信息新型基础设施建设的过程，也是一个海洋信息科技创新发展的过程，带动相关战略新兴技术发展，引领新一轮创新热潮。海洋信息技术创新为海洋信息科技跨越发展推波助澜，助推我国屹立于世界海洋强国之林。

（四）海洋信息化是促进海洋经济增长的重要力量

当前海洋经济的发展进入了信息化时代，海洋信息化为海洋资源开发、航运、渔业、旅游等海洋生产生活提供信息化服务，同时也拉动了海洋电子信息装备制造、海洋信息服务等高科技产业的快速发展。欧美一些海洋信息化水平较高的国家，海洋生产总值往往占 GDP 较大的比重，日益

发展成为支柱性产业。根据国家海洋局 2013—2017 年《中国海洋经济统计公报》数据显示,尽管近年来我国海洋生产总值逐年增长,然而海洋经济占GDP比重始终维持在 9.5% 上下,需要提升海洋信息化水平,拉动海洋经济又好又快发展。

（五）海洋信息化是我国维护国际海洋秩序的基石

海洋信息新型基础设施建设,能够为我国海洋强国发展战略奠定重要的技术和装备基础,推动我国从区域海洋大国走向世界海洋强国,参与建设公正合理的国际海洋政治经济新秩序。而"21 世纪海上丝绸之路"的复兴,对于国际新秩序的形成与国际和平也必将发挥重要作用,彰显大国地位,促进和平发展。

三、海洋信息化新型基础设施建设的可行性分析

当前信息技术的快速发展以及我国综合国力的迅速增强,都给我国体系化设计国家海洋信息化架构、加快海洋信息新型基础设施建设、跨越推进我国海洋事业发展提供了可能。我国海洋信息化建设在战略、科技、经济、发展等层面都是切实可行也是势在必行的。

（一）战略层面对接国家战略需求

由于历史和现实的原因,我国的海洋信息化建设起步较晚、发展滞后,一定程度上制约着国家海洋系列战略的实施。通过系统建设海洋信息基础设施,可以全面和相对低成本地满足海洋开发、管理、科研、维权等大量潜在需求,为"海洋强国""21 世纪海上丝绸之路""军民融合"等国家战略提供保障,也是构建"海洋命运共同体"理念的题中之义。

（二）科技层面具备先进技术支撑

目前我国已在深海技术、信息技术、航空航天等前沿科技领域处于世界领先水平,其中无线 4G/5G、云计算、大数据、虚拟化技术等高新信息技术走在世界前列;在海洋工程产业链中,设计、研发、建造、配套、材料、总成、总包和服务等多方面开始进军高端市场,为信息装备与海洋工程的跨界融合提供了技术支撑。

（三）经济层面融合推进产业发展

加强海洋信息化建设，一方面带动海洋信息工程与相关涉海产业的更广范围、更深程度、更高层次的融合发展，另一方面也提高各类涉海资源的优化配置和使用效率，整合国内外海洋信息资源，构建和优化产业集成平台，共创产业发展之路。

（四）发展层面转化后弯道超越

从辩证的角度看待我国在海洋信息化建设方面起步较晚、相对落后的局面，也使得我国在总体设计和工程建设中存在着"后发优势"，我们通过学习借鉴国外成功经验，吸取失败教训，采用最新海洋和信息科技，发挥我国集中力量办大事的优势，必将实现弯道超越。

（五）外部层面迎来相关国家支持

我国的"21世纪海上丝绸之路"倡议和"海洋命运共同体"理念，受到大多数海洋国家的积极支持，其中，世界海洋大国葡萄牙与我国建立蓝色伙伴关系，区域海洋国家尼日利亚、巴基斯坦、柬埔寨等纷纷与我国加强海洋基础设施合作。阿拉伯国家对"海上丝绸之路"倡议表达了极大的热情和合作愿望，科威特、阿曼等国已在规划、建设沿海经济特区对接"海上丝绸之路"；在中阿双方各层次互访中，共建"一带一路"是双方讨论的中心话题，双方在基础设施建设和产能转移方面开展务实合作，海洋信息新型基础设施建设合作也是题中之义。

海洋信息化建设是一项庞大、复杂、跨界的系统工程，当前我国海洋信息化建设过程中必须始终坚持三项基本原则。

1. 坚持政府宏观主导与市场运作并用的原则

加强海洋信息化建设必须始终坚持政府有形之手与市场无形之手并用。一方面，后发国家的现代化必须由国家来主导。我国作为后发国家的现实国情要求我们的现代化（包括海洋信息化）必须由国家（政府）主导。其中，海洋信息新型基础设施建设是一项庞大、复杂、跨界的系统工程，涉及工程施工、生态环境保护、海上交通管控、安全生产管理以及国防、外交等诸多方面，不同于一般的单项工程，必须发挥政府在规划布局、政府支持、业态调整、建设管理、环境保护、公共服务等方面的主导作用。国家（政府）在宏观层面来主导，可以有效整合各涉海企事业单位资源，共同推动海洋信息新型基础设施建设，有效破解我国海洋信息产业整体分散、弱小和封闭的局面。另一方面，海洋信息化建设也要尊重市场规律，发挥市场无形之手的调控作用，科学合理地配置资源。在国家统筹指导下，各级地方政府可以将属地区域具体的海洋信息新型基础设施建设任务交给有资质、有实力的中央企业实施，民营企业通过竞争合理参与，形成公私合营的良好格局。

2. 坚持规划设计先导与战略对接并重的原则

加强海洋信息化建设必须始终坚持规划设计先导与战略对接并重。一方面，科学精准的规划设计是海洋信息化建设的必要前提。鉴于海洋信息新型基础设施建设是一项庞大复杂的系统工程，既要统筹宏观层面的整体规划，又要注重具体海域、具体装备的专项设计。例如，在以往的船载信息系统设计中，任务电子系统作为搭载设备，只能被动地适应船舶平台的特点，经常有任务电子系统不适应船舶平台环境而导致电子系统设备性能受限制。因此，未来海洋信息科考船、试验船的设计要突出电子信息系统设计的主导地位，引领船舶平台进行适应性修造以满足开放式任务电子系统的使用需求，更好地提供海上机动信息服务。此外，由于科技的不断发展进步以及我国各海域情况的千差万别，海洋信息基础设施的规划设计同时也要遵循前瞻性、开放性、实用性的原则，既为未来更新升级保留空间，又节约成本，务求高效。另一方面，对接国家海洋战略需求是海洋信息化建设的目标任务。由于历史和现实原因，我国的海洋信息化建设起步较晚、发展滞后，严重制约着国家海洋事业的发展。"十二五"期间，我国先后启动"海洋强国""共建21世纪海上丝绸之路""军民融合"等国家行动方案，建设海洋强国是中国特色社会主义事业的重要组成部分。由此，作为国家海洋系列战略关键组成部分的海洋信息化建设迫在眉睫。因此，加强海洋信息新型基础设施建设，加快海洋信息化进程，推动海洋领域的政治、经济、军事、文化、外交等全面发展，事关我国的国家主权、安全、发展等核心利益和构建"海洋命运共同体"的大局。

3. 坚持科技创新驱动与体系引领并举的原则

加强海洋信息化建设必须始终坚持科技创新驱动与体系引领并举。海洋信息化是我国当前军、警、民用海洋领域最紧迫、最尖端、最关键的难题。通过科技创新驱动和体系化的引领，加强海洋信息新型基础设施建设，加速海洋信息化进程，是破解这一难题的必由之路。一方面，海洋信息化建设必须依靠科技创新驱动。国家海洋局统计显示，"十二五"期间，我国海洋科技对海洋经济贡献率达到60%，海洋经济的发展越来越依赖于科技创新的驱动。海洋信息新型基础设施建设要广泛吸收国内外高新技术、凝聚业界精英的智慧创业创新，提高海洋科技进步贡献率。当前需要重点关注的海洋信息化技术包括海洋多维感知技术、海洋智能通信技术、海洋信息网络架构技术、海洋大数据处理技术、信息服务技术等。另一方面，海洋信息化建设必须立足体系化引领。当前国内海洋信息发展聚焦在船舶、港口、岛礁所需的单项设备、设施，亟须弥补体系化考虑严重不足的整体短板，为各方用户提供海洋信息体系咨询、系统设计、综合集成、运营服务以及关键海洋信息系统、装备的研制、试验和验证服务；同时通过体系带系统、系统带装备、装备促产业、产业促服务、服务促应用、应用提能力，为建设海洋强国提供体系化支撑。

四、加强辽宁省海洋信息化新型基础设施建设的对策建议

根据国家海洋安全与发展战略，海洋信息新型基础设施建设应逐步建设从近海到中远海的集信息感知、传送、服务、应用于一体的全球海洋综合信息网络。

（一）分类海洋信息化装备内容

海洋信息化新型基础设施建设需要研制生产一系列具有机械化、智能化、数字化、网络化、标准化、服务化特征的高技术产品，以满足对大面积、深远海域信息的感知、传送、应用、管控等功能要求，这些产品可分为体系级装备、系统级装备、平台级装备、专业类装备等。

（二）构建开放式标准与结构

我国海洋信息化新型基础设施建设在体系化思维指导下，采用基于开放标准的开放式结构，以迅速适应新形势和新任务要求。

开放式结构通过公开的标准和界面，在海洋信息化新型基础设施建设过程中形成创新与竞争局面，促进设施的再利用和技术的快速吸收，降低维护的成本和局限性，以更低的成本提供更高的能力。开放式结构注重打造军民融合、开放共享、资源共用的国家海洋信息基础设施，全面统筹我国经济建设与国防建设需求，在满足国家海洋安全战略需求的同时，推动我国海洋经济的高速稳定发展。

（三）推动政策落实与创新

党的十八大以来，党中央、国务院积极推动中央企业深入实施创新驱动战略，大力推动"大众创业、万众创新"工作。海洋信息化建设亟须开拓创新，尤其是科技创新。围绕国家《"十三五"国家技术创新工程规划》、《关于加强中央企业科技创新工作的意见》（国资发规划〔2011〕80号）、《国资委推动中央企业科技创新工作举措》（国资综合〔2017〕2号）、《国务院关于推动创新创业高质量发展 打造"双创"升级版的意见》（国发〔2018〕32号）、《国务院办公厅关于推广第三批支持创新相关改革举措的通知》（国办发〔2020〕3号）等文件精神以及国家关于"新基建"的战略决策与部署，借势借力、开拓进取、大胆创新，扎实攻克新业态技术难题，科学推进海洋信息化建设。

（四）试点推广服务与应用

海洋信息化新型基础设施建成后，面临紧迫的服务与应用推广问题。由于我国海洋信息化起步较晚，海洋信息化基础设施建设滞后，未来参与国际市场竞争面临诸多不利局面。因此，我国海洋信息化服务应用推广应以关键项目为背景，以典型海域、典型应用为试点，逐步在国际市场推广。试点推广过程中要重点验证海洋信息基础设施的系统架构、技术体制、装备功能性能、体系能力等，通过展示、体验等多种方式扩大影响，推广服务与应用。

（五）相关风险分析与管控

海洋信息化建设在法律、管理、技术、资金等层面均面临一定的风险。比如在法律层面，海洋信息化基础设施的布放与保护还不完善；在管理和技术层面，存在海洋工程与信息工程的跨界融合风险；在资金层面，海洋信息化基础设施建设还难以保障充足的经费预算。根据及时性、持续性、可操作性的风险管控原则，一是要研究、制定和颁布海洋信息基础设施布放与保护的相关法律，对海洋信息化新型基础设施建设和资产形成有效的法律保护，营造良好的海洋法治氛围，如欧盟新实施的海洋指令（Directive 2014/89/EU），成为海洋空间规划的指南；二是要培养和集聚专业的管理和技术人才，管理层面狠抓质量、安全生命线，技术层面深入融合海洋和信息技术，降低管理风险和技术难度；三是要广泛筹集国内外建设资金，尤其要争取"海上丝绸之路"沿线国家的资金支持，鼓励引进各方资金保障。

（六）借势借力学习与赶超

基于我国海洋信息化建设起步较晚的基本国情，学习、借鉴他国经验教训是我国海洋新型基础设施建设的必然路径。一方面，海洋信息化建设要善于借势借力，积极争取国际和区域性组织的支持，广泛参与国际海洋信息化建设分工，融合推进我国海洋信息化建设，积累经验、培养人才。另一方面，通过"走出去""请进来"等多种方式开展交流学习，利用后发优势学习、赶超海洋强国。半个多世纪以来，美国在海洋科技政策与规划制定、海洋科技投入与管理、海洋科研设施与平台建设以及海洋高技术产业发展方面开展了大量工作，有关做法和经验值得借鉴。

综上所述，加强海洋信息化新型基础设施建设，提升海洋信息化水平，是我国建设"智慧海洋"的根本路径，也是建设"海上丝绸之路"、构建"海洋命运共同体"的基础。我国海洋信息化新型基础设施建设应着力构建覆盖"天、空、岸、海、潜（水下）"的立体海洋信息网络，建设过程中科学把握政府与市场、规划与战略、创新与体系三个层面的关系，注重立足体系、构建标准、分步实施、开拓创新、试点推广、风险管控，全面提升我国认识海洋、经略海洋的能力，支撑海洋环境观测、海洋生态保护、海上维权、海域管理、海洋开发、应急处置等海洋活动，推动海洋经济实现跨越式发展，促进全球海洋国家和平与发展。

第二节　强化人才支撑

全面深化改革是党的十九大报告中的重要内容，对社会主义现代化建设具有重要的指导作用。随着社会经济发展水平的不断提升，中国特色社会主义的建设发展进入新时期，为了解决当前社会的主要矛盾，必须站在新的历史方位全面深化改革。辽宁省沿海经济带的开发建设对振兴东北经济具有至关重要的作用，为了使建设水平得到进一步提升，必须制定行之有效的人才政策措施，强化经济带的人才储备。

一、辽宁沿海经济带开发建设的人才政策现状

（一）执行情况

辽宁省沿海经济带是东北经济的重要组成部分，也是国家战略开发的重要经济区域。2009 年 7 月，国务院首次批准通过《辽宁沿海经济带发展规划》文件，使辽宁沿海经济带的开发建设逐渐走上正轨。辽宁沿海经济带主要指以下 6 个城市，分别是大连市、锦州市、丹东市、葫芦岛市、盘锦市和营口市。这些城市分别毗邻黄海和渤海，海岸线的总长度和海域面积分别为 2920 千米和 6.8 万平方千米，而陆地面积则为 5.65 万平方千米。由于占据优势的地理位置，因此沿海经济带的各大城市分别结合自身的发展情况制订人才战略计划，着重通过优化产业水平和基础设施建设，为人才提供优质的发展环境，从而进一步促进经济开发区的建设和发展。就目前辽宁沿海经济带人才政策的执行情况来看，很多人才缺乏必要的团队合作意识，在工作中过于注重个人成绩及荣誉，往往对工作成果进行抢夺，导致辽宁沿海经济带的人际关系比较紧张。这一系列问题都体现出当前沿海经济带人才政策措施在实施中存在的不足，例如缺乏宏观统筹的战略发

展意识、人才资源的资金投入不够到位、缺乏可持续发展的长远目标和计划等。除了大连市的财政支持比较完善，其他沿海城市对人才资源的资金投入都存在短缺现象，因此很多企业的人才流失现象日益严重。

（二）竞争态势

随着信息技术的发展，各种信息以爆炸式的形态不断涌现出来，这使得知识经济时代随之而来。当前企业在市场经济中的竞争逐渐转变为知识和人才的竞争，要促进经济获得健康持续发展，必须对人才资源的开发和利用给予必要重视，从而使人才所具备的知识技能得到充分发挥，以此增强辽宁沿海经济带的开发建设活力。根据党的十九大报告可知，我国当前正处于转型发展的关键时期，因此在建设发展中涌现出诸多问题，而最为显著的问题就是高端人才的匮乏。无论从国际竞争还是国内竞争的角度来看，高端人才资源的开发利用都是获取竞争优势地位的关键筹码。但是，现阶段辽宁沿海经济带的高端人才资源明显存在短缺现象，这使得沿海经济带的创新创造能力受到严重制约，难以利用精尖技术获取竞争的优势地位。因此，沿海经济带城市必须树立人才主体意识，以多元化发展为原则优化区域环境，吸引并留住高端人才，从而使自身的竞争实力得到有效增强。

二、全面深化改革背景下辽宁沿海经济带开发建设的人才政策措施

（一）对人才开发战略进行全面部署

在全面深化改革的社会背景下，辽宁省沿海经济带的开发建设必须从制定科学完善的人才政策角度出发，紧密结合区域经济发展的实际情况和振兴东北经济的具体目标，对人才开发战略进行全面部署，从而使辽宁沿海经济带的竞争实力得到有效增强。为此，辽宁沿海经济带应该明确人才资源战略开发的总目标及详细计划，着重从党政思想、管理能力、知识技能、应用实践的角度出发，为沿海经济带开发建设输入 330 万以上的人才数量，并且构建健全的人才资源共享机制、互动机制、互助机制和协调机制，以此实现"人才强省"的战略目标。另外，辽宁沿海经济带还应该注重"两高"人才

的开发和培养，建设具备国际竞争力的人才高地，同时加大对人才政策的财政支持。例如，对优秀人才的创新创业进行资金补助；为具有开拓奠基作用的科技领先人才提供安家补助、启动资金、奖金津贴等优惠。

（二）加大各级政府之间的协调配合

为了使人才资源得到有效开发和利用，辽宁沿海经济带的各级政府应该加强相互之间的协调配合。为此，辽宁沿海经济带应该对现代化的信息技术进行有效利用，例如综合大连市、锦州市、丹东市、葫芦岛市、盘锦市和营口市政府构建一个完善的人才资源公共服务及共享平台，并且将该平台与微信公众号相关联，使经济发展信息、人才资源信息及就业创业信息能够得到全面的展示，由工作人员提供 24 小时的在线服务，从而使优秀人才能够深入了解辽宁沿海经济带的实际情况，强化官方与人民群众之间的联系。

（三）积极创新人才开发的战略措施

人才政策的落实需要对辽宁沿海经济带的人才开发战略措施进行积极创新，区域经济发展应该制定科学合理的人才资源开发目标，并以此为依据举办特色化的主题活动，为海内外优秀人才的交流沟通提供平台。例如，以"五点一线"为战略主题和计划，利用推介会对辽宁沿海经济带开发建设所需的人才进行说明，同时公开各项企业经营及人才创业的优惠政策，例如免行政收费、返还财税增量、提供金融借贷支持等，为海外博士学位以上、科研及工作经验丰富的高端优秀人才提供"一对一"的贴身补助及服务政策，以此吸引并留住人才。

（四）应用以人为本的人才管理模式

在引进优秀人才的基础上，辽宁沿海经济带还应该加大对内部优秀人才的培养，从而增强人才储备的实力。例如，联合用人单位在社会开展开放性的培训机构，为年轻人才提供免费培训的机会，着重从案例分析和实践操作的角度出发创新培训方式，并且以考核的形式选拔优秀人才，以此增强沿海经济带人力资源的综合实力。另外，政府及企业必须坚持实施以人为本的人才管理模式，切实关注人才的物质需求及精神需求，为人才提供优质的工作及劳动环境，实施合理的激励措施，以此提高人才的积极性。除此以外，还要增强管理模式的灵活性，对管理层面的权力进行合理下放，从而激发人才的主观能动性，创造出更大的社会价值。

第三节 改善投资环境

辽宁地处环渤海经济区，是中国最北端的沿海省份，也是东北三省唯一沿海又沿边的省份。2009 年，辽宁沿海经济带上升为国家发展战略，标志着以辽宁沿海经济带为龙头，海陆区域联动和产业协调发展的战略布局确立，这就更为辽宁海洋经济的发展创造了良好的环境。

辽宁省一直以来高度重视海洋经济的发展，1986 年就在全国较早提出向海发展的"海上辽宁"规划，2005 年开始构建"五点一线沿海"经济带的重大举措。2009 年辽宁沿海经济带开发开放上升为国家战略，肩负起带动辽宁经济发展和振兴东北老工业基地的重大责任。辽宁沿海地处极具开发潜力的东北亚中心地带，位于我国海岸线最北端的黄渤海海域是东北地区唯一的出海大通道，海洋资源丰富，具有发展海洋经济得天独厚的天然优势。目前辽宁主要海洋产业部门是水产、旅游、造船、港口……这些发展较为成熟的产业多集中在传统领域。从未来的发展看，海洋矿业、海洋生物医药业、海洋电力业、海水利用业、海洋工程装备业、海洋技术服务业等战略性新兴产业正在形成海洋经济新的增长点。政策、区位、资源等优势已经和正在转化为经济优势，辽宁海洋经济总产值从1985—2006 年年均递增 21.1%，海洋经济增长速率高出全省经济增长速率 8.2 个百分点，占全省国内生产总值的比重由 1985 年的不足 5% 上升到 2006 年的15.86%。据发改委地区经济司报道，我国海洋经济保持平稳发展状态，2006—2019 年我国海洋生产总值逐年上升，由 20958 亿元增至 89415 亿元；但 2020 年受新冠肺炎疫情冲击和中美贸易摩擦等复杂国际环境影响，我国海洋经济生产总值降至 80010 亿元，相比 2019 年下降 10.52%。"十一五"期间和"十二五"期间我国海洋经济快速发展，年均增速分别为16%、11%，但"十三五"期间增速开始放缓，仅为 4.65%。海洋经济的超常规发展不仅直接带动了辽宁经济的快速增长，而且是经济发展的重要动力和潜力所在。但资金短缺对海洋经济发展起到严重的制约。海洋经济具有投入高、风险大、周期长和技术性强等不同于陆地经济的特点，必须综合协调财政、税收、土地、产业等政策，动员各方面资金的投入，才能满足辽宁海洋经济快速发展的需要。海洋开发的多阶段性和海洋产业的多层次性决定了资金投入的多阶段性，财政资金投放能够发挥公共品生产的基础和带动作用，而社会资金通过市场自发的利益诱导机制增加对海洋产业的投资。辽宁省通过发挥各方面资金的协同配合优势，才会共同构筑海洋开发资金投入的完整保障体系。

一、发挥财政资金投入的基础和先导作用

海洋本身蕴藏着巨大财富，但海洋的天然状态不适合人类直接进行生产和生活，需要投入较高水平的技术和人力资本，因此海洋开发初期阶段的高投入、高风险特征难以形成较好的市场吸引力，政府大规模投入、基础设施建设先行已成为促进海洋经济发展的共识。全面的海洋开发广泛涉及海面、水体和海底，即不同的产业处于同一立体空间之中，海洋的多重利用使得产业发展互相作用和影响。与陆地开发不同的是，海水是流动的，相邻的水体甚至远距离的水体在不断地进行交换，由此海域开发的外部性较为突出，需要政府更多地介入海洋经济发展的过程，发挥财政投入的基础和先导作用。从海洋经济发达国家的经验来看，西方国家的财政拨款通过为海洋产业提供财政补贴和贷款支持构成海洋产业发展的最主要资金来源，政府资金在海洋资源开发中起到了重要作用。如 1989 年 10 月由韩国西海岸开发推进委员会对外公布的西海岸开发规划，投资由中央政府承担 62.2%，地方政府承担 8.6%，政府资金的大力介入加快了海洋资源开发的进程。财政资金不仅在基础设施方面担负应有的责任，还发挥了托底的作用，减少了社会资金的投资风险。政府诱导性投资通过对海洋基础设施、技术研发等的投入导致资金收益率提高，吸引着大量社会资本进入海洋产业。近年来辽宁省加大了对海洋基础设施建设的投入力度，用于改善海洋监测、观测等公益服务手段。然而政府对海洋经济发展的投资比例

过低,财政投入仍然存在巨大的资金缺口,无疑制约了海洋经济的整体发展。通过公共资源的合理配置,财政资金投入能够把微观效益与社会效益紧密结合起来,充分发挥"四两拨千斤"的杠杆撬动作用。在今后的海洋经济发展过程中必须高度重视和发挥财政资金的基础作用,带动更多的社会资金进入辽宁省的海洋开发领域。

二、提升信贷融资的主渠道地位

目前我国的经济融资结构以间接融资为主,银行业是金融业的主体,海洋经济发展同样需要发挥政策性金融、商业性金融、合作性金融的作用。海洋经济的资金密集型产业特征,使其仅仅依靠财政投入的资金是远远不够的。金融业已经成为海洋资源配置的核心和宏观调控海洋经济发展的重要手段,金融业的服务功能能够为各地区海洋经济发展提供全方位支持,但目前海洋经济发展尤其是初期阶段所需的间接融资渠道并不通畅。国内商业银行对海洋产业信贷投放积极性不高,因此适宜的信贷融资体系建设显得非常重要。世界各国在海洋经济发展领域主要执行的是政府主导型的金融支持政策,借助财政资金的杠杆作用,撬动和引导更多的资金进入海洋经济,政策性金融无疑是合适的融资渠道。我国已经建立了三家政策性银行——国家开发银行、中国农业发展银行和中国进出口银行,主要业务领域分别是基础设施建设、粮棉油收购和进出口信贷;还没有针对海洋经济领域的政策性银行。海洋经济的发展急需政策性金融的介入,为此一方面可以考虑设置专门的海洋开发银行,专司海洋基础设施的资金信贷,另一方面可以从金融功能的角度发展政策性金融,即鼓励各金融机构开展海洋政策性金融业务,根据业务量给予相应的财政贴息。这样做能够减少机构设置的成本,但有效识别海洋政策性金融业务需要付出较多的信息成本。一般说来,在发生业务量较少的情况下,设立海洋开发银行尚没有经济上的必要,但随着海洋经济发展和在国民经济中地位的提高,社会需求就非常迫切。另外,由于海洋产业以及海洋专利技术、成果、知识产权等无形资产的评估、融资、监管等具有较强的专业性,从长远看应组建和发展专业性金融机构,以适应不断变革的专业分工需要，从而降低金融交易成本，促进海洋经济发展。辽宁海洋大开发还为商业金融与合作金融发展带来了良好机遇和巨大空间，这是由于海洋经济的快速成长伴随着良好的产出和收益。有些海洋产业，尤其是高技术和有价格优势的产业报酬率很高，因此商业金融的引入似乎顺理成章、水到渠成。然而信贷资金对海洋经济的发展支持力度不够，当前迫切需要理顺信贷资金进入海洋产业的体制和机制，在海洋开发的初期，政策的介入必不可少，金融主管部门可以采取信贷政策倾斜的优惠举措，如实行差别存款准备金率，引导银行业金融机构将资金更多地投向辽宁省的海洋开发领域。各商业银行的省一级分行通过积极向总行争取更多的信贷额度和指标，为海洋经济发展提供有力的信贷支持。有些商业银行已经看到了拓展海洋产业融资业务的大好机遇，开始经营方式转变和机构人员设置，如2011年4月中国建设银行将总行船舶融资产品中心、物流金融产品创新实验室设在大连。鉴于当前辽宁涉海经济组织以中小型企业为主体，因此合作金融发展空间广阔。群众渔业和中小企业盈利状况不稳定，缺乏银行所需要的抵押资产，而且财务状况透明度差，因此不符合现代银行业服务的要求，所以难以从商业性金融机构获得资金。中小型高新技术企业成长性好，然而创业风险大，缺乏固定资产，难以获得担保、抵押或质押，得不到银行贷款的支持，这极大束缚了海洋经济的发展活力和潜力。合作金融可以发挥贴近小生产者的网点优势，减少资金借贷过程中的信息不对称，更好地为大量处于初创期阶段和弱势地位的经营者提供资金支持。

三、挖掘资本市场及其他融资优势

当前我国正在大力培育和发展健康运行的资本市场以为国民经济的可持续发展战略服务，海洋经济发展为辽宁经济结构调整提供了良好契机，逐步改变辽宁上市公司偏向重工业的特征。资本市场融资较之于传统的银行信贷更为看重未来前景而不是当前的资产状况，一些海洋产业作为战略性新兴产业被社会广泛认可和看重，因此资本市场更适宜于海洋经济的融资。由于股票市场融资属于权益融资，投资者在行使货币投票权的同时获得了企业的经营决策权，而企业在获得资金的同时受到了股东的经营决策约束，因此增加了公司经营的透明度和决策的科学化，有利于形成高效的公司治理结构，促进涉海企业的健康发展。辽宁海洋经济明显的区域板块特征，加之政府对债券市场发展的大力扶持，债券融资必将为处于起步阶段的海洋经济发展发挥巨大作用。拓展海洋开发融资的新渠道，海洋产业中许多是新兴产业，海洋渔业等传统海洋产业也正面临转型升级，因此在海洋开发过程中，需要走出为传统产业服务的现有金融模式，大力开辟新的融资渠道。一是设立海洋开发基金。基金具有专款专用的特点，打通了资金筹集和使用的专门通道，促进了投融资的便利化。海洋开发专项资金制度通过取之于海、用之于海，保证了海洋开发资金筹措的制度化、规模化，还可以设立类似西方国家的海洋信托基金，专项基金的设立能够更好地服务于国家海洋开发的战略。在大规模进军和开发海洋初期，由于大量的基础设施急需先期建设，用于基础设施建设和公益性项目的海洋综合开发基金，以及发挥引领示范作用的海洋产业发展专项资金必不可少，由此激发社会资金进入海洋领域的热情和动力，促进传统海洋产业的转型升级和新兴海洋产业的跨越发展。二是积极引入风险投资资金。风险资本在追求高收益的同时具有较好的风险承受能力，适宜介入高成长、高技术行业，海洋战略性新兴产业正好符合风险资本的投资特点，可谓一拍即合。辽宁省海洋开发的市场前景极为广阔，目前还处于种子期、培育期和成长期，为引入风险资本提供了良好契机。因此，应积极鼓励国内外大型的风险投资公司进入辽宁省海洋经济特别是新兴产业，不仅使资本要素的注入带动生产规模的扩大，而且风险投资公司还具有高效的管理团队和高超的市场运营能力，有助于初创期的海洋企业尽快成长起来，在追求高收益的同时，辽宁省的海洋产业发展也会由小到大、从大到强。三是积极创造适宜的政策环境，吸引民间资本和外商资本进入辽宁省海洋经济领域。民间资本是开发海洋的重要力量。民间资本产权清晰，是内生成长于社会主义市场经济土壤的经济组织，对市场具有天然的嗅觉和灵敏性。国家采取多种措施积极鼓励民营经济发展，创造各种所有制经济公平竞争的发展环境。辽宁海洋经济发展处于市场化改革进程不断增进的过程，民间资本与海洋经济较好的效益能够自然契合起来。随着非公有制经济的快速发展和国民收入分配体制改革进程的加快，民间资本的规模和比重不断增加，大规模民间资本的启动和引入为海洋经济的发展注入了源源不断的活力之源。此外，还应充分发挥外商投资对海洋开发的促进作用。当前国际市场的闲置资金规模巨大，辽宁沿海经济带开发开放形成的投资洼地效应，像一块巨大磁石吸引着外资。正如我国沿海率先利用外资领跑全国一样，海洋领域的外资进入不仅带来了充足的资本，更重要的是附加在资本之上的先进技术、管理和人才，为海洋经济发展提供了数量充足而质量优良的生产要素保障。

第四节　完善海洋相关立法

辽宁沿海经济带是以大连为中心城市，包括大连、丹东、锦州、营口、盘锦和葫芦岛 6 个设区的市在内的，并以经济社会一体化为目标的发展区域。该沿海经济带是我国北方沿海发展基础较好的区域，也是东北老工业基地振兴和我国面向东北亚开放合作的重要区域，在促进全国区域协调发展和推动形成互利共赢的开放格局中具有重要战略意义。

一、辽宁海洋法律的现状

辽宁沿海经济带从属于我国新一轮区域规划发展进程，尤其是 2009 年《辽宁沿海经济带发展规划》经国务院批准后，标志着沿海经济带发展进入一个新的阶段。在这样一个关键历史时期和发展背景下，辽宁沿海经济带各有关城市该采取哪些更加有力的措施，加快推动发展规划所确定的发展目标的更好实现，成为一项重要的课题。

沿海经济带的发展离不开法治的保障。为此，辽宁省人大常委会制定实施了《辽宁沿海经济带发展促进条例》。大连市作为沿海经济带中的国务院批准的较大的市，享有《中华人民共和国立法法》所规定的较大的市地方立法权，为在沿海经济带发展中扮演主要的法制供给者的角色提供了制度上的空间，而这一点也是辽宁沿海经济带发展规划实施以来所忽略的。同时，

2015 年《中华人民共和国立法法》修改之后，其他设区的市也依法享有了地方立法权。在这种情况下，大连市又该怎样利用好较大的市地方立法权，并与其他五个设区的市的地方立法权相互协同，共同为沿海经济带发展提供充分的法制保障。

二、大连现有的海洋相关立法

《辽宁沿海经济带发展规划》中确立了大连市的核心地位和龙头作用，并赋予大连建设东北亚国际航运中心、东北亚国际物流中心、区域性金融中心和现代产业聚集区的功能定位。围绕沿海经济带发展规划中的定位，大连市在不断完善基础设施建设、培养招商新热点和创新发展模式的同时，也开始重视法规和规章保障方面的建设。

表 14-1　2009 年至 2015 年大连市制定或修订的与沿海经济带发展相关的立法

序号	法规/规章名称	制定机关	立法宗旨	制定/修订时间
1	《大连经济技术开发区条例》	大连市人大常委会	为发展对外经济技术合作和交流，在开发区实行中国经济特区某些政策和新型管理体制，利用大连和东北地区的优势，兴办新兴产业，开发新技术、新产品，发展外向型经济，为大连、东北地区以至全国的技术进步和经济繁荣服务	2010 年 8 月
2	《大连保税区管理条例》	大连市人大常委会	为加强对大连保税区的管理，扩大对外开放，促进经济发展	2010 年 8 月
3	《大连高新技术产业园区条例》	大连市人大常委会	为促进、保障大连高新技术产业园区建设和发展，规范管理	2010 年 8 月

序号	法规/规章名称	制定机关	立法宗旨	制定/修订时间
4	《大连市环境保护条例》	大连市人大常委会	为保护和改善环境，防治污染和其他公害，保障人体健康，促进经济和社会发展	2010 年 12 月
5	《大连市引进人才若干规定》	大连市人民政府	为推动我市经济建设和社会发展，加快振兴老工业基地和建设"大大连"，吸引国内外人才来大连工作或创业	2011 年 4 月
6	《大连市国际集装箱道路运输管理办法》	大连市人民政府	为加强大连市国际集装箱道路运输管理，维护国际集装箱道路运输经营秩序	2011 年 12 月
7	《大连市港口岸线管理办法》	大连市人民政府	为保护和合理利用本市港口岸线资源，促进港口的建设与发展	2011 年 12 月

注：表中立法信息汇总，源自大连市人大常委会和大连市人民政府官方网站。

除了上述自行立法外，大连市立法机关或有关部门还积极参与辽宁省有关沿海经济带发展的相关立法活动。例如，2010 年辽宁省人大常委会在起草《辽宁沿海经济带发展促进条例》期间到大连市开展立法调研活动，大连市立法机关及所辖开发区、保税港区、高新园区、长兴岛临港工业区和花园口经济区等相关部门认真参与，积极提出了条例草案的修改意见，有效地推动了该条例的制定实施。

三、大连市相关立法工作存在的不足

尽管大连市立法机关已经开展了卓有成效的立法工作，但是就大连市所掌握的立法资源及其在沿海经济带发展规划中的定位而言，无论在立法调整的范围还是在立法协同模式的创新方面，现有立法工作显然做得还很不够，存在着相应的不足。一方面，在立法调整的范围方面，大连市现有立法涉及领域或事务较少，难以为沿海经济带发展提供充足的法律支持或

保障。大连市在沿海经济带发展规划中的定位可简化为"三个中心、一个聚集区",围绕这一定位所形成的各类社会关系以及经济发展事务,需要大量的地方性法规或地方政府规章加以调整,现有的相关法规或规章的数量是远远不够的。另一方面,在立法协同程度及模式创新方面,大连市现有立法协同程度较低,且缺少对区域立法协同模式的探索与创新。总之,受地方立法权行使封闭性的影响,辽宁沿海经济带各城市之间在立法协同机制创新方面缺乏积极有效的探索与创新,从而导致沿海经济带发展缺乏充分有效的法制支撑。

四、改进大连市在沿海经济带发展中立法功能的具体建议

(一)适当扩大立法调整的范围

大连市属于国务院批准的较大的市,根据《中华人民共和国立法法》的相关规定享有地方立法权。大连市人大及其常委会和人民政府的立法都包括执行性立法、职权性立法和先行立法三种情形。就职权性立法而言,凡是"属于地方性事务需要制定地方性法规的事项",大连市人大及其常委会都有权制定地方性法规,而凡是"属于本行政区域的具体行政管理事项",大连市人民政府也有权制定地方政府规章。就大连市在辽宁沿海经济带发展中的立法而言,扩大立法调整的范围主要包括一般性扩大和有针对性扩大两种情形。大连市有关立法机关可以根据本市经济社会发展的需要,创制有关执行性或职权性法规、规章,而且大连市人大及其常委会也可以根据发展需要,在上位法尚未作出规定的情况下,开展先行立法。假若扩大并细化大连市立法对经济社会发展事务的调整范围,便在客观上扩大了大连市在沿海经济带发展中的立法调整范围,此为立法调整范围的一般性扩大。而立法调整范围有针对性扩大,是指大连市有关立法机关在准确把握沿海经济带发展规划,尤其是其在发展规划中的定位基础上,主要围绕"三个中心、一个聚集区"等相关的经济发展事务,深入地开展相关立法。大连市有关立法机关重视相关立法工作的开展。例如,2015 年 7 月,大连市人大常委会就《大连区域性金融中心建设促进条例(草案)》

开展立法调研，该条例的一个重要立法宗旨便是落实《辽宁沿海经济带发展规划》中有关大连市建设区域性金融中心的具体规划。

（二）注重政策和行政规范性文件向立法的转化

虽然"政策先行"的区域发展模式本身具有其必要性与合理性，但这并不意味着法律与政策不能并行，也不意味着政策不能向法律进行转化。对于政策与法律并行的模式，决策者有着较普遍的认知和把握，而且发展实践中也在这样做。而如何及时地根据经济社会发展需要整合已有的政策性文件，使之上升或转化为法律性文件，则是容易被忽略的。在沿海经济带发展实践中，从辽宁省到各城市都出台了一系列政策性文件，作为落实沿海经济带发展规划的具体措施。大连市也不例外。例如，为推进金普新区建设，大连市采取了多项先试先行政策，以在对外开放、自主创新、产业发展及金融方面加大政策支持力度。如果在这些政策措施实施一段时间后，及时地制定相应的法律性文件，不仅有助于更好地明确投资企业等相关主体的权利、义务或职权、责任，也有利于巩固政策实施所带来的经济性或制度性的成果。这种由政策性文件转化为法律文件的做法，从技术上并不存在任何障碍。

除了政策性文件或措施外，由大连市政府工作部门制定的一些行政规范性文件也可以根据需要和情况，转化为法律性文件。例如，为缓解中小企业融资难问题，大连市财政局和中小企业局于 2013 年联合下发了《大连市小微企业发展基金管理暂行办法》这一规范性文件。为提升这一行政规范性文件的法律效力，同时也为大连市中小企业融资提供更有力的法律保障，大连市有关立法机关应当适时地将其转化为地方性法规或地方政府规章。总之，无论是政策性文件或措施，还是行政规范性文件向立法的转化，都赋予了这些规范性文件更强的法律效力，也是大连市立法调整范围和立法功能改进的有效举措。

（三）推动区域立法协同实践的开展

由于沿海经济带内的六个城市之间不存在行政上的隶属关系，所以在涉及各方共同利益或共同处理的事务时，需要借助相应的协调与合作机制。当前，沿海经济带六个城市之间已经建立了市长联席会议机制，该机制在共享发展信息、协调产业布局和优化资源配置等方面发挥了重要的功能。然而仅有此协调或协同机制是不够的。

沿海经济带的发展应该是一种区域性的协同发展，需要多个领域、各个层面的综合协同，也包括在区域立法领域的协同。在沿海经济带区域立法协同方面，大连市同样应该发挥中心城市的带动功能。在《中华人民共和国立法法》修改之前，学者曾就大连市对沿海经济带发展可行的立法支持模式进行研究，提出了非对称式合作立法、示范法和授权立法三种模式可供采用。2015 年修订后的《中华人民共和国立法法》施行之后，丹东、营口、锦州、盘锦和葫芦岛等设区的市依法享有了地方立法权，这为沿海经济带发展中的协同立法提供了更大的制度操作空间，也为大连市立法功能的发挥方式提出了新的课题。需要注意的是，大连作为较大的市与其他五个设区的市所享有的地方立法权，在立法权限方面是有差异的。根据《中华人民共和国立法法》第七十二条第二款和第八十二条第三款的规定，设区的市的地方立法限于对城乡建设与管理、环境保护、历史文化保护等方面的事项进行调整，而大连市所享有的较大的市的地方立法权则无此限制。

鉴于大连市与其他五个设区的市立法权限上的差异，辽宁沿海经济带立法协同可视调整事项的不同而采取不同的协调与合作方式。如果沿海经济带发展中涉及城乡建设与管理、环境保护、历史文化保护等城市管理范围内的事项，需要制定法规或规章时，大连市立法机关可以牵头组织协调其他五个城市立法机关，在立法程序的每个环节上及时地进行协调，开展合作。此种情形下，大连市立法机关可以采用示范法的模式来推动区域协同立法，也即先由大连市立法机关立足于沿海经济带整体的发展创制相应的地方性法规或规章。该立法文本不仅适用于大连市，其他五个城市也可在此文本基础上参照制定更加适用于自己，但又不与其他城市立法相冲突的法规或规章。如果所需立法的事项超出了上述立法事项，设区的市立法机关无权制定有关地方性法规或规章的，大连市立法机关除了采用授权立法模式外，也即由辽宁省人大常委会或人民政府授权大连市对应的立法机关创制可适用于沿海经济带内各城市的地方性法规或规章，还可以采用非对称式立法或示范法模式进行立法协同。其中，非对称式立法模式是指辽宁沿海经济带内六个城市立法机关就有关事项该如何进行立法调整或规范，在充分协商一致基础上达成一致意见，并分别以立法（大连市）或政策性文件（其他五个设区的市）的方式通过实施。示范法模式是指各城市在充分协商基础上，由大连市立法机关先行制定地方性法规或规章，其他五个设区的市参照大连市的立法文件分别制定相应的政策性文件。

（四）重视政策与法律法规绩效评估机制的运用

一般而言，任何政策和法律在实施一段时间后，都有必要对其实施的情况或效果进行评估，为如何采取下一步措施提供决策参考。辽宁沿海经济带发展中实行的所有政策或法律文件，也应该定期地加以评估，以确保沿海经济带发展制度保障的有效性。不仅如此，政策与法律评估机制的运用，也是更好发挥大连市在沿海经济带发展中功能的必要方式。

扩大立法调整范围需要运用政策与法律绩效评估。无论是一般性扩大还是有针对性扩大，在有关立法通过实施一段时间后，立法机关应及时对该立法的实施效果进行评估，总结成效和问题，查找问题产生的原因并提出应对的建议。对于法律绩效评估的功能，汪全胜教授指出，法律绩效评估不仅是决定法律保留、修改或废止的重要依据，也是检验立法主体决策质量与水平的基本途径。据此，沿海经济带发展中的法律绩效评估机制至少可实现两个目的：一是对所评估的立法决策得失进行回头看，总结正反两个方面的经验，以用作今后相关立法决策的基础；二是对所评估立法的实施情况有更准确的把握，尤其对立法实施中的问题该如何进行改进，或者继续开展哪些相关立法，提供决策参考。

实现政策等规范性文件向立法的转化也离不开评估机制。政策或行政规范性文件等向立法的转化需要有科学而合理的依据，政策评估则是寻求转化依据的基本机制。围绕大连市在沿海经济带发展规划中的定位，大连市政府或其工作部门会出台一系列政策或行政规范性文件。政策在实施一段时间后，有些可能会失去其预设的功能，有些需要继续实施，有些则有必要进一步细化并提升为立法性文件。至于某项政策该具体采取怎样的处理方案，就需要通过评估的方式加以确定。行政规范性文件原本就具有立法属性，主要受制定机关不享有立法权所限。如果经过评估认为有必要上升为地方性法规或规章，那么大连市人大及其常委会或人民政府就可以启动立法程序进行转化。

政策与法律绩效评估在区域立法协同实践中也发挥着重要的作用。就大连市的立法而言，政策与法律绩效评估至少可在两个方面发挥作用：一是如果大连市立法机关采用示范法模式推动沿海经济带协同立法，而示范法又以大连市已有的相关立法或政策性文件为蓝本，那么在确定是否将已有立法作为示范法之前，可以启动对该立法或政策性文件的评估；二是在立法完善阶段，大连市立法机关可以协同其他城市立法机关对已有立法或政策性文件进行评估，以确定其是否需要修改、补充、解释或废止等。

辽宁涉海规范性法律文件的制定应立足于保护和实现海洋环境、人口与资源的协调发展，加快修订《辽宁省海洋环境保护条例》及配套的办法和实施细则，加快辽宁涉海地方性法规和政府规章的制定。对与辽宁省海洋环境保护有关的环节和问题以及辽宁省整体海洋经济的发展进行全面规范，尤其是对全省行使海洋环境监督管理权部门的权责以及对污染海洋环境的责任作出明确规定。运用必要的立法手段解决辽宁省海洋环境保护工作存在的突出矛盾和问题，从根本上改变海洋环境保护立法文件规范不足的现状。

| 参考文献 |

[1] 王宏. 锐意进取 奋力创新 主动作为 为实现海洋强国梦做出更大贡献——王宏在全国海洋工作会议上的工作报告 [J]. 海洋开发与管理, 2016 (S1): 1-7.

[2] 姚朋. 世界海洋经济竞争愈演愈烈 [N]. 中国社会科学报, 2016-12-07 (4).

[3] 张勇. 略论21世纪海上丝绸之路的国家发展战略意义 [J]. 中国海洋大学学报 (社会科学版), 2014 (5): 13-18.

[4] 中国船舶中心, 中国海洋工程网. 中国海洋工程年鉴 (2016版) [M]. 上海: 上

海交通大学出版社，2016.

［5］吴思科．阿拉伯国家参建"一带一路"［J］．中国经济报告，2015（5）：39.

［6］刘大海，李晓璇，邢文秀，等．区域海洋科技投入产出效率评价研究［J］．海洋
　　　开发与管理，2014（1）：5-8.

［7］European Parliament and the European Council. Directive 2014/89/EU［Z/oL］. 2014 -
　　　7-23.

［8］仲平，钱洪宝，向长生．美国海洋科技政策与海洋高技术产业发展现状［J］．全
　　　球科技经济瞭望，2017（3）：14-20，76.

［9］勾维民．海洋经济崛起与我国海洋高等教育发展［J］．高等农业教育，2005（5）：
　　　14-17.

［10］叶辉，昝爱宗，方锡友．我国亟需培养综合性海洋人才［N］．中国海洋报，
　　　2004-07-16（003）.

［11］卜凡静，王茜．发展海洋高等教育优化海洋人才结构［J］．科技信息：学术研
　　　究，2007（32）：302.

［12］董晓菲，韩增林．辽宁海洋经济对东北老工业基地振兴的拉动效应分析[J]．海
　　　洋开发与管理，2007（2）：103-106.

［13］常丽．老工业基地区域协调发展研究——以辽宁省为例［J］．区域经济评论，
　　　2014（1）：107.

［14］关溪媛，吴亮．关于提升辽宁沿海经济带整体性功能的对策建议［J］．环渤海
　　　经济瞭望，2015（3）：21-23.

［15］毛传新．区域开发与地方政府的经济行为［M］．南京：东南大学出版社，2007.

［16］辽宁省发展和改革委员会．关于呈报《辽宁沿海经济带发展规划》及修改情况
　　　的请示．2007-3-15.

［17］多项先行先试政策"落地"金普新区［N］．辽宁日报，2015-01-16（A04）.

［18］汪全胜．法律绩效评估机制论［M］．北京：北京大学出版社，2010.

第十五章

国内海洋经济发展建设经验总结

中央"十四五"规划表示要积极拓展海洋经济发展空间，建设现代海洋体系，打造可持续海洋生态环境。对此，我国多个沿海省份依照国家海洋经济的发展方向，结合实际情况制定规划符合自身发展特点的海洋经济发展战略。山东、浙江、广东等沿海省份均在引进海洋专业人才、提高海洋科技水平、保护海洋生态环境等方面实施海洋经济发展举措，构建属于自身的蓝色经济格局。本书通过借鉴我国各沿海省份成熟的海洋产业发展经验，为辽宁省海洋经济的发展提供了切实可行的指导和启示。

第一节　山　东

改革开放 40 多年来，山东海洋经济基本上完成了经济学意义上的初期数量积累、范围扩张和规模扩大。伴随这一过程，40 多年来的海洋经济发展也积累了诸多弥足珍贵的历史经验。

一、政府统筹规划

海洋经济规划是山东发展海洋经济的蓝图，在谋划统筹山东海洋经济战略的协调发展、解决事关长远发展的重大问题等方面发挥统领作用。从"海上山东"实施到山东半岛蓝色经济区建设，山东始终坚持"规划先行"，指导实际工作的开展，变海洋资源为经济效益，服务山东经济社会发展。1991 年山东政府提出"海上山东"战略后，又制定了海洋产业发展"八五"及今后 10 年的规划。1998 年全省海洋工作会议讨论了"海上山东"开发建设规划，有关部门制定了具体规划，各地也出台了相应的区域性规划。2011 年山东半岛蓝色经济区上升为国家战略后，制定了《山东半岛蓝色经济区发展规划》及其实施意见、金融支持蓝色经济区建设等 10 多个配套文件，建立了以国家规划为纲领，以专项规划和重点区域规划为支撑，以市县规划为基础的发展体系。这些规划的编制实施，成为山东开展海洋经济建设的指针和方向，也成为山东发展海洋经济的一条宝贵经验。

二、推进新兴产业兴起，培育高质量海洋人才

为紧跟时代潮流和社会发展方向，山东省在新旧动能转换大会上提出要建设高端科技创新平台，为新旧动能转换提供急需的科技支撑。利用广阔的发展平台，开发研究新能源，推进海洋发电、海洋制药等环保节能型产业的孕育与成长，进而带动经济转型，促进供给侧结构改革。在培养海洋高级人才方面，山东省从未懈怠，不断建设完善海洋科研院所，高校也设立涉海专业学科，并对高校内的海洋科研项目给予丰厚的资金支持，对成功实施成果转化的项目组给予奖励。同时，山东省注重高科技海洋人才的引进和培养，依靠"千人计划"等项目从海外引进海洋领域领军人物以及从东部省份引进高级人才。此外，山东省在近几年的人力资源流失情况越发明显，导致其在科技进步浪潮中逐步呈现出落后的趋势。因此，山东省出台相关政策，挽留高素质人才留在山东地区发展，也希望吸引离省人员尽快归鲁发展，为海洋新兴产业的发展和兴盛奉献力量。

三、科学布局海洋产业，注重实施重点突破

从"海上山东"到半岛蓝色经济区建设，始终注重产业发展科学布局，并积极有序实施重点突破，是山东发展海洋经济的一条重要经验。"海上山东"建设时期确定的总任务是：加快海洋经济发展方式转变步伐，以市场为导向，依靠科技进步和外向带动，优化海洋产业的布局和结构，建立起高素质可持续发展的海洋产业体系，在资源综合开发、产业升级、科技兴海、外向带动、可持续发展的战略思想指导下、重点实施四大工程，开辟新的发展途径，全面提高海洋经济的整体效益，使海洋应用对策研究产业成为全省国民经济的重要支柱，把沿海地区建成经济发达、生活富裕、环境优美的蓝色产业聚集带。山东半岛蓝色经济区建设阶段，在全国率先出台海洋产业发展指导目录，进一步明确产业发展方向，推动海洋

产业结构不断优化，海洋渔业、海洋盐业、海洋生物医药业、海洋电力业、海洋交通运输业等连续多年位居全国首位。

四、加强国际合作，构建海上蓝色通道

在国家间经济政治合作更为密切的背景下，山东省把握机遇，加强对外合作，充分利用广阔丰富的海洋面积和资源，拓展海上贸易路线，积极响应"一带一路"的号召，创建全新对外开放格局，山东尽力争取成为海洋经济发展的领头羊，加大科技研发的资金支持，利用自身发展优势，在国际竞争中脱颖而出。近年来，借助组建新的集团机构和出台支持海洋经济发展的相关政策，山东省的码头、港口等基础设施建设日益完善，这为国际间海洋运输提供更加安全便利的通道。总之，山东省"走出去"与"引进来"齐头并进，全面提高当下海洋经济发展水平。

五、重视海洋环境的保护，大力发展循环经济

海洋经济的迅猛发展给我国海洋生态系统所造成的压力日益增大，海洋经济发展要以生态优先为原则，在开发利用海洋资源的同时，保护现有海洋资源与环境，修复已遭破坏的生态，重视经济与环境协调发展。首先，加强海洋污染防治工作。提高海洋污染的防治强度，转变原有的"先污染破坏后治理挽救"的思想，实现海洋生态可持续循环。山东省建立生态补偿机制，对环境污染的重点区域实施综合治理与生态修复。进一步加强对海洋环境的监控管理网络制度体系的建设，强化海洋生态环境的监管与保护。其次，大力发展海洋循环经济。完善促进循环经济发展的各种优惠政策，积极引入循环经济发展的新模式，与其他有关科学技术机构和企业进行了合作，推行绿色化设计及产品制造，并选择适当的沿岸海域为试点，加快了建设重大资源综合利用工程，全面打造山东省重要的沿岸海洋循环经济发展示范区。积极开展海洋生态的关键环节和其他薄弱环节建设，努力维护海洋生态系统的均衡，使山东省的海洋生态环境进入良性循环。

第二节 浙 江

浙江海洋经济示范区作为当前我国成功的蓝色经济区之一，自从上升到国家海洋经济发展战略层面，致力于做到以推进科技制度创新作为动力来源，以港口城市建设为主要依托，加快海洋港口建设步伐，不断加大对海洋经济资源的可持续利用力度。浙江省深入挖掘海洋生产潜力，将海洋经济的发展看作经济转型的一个重要跳板，有利于浙江省将经济重心转移至海洋经济的发展。

一、重视港口建设与临港产业发展

始终把港口建设摆在发展海洋经济的突出位置。"十三五"时期，浙江虽然成立了浙江海港集团，将海洋港口产业进行融合，但海洋港口依然存在地域广阔但优势不突出的问题，航运服务业的发展也一直处于落后状态，在港航附加值、产业链等方面发展存在一定困难。"十四五"时期，国家政策表示，要不断谋划海洋港口产业链布局、深入挖掘港航产业附加值，进而将港口资源进行整合，致力成为建设海洋强省、国际强港的先行军。在发展临港产业方面，众所周知，运输灵活、承载量大、技术精湛、对外活跃等都是临港工业的特点。充分利用浙江港口众多的优势，发展海洋船舶制造、海洋装备制造、海洋新能源等高新技术产业，这对巩固扎实海洋实体经济发展、扩大海洋经济规模、加快海洋产业升级具有不容忽视的作用。此外，做好严谨有效布局规划，是发展海洋临港产业的前提。通过"十四五"国家规划的提出，浙江在重点发展临港产业的同时，统筹规划临港产业布局，将绿色石化、新能源汽车等先进制造业作为临港产业发展的重中之重，以点带面，推动浙江临港产业发展。

二、坚持科教兴海战略，提升海洋科技研发水平

"十四五"时期提出要提升智慧海洋工程方案实施效率，提高浙江省

海洋智慧化管理水平。科技是第一生产力，海洋经济的每一次创新发展都需要科技的支撑。浙江省在开展科教兴海战略方面实施以下举措：首先，加强海洋科学技术等涉海类学科建设，引导浙江大学、浙江海洋大学等高校涉海学科的区域布局优化和内部整合，进一步提升涉海学科教育水平，为浙江海洋经济创新发展提供了良好的科教保障。其次，为保证科教兴海战略的高效实施，浙江省涉海高校、研究所和企业，积极谋划海洋航运、海洋水产、海洋化工、海洋能源等技术协同攻关团队，打造了一批国家科技兴海产业示范基地，颁布了多项国家及行业标准，海洋科技研发水平的提升很大程度上加快了海洋经济创新发展的速度，促进海洋经济繁荣发展。

三、坚持海洋生态文明建设

海洋生态文明建设是浙江省海洋经济示范区建设的核心目标之一。坚持海洋经济发展和海洋生态环境保护同步，海洋资源开发利用与资源环境承载力同行，海洋产业发展与安全运行同在，把海洋生态文明建设放到突出位置。浙江省政府一直以来也高度重视海洋生态保护工作，目前的保护措施包括，修复重点海域生态环境，建设滨海生态廊道，保护滨海湿地及海岸线。依照《浙江省大湾区建设十大标志性工程推进方案》要求，以建设"美丽海湾"为目标，加快建设发展环境优美、生态良好、宜人舒心的海湾，全力打造沿海优质生活圈的新空间、旅游休闲观光的新载体、美丽湾区展示的新窗口。另外，国家也出台了海洋生态文明工程建设的实施办法，浙江省积极响应，建立了海洋生态红线体系规范，建成了全省对海洋生态环境的监督观察平台，严格区分为国家级的海洋自然保护区、特殊地点保护区及水产品种质资源保护区，实施重点保护。努力做到了开发利用与环境保护的并重，促进了人海的和谐，实现海洋经济可持续健康发展。

四、实现海陆协调发展，构建现代海洋产业体系

在发展海洋经济的进程中，浙江省政府一直强调要做到海陆统筹发展，坚持以海引陆、以陆促海、海陆联动、协同发展，注重发挥各自独特

的优势，彻底打破海陆界限，实现海陆经济一同发展。为统筹发展海陆产业，浙江省将沿海产业链不断优化，进而向内陆腹地延伸。同时，不断完善海陆基础设施建设，统一规划建设港口、铁路、航道、航空等一系列设施，构建内外联动的海陆空产业信息网。搭建海陆联动平台，努力实现基础设施一体化发展。另外，充分利用"三海"资源（海港、海湾、海岛），推进区域特色产业建设，研发创新全新海洋高科技产业以及产品，提升海洋经济竞争力。同时，不断优化海洋产业结构布局，积极培育海洋电力、海水新能源等新兴产业，时刻将海洋经济发展与海洋生态环境保护捆绑在一起，打造强有力的海洋产业集群，推进现代化海洋产业体系的形成。

五、创新体制机制，激发海洋经济活力

浙江省作为海洋经济示范区，大胆打破阻碍海洋经济发展的体制机制问题，努力贯彻海洋领域供给侧结构性改革。在海岛开发时，加大重要海岛开发强度，完善重要海岛基础设施建设，重视并加大对无居民海岛的保护力度；在海洋开放体制上，逐步完善保税区、保税港区建设，打造健全的海洋开放合作平台；在海洋开发投入体制上，加大财税和金融扶持力度，将产业发展基金做大做强；在海洋综合管理体制上，健全海洋法规体系、完善执法体制、审批权限设置。不断创新海洋经济发展的体制，从根本上激发海洋经济发展的动力。

第三节 广 东

广东省通过联合沿海经济带和城市群，拓宽海洋开发领域，优化空间布局。另外，充分利用"十四五"广东省海洋经济发展规划前期研究成果，梳理总结广东省海洋产业结构、海洋科技水平、海洋生态环境、海洋对外合作等领域发展成就及存在的问题，科学筹划广东海洋发展主要方向及目标。

一、推动深圳、湛江海洋经济联合发展

在联合发展外向型海洋产业方面，广东省构建海上通道，优化海洋运输网络，不断拓展海洋产业发展领域，逐步实现海洋产业技术化、开放化，为广东省海洋经济可持续发展奠定坚实基础。在联合开发海洋资源与保护方面，广东省紧跟全球经济社会可持续发展战略的步伐，重点研发区域海洋环境监测监督系统、海洋环境保护及修复技术、海洋生物资源持续开发利用技术、海洋渔业资源可持续开发与高效利用技术等，以实现海洋资源长期可持续化发展。在联合开发海洋资源方面，广东省以打造综合性海洋资源体系及产业集群化为目标，充分借助 21 世纪国际经济政治的大背景，挖掘属于深圳、湛江海洋经济独特的开发优势，将两城市紧密结合，拓宽海洋经济发展渠道和领域，实现深圳、湛江海洋经济合作发展紧密化、多元化，进而扩大市场容量，使深圳、湛江海洋经济发展各自及整体的优势发挥得淋漓尽致。在联合实施两地区各生产要素优化配置方面，要发挥两地各自优势，并充分利用两地在资源、技术、劳动力等方面的联合优势，激发各方投资活力。将海洋产业和海洋经济作为领头羊，实现两地资源的优化配置，推动两地社会、经济、文化的全方位多角度发展。

二、构建区域协同合作发展体系

广东省为构建区域协同体系，出台以下发展措施：一是政策体制方面，在现有的湾区合作机制上进行创新完善，协调好利益分配；二是基础设施建设方面，构建综合交通网络，使港湾、机场、产业园区等物流信息互通有无，大大提高运输效率；三是保障贸易网络，推动东西两翼与珠三角地区海洋贸易合作自由化，进一步加强各区域互补协作关系，实现海洋产业优势互补、协调发展；四是优化资源配置方面，破除海洋经济合作过程中的要素流动阻碍，促使优质劳动力、科学技术、海洋知识等要素的合理流动和优化配置；五是优化海洋产业服务方面，加强粤港澳在海洋金融服务、海洋渔业、海洋航运、海洋观光旅游、海洋船舶制造等领域的合作，牢牢把握"海上丝绸之路"的发展契机。

三、加强海洋经济产业政策支持

构筑现代海洋产业体系，培育壮大战略性新兴产业，加快发展现代服务业，大力发展海洋经济，以构建具有国际竞争力的现代产业体系。同时积极引进国外先进的海洋科学技术，吸收融合，为己所用。建立海洋产业投资基金，采取市场金融和政策金融相结合的措施，在政府作为担保的前提下，借助杠杆效应，扩大融资力度，拓展融资渠道。设立国际化合作投资平台，借助国际间合作的方法推动"21世纪海上丝绸之路"的发展，促进产业、技术、资金的深度融合，实现合作共赢、共同进步。

四、增强海洋科技创新动能

科学技术是第一生产力，科技创新在海洋经济发展中始终发挥着不可忽视的作用。首先，加快海洋科技成果转化。推动完成海洋科技成果的市场化、产业化，为海洋经济发展注入新动能。其次，出台海洋科技相关政策。进一步强化企业、高校、与科研院所之间的技术合作，激发研发服务活力，构建产学研深度结合的科技创新体系，加速传统产业向创新型绿色产业的转变。此外，推动海洋新兴产业技术创新。重视海洋科技人才队伍建设，政府出台一系列人才扶持政策，既吸引国外高质量人才的流入，又保证国内科技人才的创新活力，营造良好的科技研发氛围，将广东省打造成全国海洋科技人才聚集地。

五、建立现代海洋产业结构新体系

加快海洋产业结构转型升级，科学规划全省海域的产业布局，明确重点海域发展方向。一是推动传统海洋产业转型升级。广东省充分发挥传统海洋产业优势，促进海洋战略性新兴产业技术创新，打造顶尖技术产业，构建海洋产业结构新体系，推动潮汐能、太阳能及风能等新型能源的产业升级。二是实现港口城市联动开发。该举措是推动海洋区域结构优化的重要一环，积极构建广东特色现代海洋产业体系，以海水综合开发利用、海洋生物医药、海洋高端装备制造等为发展重点，培育壮大海洋新兴产业，同时，以丰富的海洋资源为依托，推动海洋观光旅游业、海洋金融业的发展。三是加强国际交流与合作。牢牢把握国际产业结构优化的良好机遇，密切与国际市场的交流与合作，借鉴国外发展海洋经济的先进经验，实现自身海洋产业优化升级。总之，广东省的一系列举措，将海洋经济在该区域国民经济与社会发展中的地位显著提升，同时加快了海洋经济发展向产业化、生态化和现代化过渡的步伐。

第四节　福　建

一、实施陆海统筹发展战略

以推进沿海产业群、城市群、港口群联动发展为重点，实现陆海统筹发展。第一，港口群与产业群联合发展。港口群建设离不开产业群的支撑，让港口与产业合作发展，互利共赢，产业发展助力港口兴盛，同时港口建设促使产业兴旺发展。第二，产业群与城市群联合发展。人口集聚才能促进城市的发展，人口越活跃，城市发展动力越强劲，城市发展又促使人们生活水平提高，因此，产城统筹发展至关重要。第三，港口群与城市群联合发展。生态宜居滨海旅游城市的发展很大程度上来源于港口建设的支持，港口不断完善才能使城市群逐渐壮大，实现港城联动发展。因此，只有沿海产业群、城市群、港口群的联动发展不断推进，陆海统筹才能真正发挥作用，稳固它在建设繁荣海洋经济方面至关重要的地位。

二、推进传统产业转型升级

创新开发海洋产业顶尖技术、构建现代化产业体系是福建发展现代海洋产业的重中之重。福建省解决的是特色海产业的单品重量及新鲜度维护问题。首先，福建省不断拓宽产业链，提高产品附加值，持续研发新技术来维持海产品的新鲜度。其次，加强内部合作机制。充分利用现代化产业体系的优势，构建综合管理平台，激发传统海洋经济活力，打造现代海洋工业产业集群。福建以先进的造船技术为依托，适应市场需求，积极推进船舶制造业向技术化、专业化方向发展。同时，福建省正着手海上汽油的合作开发工作，协同海洋船舶工业、海洋工程装备业进行海洋汽油的开发，促进合作的同时，高效利用开发技术及资源，推动海洋油气开发业转型升级。

三、贯彻实施科技兴海战略

首先，产学研政统筹发展。只有依靠科技创新的引领，海洋经济才能又好又快发展，企业才能是其创新的驱动者和主体。同时，要充分发挥高校和科研院所的技术优势，科研院所本身就是打破技术困境、发展科学技术创新的推动者，政府的存在则主要从政策、资金等方面给予大力扶持，构建一个以企业为主体、以科技创新为核心、以资产为纽带、以政策为引领的产学研政与海洋科技创新深度整合的研发服务体系。其次，加快推动海洋科技成果的转化。海洋科技创新是推动产业发展和海洋产品研究开发的重要技术支撑，促进了科技成果的产业化、商品化、市场化，大幅提升了海洋经济发展的效率。

四、加快建设滨海旅游文化基地

积极建设滨海旅游区。如长乐沿海的观光、度假、休养旅游区。创新滨海旅游项目。如潜水、沙雕观赏、深海垂钓、滑沙滑草以及岸边沙疗等等。开辟全新的旅游线路。滨海旅游业始终是沿海城市发展海洋经济的重要一环，福建省拥有发展滨海旅游业的天然优势，海洋旅游资源丰富，旅游景区风景别致，游览价值高。为使福建省旅游业稳定发展，在遵循滨海旅游产业规划的同时，充分发挥福建"以山补海"的旅游特色。

五、抓住"海上丝绸之路"建设良好机遇

福建省作为海上丝绸之路的重要始发点，充分借助"21世纪海上丝绸之路"战略的大好机会，串联起各个国家经济板块，构建互通有无的全球性市场产业链，是福建省建设蓝色经济试验区，加快推动海洋经济增长的

重要举措。首先，以"21世纪海上丝绸之路"作为出发点，增强与海上丝绸之路沿线各个国家在海洋旅游、海洋科技、海洋新能源等方面的沟通与合作，打造繁华强盛的"海丝经济"。其次，贯彻实施"二下西洋"计划，拓宽了远洋渔业的发展领域，建设了远洋渔业的综合性基地，将中国—东盟海上合作基金项目、远洋渔业合作项目作为发展重点，致力于打造一批极富带动力的长期性发展项目。最后，充分利用海外市场。积极落实"走出去"的战略，鼓励海洋企业在境外投资、建厂、生产、营销，参与境外的海洋资源开发，构建互联互通的海外经济网。

第五节　天　津

天津因河而立，因海而兴，在发展海洋经济方面具备得天独厚的条件。天津牢牢把握经济社会发展的重大历史性发展契机，在全面建成高质量小康社会决胜阶段，创新科学发展观，树立科学化、信息化发展理念，明确发展方向，推动海洋经济深入发展，探寻一条集约高效、生态宜人、健康持续的发展道路。

一、优化海洋产业结构，统筹协调发展

天津海洋产业各式各样，为实现海洋经济科学发展，构建海洋经济全方位发展模式势在必行。为更好地发挥海洋资源优势，天津市积极发展特色现代海洋产业，不断提升海洋相关产业的科技管理水平和经济运行效率。同时，其发展重点正逐步过渡到创造更具竞争力的技术产业，构建各产业信息协同网。鼓励海洋特色产业及相关企业发展，形成临海产业高度聚集格局。引导海洋产业向高端化、深水化领域推进，重点提升蓝色产业在全球价值链中的地位。坚持陆海统筹，促进陆域与海域空间利用及经济发展融合发展，充分利用海洋资源，打造陆海互动联动的发展格局，形成海陆经济一条龙。不断淘汰过剩落后产能，全力孕育海洋经济的新局面、新模式。

二、提高海洋科技创新水平

首先，攻克海洋开发技术难关。实时把握海洋科技发展新趋势，全市各涉海单位联动发展，充分发挥各自优势，整合科技资源和技术力量，研究开发海洋产业核心技术。同时，推进综合性公共科技创新平台建设，鼓励涉海企业、科研院所与国内外相关机构开展技术交流与合作。其次，加快海洋科技成果转化。坚持科技兴海战略，打造国家级科技兴海成果转化及海洋高新技术产业基地。加强产学研的深度结合，大大缩短科技成果产业化周期，加快科技成果转化成生产力的进度。打造研发转化一体，产业高效集聚的发展局面。最后，推进海洋经济信息服务建设。培养一批海洋科技服务型企业，提高海洋科技服务水平，搭建物流信息网络，构建海洋资源共享的发展模式。

三、注重海洋人才队伍建设

坚定不移实施人才优先战略，建设海洋科技创新领军人才队伍，优化人才队伍结构，打造海洋高端人才聚集高地。一方面，建立较为完善的涉海学科体系，构建多层次海洋教育体系，提升教研能力和水平。重视科研所、研究中心的建设，打造涉海专业人才技术创新平台；实施专业人才"引进来"策略，政府出台相关优惠政策，吸引省外甚至是国外海洋高端人才和领军人才的流入。另一方面，政府加大对海洋科技创新领域的资金支持，加快科技成果创新速度、创新质量，并逐步完善海洋基础设施等。

四、共享发展，保障人民获得感

秉承以人民为中心的科学发展思路，坚持所有为了人民，一切服务于人民，把在海洋经济建设和发展过程中所形成的自然资源、社会效益、经济效果等转化成为进一步提高国家和人民物质生活水平的主导性驱动力。同时，为打造环境优美、生态宜人的现代化大都市，开展"亲近大海、触碰大海"活动，休闲观光旅游促使人民群众幸福指数不断提升，让绿水青山、碧海银滩成为大众日常生活不可或缺的一部分。不断调动和激发海洋文化产业和海洋文化事业的发展积极性，利用海洋博物馆、海洋文化园等设施，积极构建与观光旅游、历史底蕴、环境保护有机结合的海洋文化服务平台，全力打造沿海优质生活圈的新空间。拓宽海洋教育的囊括面和范围，并不断向基层扩展，努力做到海洋意识教育"从小抓起"，无论如何都要实现海洋经济高质量发展理念深入人心的宏伟目标。

五、创新融资服务方式，深化金融改革

目前，天津海洋经济发展存在融资难、金融支持力度不够等障碍，为缓解这些困境，提出创新融资服务方式。第一，积极培育各类涉海金融服务主体。比如开设专门的金融机构为涉海企业的发展提供资金支持，如海洋借贷、海洋保险等产品。第二，鼓励吸引各类社会投资主体以多种方式进入海洋开放领域，拓宽海洋经济发展融资渠道。例如，积极引导社会群众购买创业基金等。第三，推进涉海直接融资服务建设。比如，涉海企业可以通过发行短期融资券、企业债券等方式直接解决融资困境，也可以直接开办长期融资券和租赁等金融业务。另在金融改革方面，天津市还继续发挥金融创新的优势，创新金融支持体系，将海洋经济与金融服务业融合发展，促进资金来源多元化，提高金融服务能力与水平，不仅为"一带一路"沿线国家及相关地区继续提供全方位的金融服务，还积极探索搭建投融资合作平台，开拓全新的国际海洋投融资窗口，加速推进海洋产业科技融合创新，为支持天津地区的国家海洋经济特区建设和加快发展海洋服务事业提供强有力的资金资源保障。

六、保护海洋生态环境，实现可持续发展

随着近年来天津海洋经济的发展，资源环境矛盾越来越突出，天津也采取措施缓解该局面。第一，保护海洋生态环境。牢固树立"碧海银滩也是金山银山"的理念，大力推进海洋生态文明建设。加强海洋污染防治，加大对渤海湾的环境保护力度，建设人海和谐、生态宜居城市，严格实施陆源入海污染物排放总量控制办法，提升海洋环境监测能力和水平。第二，科学利用海洋资源，发展绿色循环经济。海洋资源保护自始至终都是

海洋资源开发利用过程中不可忽视的一环，恰当协调资源开发与保护平衡关系，规范合理开发海洋资源。同时，打造海水综合利用、海洋现代物流等循环经济产业链，扩大循环经济的发展规模，推进循环经济产业基地项目建设，实现海洋经济循环、绿色、低碳发展。第三，强化海洋生态修复。严格执行海洋生态红线管控标准，加大对滨海湿地生态系统、海洋自然保护区以及特别保护区的保护及管控力度，加快海洋生态系统的修复进度。

| 参考文献 |

[1] 张舒平．山东海洋经济发展四十年：成就、经验、问题与对策［J］．山东社会科学，2020（7）：153 – 157 + 187.

[2] 毛彬．基于产业视角的舟山市岱山县海洋经济发展策略研究［D］．浙江海洋大学，2019.

[3] 丁志诚．山东海洋经济的发展现状和对策［J］．当代经济，2019（4）：64 – 65.

[4] 李晓明．山东半岛蓝色经济区海洋经济创新发展问题研究［D］．山东财经大学，2015.

[5] 郑芳．基于 SWOT 分析的山东海洋经济发展研究［J］．生态经济（学术版），2013（2）：267 – 270.

[6] 王志文．"十四五"浙江海洋经济发展思考［J］．浙江经济，2019（24）：46 – 47.

[7] 沈佳强．海洋经济示范区的浙江样本［N］．浙江日报，2017 – 05 – 24（005）.

[8] 王志文．促进浙江海洋经济提质发展［J］．浙江经济，2017（24）：63.

[9] 程丽．山东半岛蓝色经济区海洋经济发展现状及战略研究［D］．中国海洋大学，2014.

[10] 朱坚真，周珊珊，李蓝波．广东海洋经济发展示范区建设对江苏的启示［J］．大陆桥视野，2020（2）：93 – 100.

[11] 原峰，李杏筠，鲁亚运．粤港澳大湾区海洋经济高质量发展探析［J］．合作经济与科技，2020（15）：4 – 6.

[12] 谢斌．广东做大做强海洋经济的思路与建议［J］．广东经济，2020（7）：36 – 38.

［13］刘妙品，原峰．广东海洋经济发展"十三五"规划评估研究［J］．合作经济与科技，2020（16）：4－6．

［14］王佳，宁凌．创新驱动战略引致广东海洋经济供给侧结构性改革研究［J］．当代经济，2017（27）：41－43．

［15］激发蓝色经济增长新动能——浙江广东福建三省海洋经济试验区建设的经验借鉴［J］．广西经济，2016（9）：30－31．

［16］林善炜，翁新汉．深化"海上福州"建设 加快福州海洋经济发展［J］．发展研究，2020（2）：89－94．

［17］林燊雄．福建省海洋经济发展研究［D］．广东海洋大学，2017．

［18］黄丽惠．福建海洋经济强省建设的战略思考［J］．湖北函授大学学报，2015，28（9）：78－79＋107．

［19］张文亮，张靖苓，赵晖，聂志巍．以新发展理念引领天津海洋经济生态化发展的思考［J］．江苏海洋大学学报（人文社会科学版），2020，18（3）：22－30．

［20］柴云潮，张文亮．天津海洋经济科学发展之路探索［J］．经济师，2019（7）：151－153．

［21］王梦倩，王艳红．天津发展海洋经济的建议［J］．中国国情国力，2017（8）：50－53．

［22］罗琼，臧学英．基于SWOT分析的天津海洋经济发展研究［J］．天津经济，2016（2）：8－12．

［23］张继明．加快发展天津海洋经济［J］．求知，2014（6）：28－29．

第十六章

国外海洋经济建设发展经验借鉴

近年来，海洋经济逐渐成为多个国家的新的经济增长点，海洋产业对一个国家的国民经济发展具有不容忽视的影响。纵览世界海洋经济的发展进程，目前已有一百多个国家针对海洋经济发展制定了切实可行的规划。随着国际大背景的变化和世界经济水平的提升，包括美、加、英、俄等越来越多的海洋大国着眼海洋经济的发展，制定发展规划，出台相关政策，统筹海洋产业协调发展，加快了海洋经济发展的进程，以上诸多方面均值得我国借鉴。因此，借鉴国外海洋国家成熟可行的海洋经济发展经验，有助于辽宁省海洋经济迅速步入正轨，繁荣有序发展。

第一节　美　国

一、海洋经济管理机构众多、各自独立

美国的海洋经济事务是由众多不同的部门分别管理，其中的主要部门是国家海洋与大气局。不同的相关事务由不同的部门负责管理，部门包括能源部、运输部、国防部等。各部门之间保持高度的综合性和协调性，在海洋资源和沿海资源的开发利用以及合理保护方面充分配合，共同研讨改善海洋环境的主要对策。

二、海岸警卫队的武装保护

美国海岸警卫队是美国五大武装力量之一，主要负责本土的军事安全。早在1970年，美国的海洋经济利益的维护以及周边环境的保护就是由海岸警卫队负责，他们的基本职责包括海事保安、海事安全及管理海洋事务事宜。海岸警卫队是美国海上利益维护的中坚力量，具有很强的适应性和极高的灵敏度。近年来，美国政府全面整合海上力量，加快推进海岸警

卫队的海上执法能力建设，进一步强化了美国海洋管理体制。

三、重视海洋技术开发及研究

由于美国自身综合经济实力强劲，在发展海洋经济的长久历程中，其将科技创新作为重中之重，不断追求高科技领域的技术研发，现已达成了"科技兴海"的共识。目前，美国现有海洋经济研究实验室700多个，外聘的海洋研发领域的专家数量占整个美国专家总量的一多半，每年有将近270亿美元的资金用于海洋科技研发。政府根据海洋经济开发项目侧重点的不同，有针对性地建设了一批科研机构。此外，还以不同区域的海洋资源为依托，创办了各式各样的海洋科技园区。美国政府在海洋产业研究成果的商品化进程方面也十分关注，与私营企业达成合作，从而加快了海洋产业成果转化进程，大大推进了美国海洋技术的进步，促进海洋经济的发展。

四、大力发展滨海休闲旅游业

在物欲横流的消费时代，美国政府牢牢抓住了人们的猎奇、个性和休闲心理，加之本身海洋资源丰富，使美国海洋休闲旅游业繁荣发展，滨海休闲旅游业逐渐成为美国海洋经济新的增长点。据统计数据显示，海洋旅游业作为美国第二大 GDP 的贡献产业，每年产值超过 7000 亿美元，滨海旅游业收入占美国旅游总收入的 80% 以上，每年有许多人来沿海旅游区放松心情、休闲度假。这表明海洋休闲旅游业以其独特的魅力，推动海洋产业结构向品质化、合理化、专业化、产业化方向不断迈进。新兴海洋旅游项目的开发，充分利用美国的海洋资源优势，将其转变为自身独有的产业优势，在满足居民休闲娱乐需求的同时，促使美国海洋经济蓬勃发展。

五、注重海洋生态环境保护

由于美国海洋生态环境日益恶化，美国政府不得不在原有海洋政策的基础上进行完善。2000 年，美国提出了海洋发展的新原则，即保护海洋生态环境、防止海洋环境污染、促进海洋资源的持续合理利用。此原则发布后，美国实现了海洋污染治理以及对重点海域的有力保护，使海洋生态系统持续处于健康高产的状态。在经济发展与生态保护之间寻求一个合理的平衡点，才能保证经济社会发展的可持续性。为维护生态环境，美国的做法是建立海洋生态保护区。截至 2014 年，美国建立的各级各类海洋生态环境保护区数量达 1800 个左右，这其中包含国家级保护区 14 个。良好的生态环境是经济发展的前提，美国力求在保护生态环境的基础上稳步发展海洋经济，以实现海洋经济的可持续健康发展。

六、海洋经济金融体系完善

美国海洋经济的蓬勃发展离不开充足的资金支持。通过政府财政资金的大力支持，美国现已构建了由政府主导，各类企业、金融机构积极参与的海洋资金支持组织。在 19 世纪时，美国政府宣布成立了海洋渔业委员会，由该机构专门负责渔业资金补贴事务，通过专项补贴、低利率贷款等方式大力支持渔业加工新技术的开发研究。此外，美国政府制定了一项要求，内容为一切海洋工程建设之前都一定要购买海洋相关保险，在此基础上才能够签订合同，进行工程建设。全面有效的海洋保险制度在海洋经济及其相关产业的发展进程中发挥着举足轻重的作用。同时美国还建立了海洋产业投资基金，旨在为海洋经济及相关产业发展提供全面系统化的扶持，进而实现美国海洋经济持续健康发展。

第二节　加拿大

一、海洋管理及运行体制健全

早在 1970 年左右，加拿大政府就开始关注海洋方面的发展，通过长期的海洋管理，不断总结经验教训，逐步形成了一套较为合理的海洋管理及运行机制，制定了有效可行的海洋法律政策。加拿大是全球首个实行海洋综合管理的国家，其海洋管理体制是相对成熟的。加拿大海洋经济发展部门相互独立、相辅相成，海洋经济管理工作高效开展。具体来讲，加拿大海洋产业管理权被逐一分散到与海洋有关的各个部门，其中，渔业与海洋部是加拿大海洋经济相关事务的主管部门。该部门凭借其主导地位，构建互通有无的合作机制，使海洋各部门保持实时沟通，在切磋中前进，进而制定出完整有效的海洋经济管理体制，切实保证加拿大海洋产业稳定可持续发展。

二、海洋政策及法律法规完善

加拿大海洋经济相关政策及法律法规较为完善，极大推动了其海洋经济发展。1997 年 1 月 31 日，加拿大颁布并实施了一部综合性的海洋管理法律——《海洋法》，这是海洋与渔业部处于海洋综合管理地位的法律依据。2020 年又制定颁布了《加拿大海洋战略》，作为管理海洋事务的基本法律依据。除此之外，加拿大还出台了很多海洋经济的相关规定。切实可行的政策以及精准有效的法律是加拿大海洋经济发展中不可或缺的一环。

三、制定北极海洋战略框架

受全球气候变暖的影响，北极冰雪不断融化，北极日益成为北极周边国家争相开采的肥沃领域。加拿大对北极海洋能源的开采意向也是相当明显，并相继宣布有关北极的开采计划，包括"深水港计划""沿西北通道的冰冷天气训练中心计划"等。当前，加拿大进行北极资源开采利用计划的重大阻碍是在于如何在开发利用北极资源的同时最大化地做到对北极环境的保护和对生物多样性的维护。

四、保护海洋环境及生物的多样性

随着海洋资源被不断开发利用，加拿大的海洋环境也受到了很大的威胁，海洋污染不断加剧，海洋生态系统被破坏，生物多样性减少。近年来，加拿大尽全力保护海洋环境，力求海洋环境保护方面在世界范围内拔得头筹。为此，加拿大政府制定了一系列切实可行的具体措施，包括深入对海洋资源的研究、维持海洋生态系统稳定、提升对海洋环境的保护力度、推进对海洋经济发展的系统规划管理等。在海洋环境保护方面，加拿大政府还制定了海洋污染水质检测标准和海洋环境污染标尺，并对可能会存在流入海洋污染物的企业进行预警，针对过分污染行为予以严惩。

五、注重国际海洋地位

一个国家在国际上的话语权很大程度上取决于其在整个国际社会上的地位，海洋国际地位的高低自然也会关系到一个国家在海洋经济发展方面的存在感。加拿大十分重视其在国际海洋事务管理中的主导作用。加拿大政府想尽一切办法，来保证其在国际海洋事务中的地位，以此推动海洋经济发展。

第三节　英　国

一、充分发挥海洋资源优势

利用北海丰富的油气资源大力发展海洋油气业，该产业已成为英国最重要的海洋产业；利用英国自身良港众多、海岸环境宜人的先天禀赋，加快发展滨海休闲旅游业的步伐；利用得天独厚的渔业资源带动英国海洋渔业发展。以上三种产业均是依赖海洋资源得以壮大的产业。目前，英国努力的方向是向高科技产业迈进，并将相关发展技术、服务手段推向国际领域，以此占据全球价值链的最高点。

二、逐步改善海洋事务管理体制

最初，英国采用分权式的海洋管理办法，将海洋事务以及海上管理分散于各个部门，实行分工明确、各司其职的管理体制。21 世纪以前，英国海洋的分权运行模式是符合当时国内外政治形势和国际海洋大环境的，但随着世界海洋形势的演变和英国海洋经济的发展，分权管理体制无法适应英国目前海洋事业管理的需要，英国开始调整政府海洋管理体制，以便应对现实的海洋问题、管理相关的海洋事务。英国有一套独特的方式来处理部门之间的海洋事务矛盾。为了有效地进行海洋管理，英国政府引入了"治理"的理念，力图在各部委之间、政府部门和企业公司之间、管理部门和研究机构之间建立起互信互惠的网络伙伴关系，这无疑为英国海洋管理事业打开了新世界的大门，英国海洋经济将进入崭新的篇章。

三、注重海洋专业人才的培养

英国要实现海洋经济及相关产业持续健康发展，必须要有人才力量作为支撑。为此，英国制订了"海洋技能培训计划"，以此来提升海洋技术水平，该计划还有助于海洋人才专业度的提升和各项技术技能在海洋产业中的优化配置。同时，英国政府不断宣传海洋产业领域的优质就业岗位，吸引大量优秀毕业生前往海洋相关产业工作，为海洋经济的发展注入新鲜血液。

四、加强海洋技术研发创新

为减小海洋技术开发创新的阻力，加大对海洋技术研究的投资力度，英国政府将海洋经济开发项目侧重点作为区分，针对性地培养技术人才，建设科研机构，以提升海洋产业科技水平，促进技术创新。英国还制定了海洋技术创新基准，与其他技术部门进行横向对比，以此来实现行业间先进技术的交流与转换。英国实行针对海洋技术创新的年度总结制度，这有助于促进英国海洋经济在产、学、研三方面的协调发展。

五、打造海洋产业良好形象

加强多方面交流，使海洋产业的价值走进各利益相关方和大众的视野范围。重视海洋产业发展的可持续性，尽可能地设计并制造出环境友好型产品。提高英国海洋产品在全球范围内的知名度和认可度，积极打造海洋产业品牌形象，推动英国海洋经济稳定健康发展。

第四节　俄罗斯

　　俄罗斯是当今世界主要从事海洋水产捕捞、海洋交通运输以及其他海洋综合军事活动的大国，在海洋国际法和海洋战略关系中一直具有重要战略地位。俄罗斯国家海洋保护政策的最终目的在于有效维护国家海洋利益，提升其世界海洋大国的地位。

一、大力发展海上航运

　　不断提高基本运输船队的质量，全面保证国家需要。完善海上航运、沿海港口基础设施建设，在保证国家安全的前提下提升经济自主性，降低航运成本，增加国际贸易与国内运输总量。更新船队结构，降低船龄，实时把控俄罗斯运输公司的运作情况，并按照国际标准建造新船。保持在核动力破冰船建造与开发领域的世界领先地位。不断增加俄罗斯港口的市场占有率，扩大国有运输公司与海港的出口，适应运输和物流技术现代化进程的加快，开发多种模式的货物运输服务。

二、适度开发海洋资源

　　对于全球范围内的矿产与能源的开发，需要对海洋化石燃料与矿产资源开发进行实时监测与调控。进一步对大陆架油气资源进行勘探，并将已经寻找到的大陆架矿产资源作为储备资源保存。在国际海底管理局管控下，不断争取对公海海底资源的开发利用权益，为开发全球深海资源奠定坚实的基础。开发潮汐能、热能、沿海风电与波浪、海流以及生物质发电技术，创新深海资源开发技术，并鼓励船舶制造业和海洋运输业的不断发展。

三、海洋科学研究实力强劲

　　把对大陆架、专属经济区、领海及内海的研究作为重点，同时，推动对生物资源及海洋生态系统、水温气象学、航行学、水文学、海洋对全球生态系统影响的研究；船舶建造与维修、海洋仪器生产和基础设施创新开发相关的问题研究，海洋资源开发的经济、政治和法律等相关问题研究，也在逐步推进。俄罗斯科研实力强劲，俄罗斯培养海洋技术、海洋工程、船舶制造等专业人才的高等院校主要包括圣彼得堡国立海洋技术大学、俄罗斯国立水文气象大学等，加上政府的支持，海洋专业人才大批涌现助力俄罗斯海洋经济发展。

四、海洋管理体系完善

《俄罗斯联邦至 2020 年期间的海洋学说》是首部全面明确介绍当前国家制定海洋保护政策的重要纲领性法律文件，为俄罗斯国家海洋保护政策制定提供了重要法律依据。对充分发挥协调各有关部门对俄罗斯海洋资源领域的有效综合管理，实现俄罗斯的国家海洋利益平衡最大化具有重要作用，俄罗斯不断探索修订完善和研究制定有关海岸带和邻近海洋资源管理的自律法规，不仅大大加强了对本国海洋和邻近海岸线地带的海洋资源利用管理，也使俄罗斯海洋资源开发有章可循、有法可依。

第五节　日　本

通过学习借鉴邻国日本多层次、多角度推进海洋资源经济社会发展战略经验，有利于促进我国海洋产业的跨越式发展，尽快实现我国由海洋资源产业大国向世界海洋资源产业发展强国的战略转变。

一、注重涉海人才培养

日本快速学习吸收和消化国外先进海洋技术与专业知识为自身所用，转化成为其在现实生活中的国际生产力和国际战斗力，实现了海洋新兴产业跨越式的发展。近年来，高等院校已成为日本落实海洋专业教育的主战场，教学内容以工学、自然科学为重点，主要聚焦于海洋科学、水产、船舶与海洋工程、海洋社会等学科领域，有计划地进行专业人才培养和加强本国海洋知识教育。同时，日本政府长期对从事海洋产业的相关科研人员给予资金支持，在相关高校成立海洋实验室，对相关研究项目大力支持。为增进国民海洋意识，2014 年，日本文部科学省决定重新制定要领，并将海洋教育的内容添加至小学生的课本中，以加强小学生对海洋资源的认知，同时培养学生认识海洋、呵护海洋的意识。

二、制定出台积极的产业政策

纵观日本海洋产业半个多世纪以来的变迁历程，国家出台的重大海洋产业相关扶持政策已经成为日本推动海洋产业经济健康发展的根本政策保障。不论是国家财政政策、金融市场政策、产业与海洋区域经济政策，还是保险投资政策和海洋环境保护政策，日本政府都在不断探索调整新的相关政策，助力海洋经济的健康发展。在产业快速发展的初期，政府出台的一系列产业扶持政策很好地帮助产业平稳又安全地向前发展；在产业快速发展的中期，国家的政策发挥了引导行业快速发展的新方向、规范市场竞争主体，促进企业有序发展竞争的重要作用；在产业快速发展的后期，也可以说是瓶颈期，国家的产业政策不断调整又可及时帮助中小企业快速攻克难关、重新树立新的发展方向，寻求新的经济增长点。

三、追求海洋产业高度聚集

努力推动产业高度化聚集。在海洋经济发展过程中，日本以海洋产业可持续发展为导向，以资源整合和技术协同为手段。在保护生态环境的前提下，极力促进海洋产业高度化聚集，避免出现产业趋同化、零散化。除此之外还通过形成产业集群和供应链闭环，最大化地利用资源。日本海洋新兴产业集群的发展思路为以大型港口城市和内陆经济腹地为依托，致力于实现"知识集群创成事业""海洋开发区都市构想"的产业高度化聚集目标。目前，日本无论是海洋产业聚集化的速度还是海洋产业高级化的程度均达到较高的水平。

四、强化国际间的交流与合作

开展海洋国际间的合作与技术交流活动是日本推动海洋领域新兴产业快速发展的又一重要战略举措。通过开展国际间的合作交流，使得目前全球先进的海洋技术以及法律制度快速发展进入日本，使日本海洋市场经济发展活力不断增强。信息化和海洋产业现代化建设进程不断加快，也对推动海洋领域新兴产业快速发展具有不容忽视的作用。海洋新兴产业布局和资源整合一定程度上得益于技术进步与市场强劲的共同作用，同时国际间的技术碰撞很大程度上推动了海洋经济稳步向前发展。

五、注重政府整体调控

为海洋产业更好更快发展，需要发挥政府和市场的双重作用，推动技术创新。无论是前期的技术开发与创新，还是基础技术研究，技术的实践应用以及带动技术走进市场的方面，大多采取"官民合作合资"机制。通过吸引民间资本投资海洋经济进行多方合股，减轻了政府筹资压力，确立了集中央政府、地方政府和民间投资于一体的混合所有制企业制度。这种制度扩大了财政资金效益，拓展了相关海洋产业技术研发及产业化推广的资金来源渠道，同时也大幅提高了技术创新和资金运转效率，促进了海洋产业的快速发展。未来，海洋经济将继续是日本区域经济发展中的一股不容忽视的重要支撑力量。

六、深入挖掘海洋产业潜力

日本今后的目标是深入挖掘新型海洋产业潜力、推动高附加值海洋产业发展。日本海洋产业的相关机构还提出要将传统海洋产业与海洋能源的开发等新型海洋产业进行融合，充分利用日本在海洋产业领域的高超技术与创新能力，尽快研发出领先全球的海洋资源开发技术，积极推进国际间的研究合作和双边国家间的科技合作，积极促进国际学术交流，挖掘海洋经济潜力，提高日本海洋产业领域的竞争实力，彰显国际竞争优势。

第六节 韩 国

一、政府政策积极引导

韩国政府重视海洋发展，及时制定并提出海洋发展政策与解决问题的举措。1996 年，韩国推出了《21 世纪海洋水产前景》之顶层设计蓝图——建设海运强国、水产大国、海洋科技强国和海洋环境良好的海洋国家。1999 年，确立了 21 世纪海洋发展战略的方向和推进体制改革等基本方针，致力于推动海洋栽培渔业、海洋运输量和海洋技术与海洋环保的发展，振兴水产流通加工及水产贸易。1999 年 12 月颁布《海洋韩国 21》战略，确立了建设 21 世纪世界第五大海洋强国的宏伟目标。2000 年出台的《海洋开发基本计划》，成为开发海洋的指导性文件。2016 年，公布《造船密集区域经济振兴方案》，旨在提高造船产业竞争力。其中，韩国政府及各级地方政府在政策、金融、法律等各个方面对国内造船业进行扶持鼓励，以改善船舶制造业落后的局面，促进该产业更好更快发展。

二、注重法律制度的完善

近年来，韩国通过了《渔具管理法》制定草案、《海洋产业集群法》等诸多相关海洋法律，覆盖海洋产业多个领域，为其海洋经济产业的持续发展提供法律支撑。2016 年，韩国国务会议通过了《渔具管理法》制定草案，旨在加强渔具管理。韩国每 5 年制定一次渔具管理基本规划的政策，实现了韩国渔具从生产到废弃过程的系统化管理。《海洋产业集群法》的制定与实施，推动了闲置港口设施利用，支持了海洋产业与海洋相关产业的融合及入驻企业的研发，增强了地区经济活力，提高了国家竞争力，促进了海洋成套设备企业、帆船制造企业和水产品出口加工企业等合理利用釜山港等地的闲置港口设施，节省了物流费用，最终提升产业竞争力。2017 年，韩国通过《"4·16"世越号沉船事故损失救济与支援特别法》

《海洋水产发展基本法》《船员法》三部法律修正案，从法律上保障了海洋规划的成立，促进了海洋经济产业和谐长远发展。

三、注重建立国际合作关系

韩国积极探寻双边、多边的海洋产业合作，目前，已经和中国、俄罗斯等多个国家成为合作伙伴关系。为进一步开拓合作领域，为韩国企业走向世界建立渠道，韩国政府积极宣传其"海外港口开发合作项目"，推动韩企拓展海外市场。2000 年，韩国与中国签订《中韩渔业协定》。截至 2017 年 12 月，中韩渔业联合委员会已成功举办了 17 届年会。目前黄海渔业资源竞争日益激烈、中韩海洋资源纠纷加剧，中韩双方为维持中韩渔业合作，最终在相互入渔范围、入渔时间、共同维护两国渔民的基本需求等方面达成共识，助力中韩渔业长期稳定合作奠定扎实基础。2016 年 9 月，韩国与俄罗斯签署了海洋产业投资合作协议，极大地加快了韩国企业进军俄罗斯远东地区进行水产以及其他相关方面投资合作的进程。

四、提升海洋产业综合附加值

对海洋和水产中小型企业的技术开发大力支持，开发海洋生物新品种，鼓励深层海水养殖业发展；借助互联网的海运物流虚拟市场，形成海运综合物流信息网，实现顶端深海调查装备及海洋休闲设备国产化，开发尖端高附加值应用船舶，助力尖端技术装备产业化；利用海洋和水产综合信息系统，实现海洋和水产信息产业的高附加值化。研究建立海洋观测以及海洋科学信息网络，建立海洋观测基地，不断提升创造高附加值产业的科技水平。在海洋服务业方面，要将区域特色的港口建设列入计划，开发环境友好型的顶尖港湾技术。不断完善直接交易基础设施和消费流通设施，实现水产品交易流通信息网络化、及时化。稳定水产品价格，打造国际化水产品交易中心，形成水产品安全保障管理体制，研究高质量的水产食品，增加水产品产业的附加值。

五、推动绿色生态经济发展

21 世纪初期，韩国制定并实施了海洋发展战略，在《绿色增长国家战略及五年计划》实施以后，进一步将海洋经济与绿色经济进行结合，随后不断进行了发展海洋经济的相关政策调整。设立海洋经济特区，拓宽海洋经济活动触及范围。结合绿色强国战略，通过综合评估内部、外部优势条件，建立国家海洋经济特区，将海洋港湾、船舶业、旅游业等各种新型海洋经济产业进行合体，可以使其取得极好的纽带效应。同时，在开放税收等政策方面给予多项政策优惠，从而有效扩大国家海洋产业经济特区活动覆盖半径。

| 参考文献 |

[1] 储永萍，蒙少东. 发达国家海洋经济发展战略及对中国的启示 [J]. 湖南农业科学，2009（8）：154 – 157.

[2] 李宪翔. 江苏省海洋经济发展战略研究 [D]. 中国海洋大学，2015.

[3] 宋炳林. 美国海洋经济发展的经验及对我国的启示 [J]. 港口经济，2012（1）：50 – 52.

[4] 邢文秀，刘大海，朱玉雯，刘宇. 美国海洋经济发展现状、产业分布与趋势判断 [J]. 中国国土资源经济，2019，32（8）：23 – 32 + 38.

[5] 徐胜，孟亚男. 美国海洋经济现状及经验借鉴——兼论中国参与全球海洋发展的路径 [J]. 中国海洋经济，2017（2）：259 – 282.

[6] 于思浩. 中国海洋强国战略下的政府海洋管理体制研究 [D]. 吉林大学，2013.

[7] 周剑. 海洋经济发达国家和地区海洋管理体制的比较及经验借鉴 [J]. 世界农业，2015（5）：96 – 100.

[8] 刘阳，王淼. 加拿大海洋创新体系建设的启示与借鉴 [J]. 中国渔业经济，2020，38（3）：10 – 15.

[9] 孙瑶. 我国促进海洋经济发展的法律研究 [D]. 海南大学，2016.

[10] 程娜. 可持续发展视阈下中国海洋经济发展研究 [D]. 吉林大学，2013.

[11] 韦有周，杜晓凤，邹青萍. 英国海洋经济及相关产业最新发展状况研究[J].海洋经济，2020，10（2）：52 – 63.

［12］张平，李军，刘容子．英国海洋产业增长战略概述［J］．海洋开发与管理，2014，31（5）：75－77.

［13］辛亚梅．俄罗斯远东地区渔业的现状、问题和前景［D］．黑龙江大学，2013.

［14］张伟，林香红，赵锐，郑莉．俄罗斯海洋经济发展现状及对我国的启示［J］．海洋经济，2014，4（4）：54－62.

［15］樊华．俄罗斯远东地区海洋经济格局研究［D］．东北师范大学，2009.

［16］毛彬．基于产业视角的舟山市岱山县海洋经济发展策略研究［D］．浙江海洋大学，2019.

［17］吴崇伯，姚云贵．日本海洋经济发展以及与中国的竞争合作［J］．现代日本经济，2018，37（6）：59－68.

［18］邵文慧，梁振林．国外海洋经济绿色转型的实践及对中国的启示［J］．中国渔业经济，2016，34（2）：98－104.

［19］张浩川，麻瑞．日本海洋产业发展经验探析［J］．现代日本经济，2015（2）：63－71.

［20］王双．日本海洋新兴产业发展的主要经验及启示［J］．天府新论，2015（2）：152－156.

［21］王志．借鉴美、日成功经验促进中国海洋经济发展［J］．行政事业资产与财务，2015（7）：82－84.

［22］李晓明．山东半岛蓝色经济区海洋经济创新发展问题研究［D］．山东财经大学，2015.

［23］朱凌．日本海洋经济发展现状及趋势分析［J］．海洋经济，2014，4（4）：47－53.

［24］李亦瑶．山东半岛蓝色经济区海洋产业发展战略研究［D］．中国石油大学（华东），2015.

［25］孙悦琦．韩国海洋经济发展现状、政策措施及其启示［J］．亚太经济，2018（1）：83－90.